發光二極體之原理與製程(第三版)

陳隆建　編著

全華圖書股份有限公司　印行

序言

筆者在發光二極體方面的工作經驗已有十餘年，基於坊間關於發光二極體的書籍很少，所以很想寫一本對於在校的大學部和研究所學生，或產業界的工程師和產業分析師都能有所幫助的書。經過一年半的努力終於完成，但是由於本人才疏學淺，謬誤在所難免，深切期望先進不吝賜教。

陳隆建　於北科大光電系

編輯部序

「系統編輯」是我們的編輯方針，我們所提供給您的，絕不只是一本書，而是關於這門學問的所有知識，它們由淺入深，循序漸進。

在這電子產業突飛猛進的年代，相關重要的電子零件也隨著產業蓬勃發展而發光發熱，二極體便是其中的佼佼者；本書針對二極體原理、製程到多方面的應用有深入淺出的探討。本書共分爲兩部份，第一章到第五章介紹發光二極體動作原理與物理特性；第六章到第八章則說明發光二極體製程技術與應用；另外收錄半導體元素特性値與化學元素符號、物理常數等介紹，方便讀者查閱。本書資料詳盡、淺顯易懂，適合科大、私立大學電子、光電系之高年級「光電元件」、「LED 製程與應用」等課程使用。

同時，爲了使您能有系統且循序漸進研習相關方面的叢書，我們以流程圖方式，列出各有關圖書的閱讀順序，以減少您研習此門學問的摸索時間，並能對這門學問有完整的知識。若您在這方面有任何問題，歡迎來函連繫，我們將竭誠爲您服務。

相關叢書介紹

書號：05177
書名：紫外光發光二極體用螢光粉介紹
編著：劉如熹.紀喨勝
20K/192 頁/280 元

書號：0525601
書名：光纖通信概論(修訂版)
編著：李銘淵
20K/464 頁/440 元

書號：05305
書名：光纖技術手冊
英譯：黃素真
20K/472 頁/450 元

書號：05570
書名：平面顯示器的關鍵元件及材料技術
日譯：趙中興
20K/240 頁/280 元

書號：06053
書名：白光發光二極體製作技術－由晶粒金屬化至封裝
編著：劉如熹
20K/344 頁/450 元

書號：05678
書名：CCD/CMOS 影像感測器之基礎與應用
日譯：陳榕庭.彭美柱
20K/328 頁/350 元

◎上列書價若有變動，請以最新定價為準。

流程圖

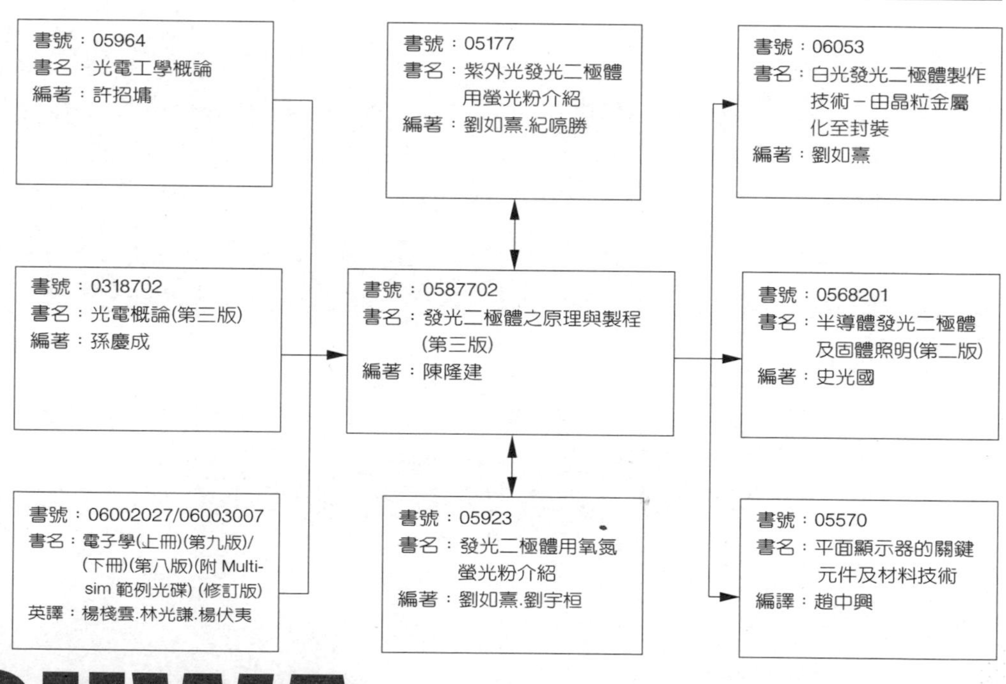

目錄

附　錄 附-1

CHAPTER 1

材料概論

1.1 晶體性質
1.2 能帶
1.3 半導體材料
1.4 晶體匹配

要瞭解光電半導體元件的特性，就要先瞭解材料。因此，在本章中，我們將探討半導體材料的基本性質，例如，原子的排列和能帶結構，以及晶格在堆疊時會發生的情形。

1.1 晶體性質

1.1.1 晶格(lattice)

固體材料依其結晶性，可分成三種：(a)非晶(amophous)、(b)多晶(poly-crystalline)和(c)單晶(single crystal)，如圖 1.1 所示。在非晶材料中，原子的排列幾乎是無序的。多晶材料則是在局部的原子或分子級尺寸範圍內，原子的排列具有高度的有序性，因此在整個多晶材料中具有許多有序的區域(或稱爲單晶區域)，這些區域稱爲結晶區域(grains)，而且彼此以結晶界面(grain bounderies)分隔。至於單晶，理想上單晶材料在整個材料中，原子的排列具有高度的有序性。一般而言，因爲結晶邊界會使結晶材料的光電特性變差，所以單晶材料的光電特性要優於非單晶材料，因此光電半導體元件的發光層或光吸收層都是由單晶材料製成的。

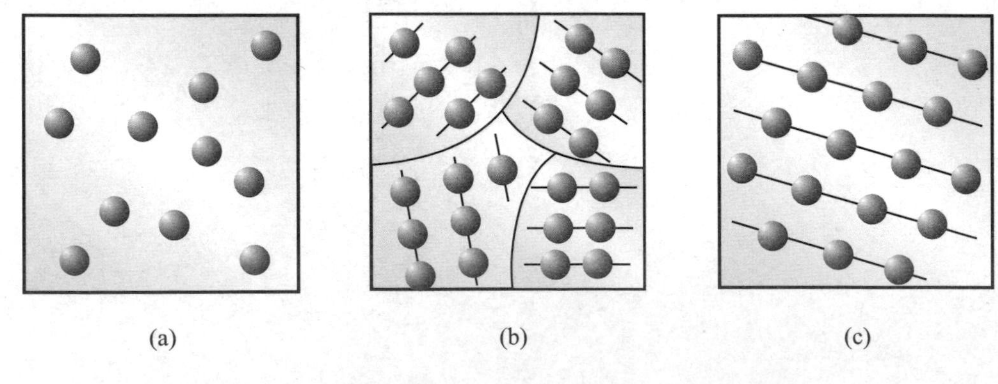

圖 1.1　三種晶體：(a)非晶；(b)多晶；及(c)單晶

原子在晶體中週期性的排列稱爲晶格(lattice)，而晶格所包含之排列週期的空間稱爲單胞(unit cell) 。爲了簡化表示或說明，或以單胞代表整個晶格，而該週期的長度稱爲晶格常數(lattice constant)。晶格不但決定晶體的材料性質，也決定晶體的光電特性。而晶格常數往往是考慮材料之間是否匹配的一個重要參考指標。

1.1.2 晶面與晶向

在討論成長晶體時，通常爲了方便，會採用一組具有三個參數之座標系統來描述晶體之晶面(plane)或晶向(direction)。此三個參數係依下列之方式獲得：

⑴ 找出晶面與三個晶軸的焦點，然後將這三個點表示爲單位向量的整數倍。

⑵ 將這三個整數取倒數。

⑶ 乘以最小公倍數，令三個整數分別爲 h、k 和 l。

⑷ 標記此晶面爲(hkl)。

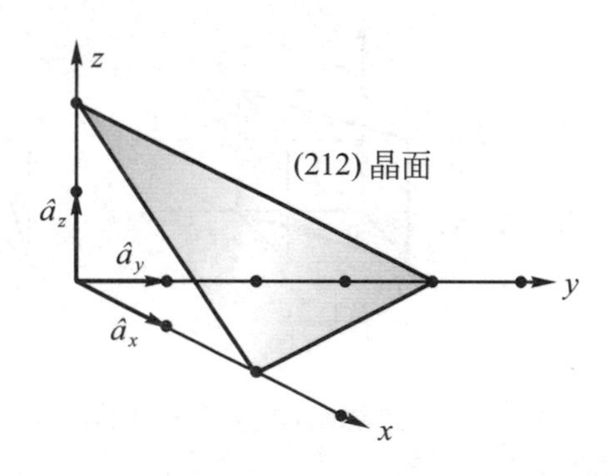

圖 1.2 (212)晶面

例如，如示於圖 1.2 之晶面，依上述之方式：

⑴ 找出晶面與三個晶軸的交點分別爲 2，4，2。

⑵ 2，4，2的倒數分別爲1/2，1/4，1/2。

⑶ 三者的最小公倍數爲4，所以全都乘以4，得$h=2$，$k=1$，和$l=2$。

⑷ 所以該晶面爲(212)晶面。

三個整數h、k和l稱爲米勒指數(Miller indices)。若交點發生在晶軸的負方向，則在米勒指數上方加一負號，例如$(2\bar{3}4)$。此外，正交晶面之方向爲該晶面之晶向。例如，[212]爲(212)晶面之方向。

就結晶學而言，晶格可能有許多等效晶面和等效晶向。如圖1.3所示，其爲一具有四軸對稱之立方晶體的三個重要晶面。對於米勒指數h，k和l而言：

⑴ $\{hkl\}$代表等效晶面，例如：(100)、(010)、(001)、$(\bar{1}00)$、$(0\bar{1}0)$、$(00\bar{1})$六個晶面，可以用{100}表示；及

⑵ $<hkl>$代表等效晶向，例如：[100]、[010]、[001]、$[\bar{1}00]$，$[0\bar{1}0]$，$[00\bar{1}]$六個晶面，可以用$<100>$表示。

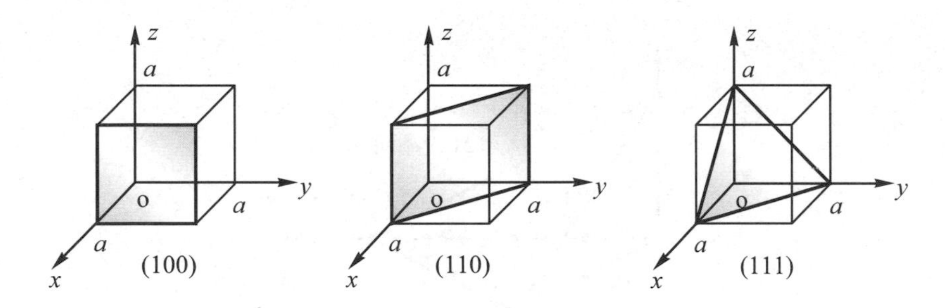

圖 1.3 立方晶體中的三個重要晶面

1.1.3 晶體結構

光電半導體元件(包含發光二極體)常見的晶體結構有兩種：閃鋅礦結構(zincblende structure)，如砷化鎵(GaAs)，其爲立方(cubic)晶

系，a 為晶格常數；及纖維鋅礦結構(wurtzite structure)，如氮化鎵(GaN)，其為六方(hexagonal)晶系，因此，其有兩個晶格常數：a 和 c，如圖 1.4 所示。

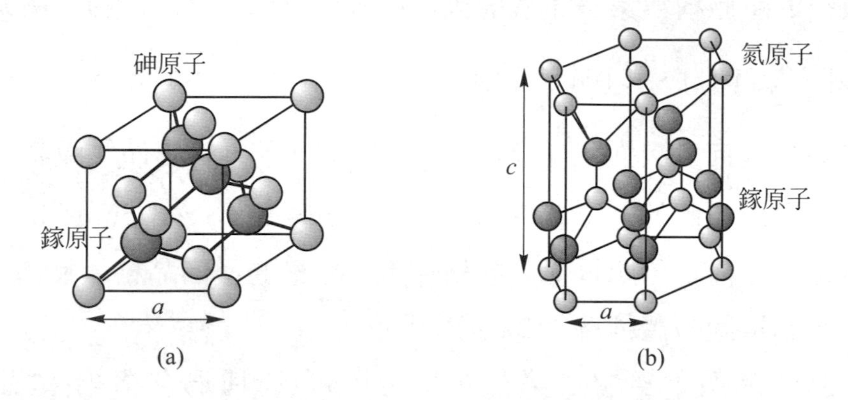

圖 1.4　(a)閃鋅礦結構，(b)纖維鋅礦結構

參考圖 1.4(a)，砷化鎵(GaAs)之閃鋅礦結構係由兩種組成原子不同之面心立方(face-centered cubic)晶體的次晶格，以對角線的 1/4 相互交錯貫穿而形成的，如圖 1.5 所示。圖 1.5 為由兩種組成原子不同之面心立方晶體構成的閃鋅礦結構：(a)立體示意圖，(b)平面示意圖。注意，當只有一種組成原子時，就是鑽石結構，其為矽晶體之結構。

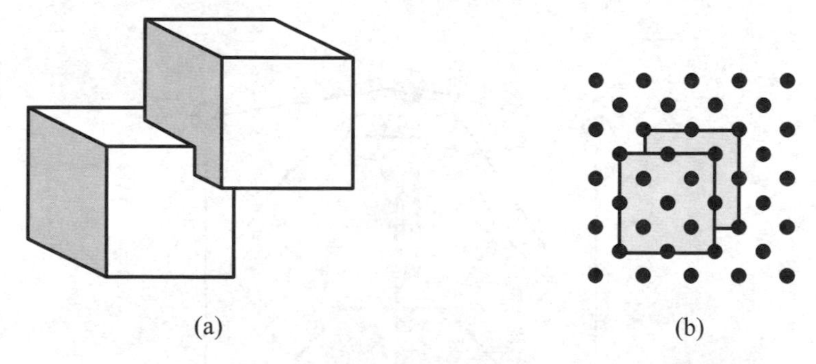

圖 1.5　由兩種組成原子不同之面心立方晶體構成的閃鋅礦結構：(a)立體示意圖，(b)平面示意圖

1.1.4 布里勞因區(Brillouin Zones)

晶體中的電子最好是在反商空間或k-空間之中說明。在反商空間中最小的單胞稱為第一布里勞因區(first Brillouin zone)。例如：$\frac{a}{2}[110]$、$\frac{a}{2}[101]$、$\frac{a}{2}[011]$係面心立方(face centered cubic, fcc)晶格的原始平移向量，而$\frac{2\pi}{a}[11\bar{1}]$、$\frac{2\pi}{a}[1\bar{1}1]$、$\frac{2\pi}{a}[\bar{1}11]$係反商晶格的原始平移向量。此外，後者係體心立方(body centered cubic,bcc)晶格的原始平移向量，所以 bcc 晶格係 fcc 晶格的反商晶格。反商 fcc 晶格之原始單胞的體積為 $4\,(2\pi/a)^3$。

立方晶系半導體之第一布里勞因區(或稱為韋格納-塞茲單胞(Wigner-Seitz cell))係一個斜截八面體，如圖 1.6 所示。在k-空間中的主要對稱點和線係使用標準術語標示，而其直角座標則示於表 1.1。可藉由立方對稱操作得到另一個之所有的點都可給予相同的名稱。例如：Δ點有 6 個對稱等效點：$(2x, 0, 0)$、$(0, 2x, 0)$、$(0, 0, 2x)$、$(-2x, 0, 0)$、$(0, -2x, 0)$、$(0, 0, -2x)$。

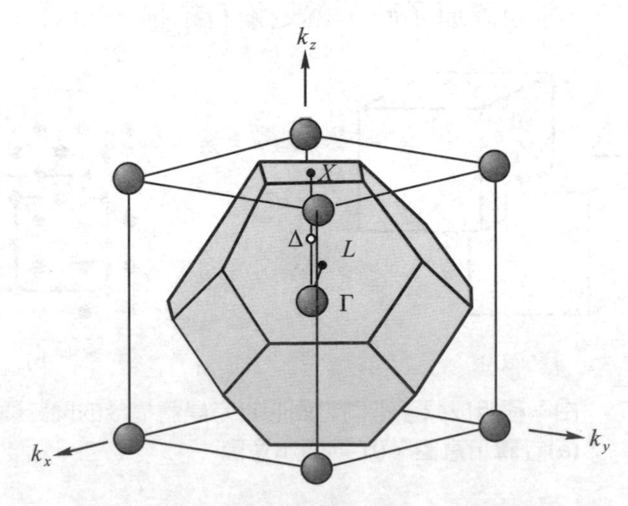

圖 1.6　立方晶系半導體之第一布里勞因區

表 1.1　fcc 布里勞因區對稱點之座標

標示	座標
Γ	(0, 0, 0)
X	(1, 0, 0)
L	(1, 1, 1)
Δ	(2*x*, 0, 0)

1.2 能　帶

1.2.1　能帶的形成

對於發光二極體，甚至所有的光電半導體元件而言，如雷射二極體、光偵測二極體，能隙(energy gap或band gap)是最重要的參數之一，而能隙來自於能帶結構；所以要先瞭解能帶是如何形成的。

圖 1.7 爲矽晶體的能帶形成圖。參考圖 1.7，對於一個孤立的原子來說，電子的能階是分立的。例如：波爾的氫原子模型：

$$E_H = \frac{-m_0 q^4}{8\varepsilon_0^2 h^2 n^2} = \frac{-13.6}{n^2} \tag{1.1}$$

其中m_0代表自由電子質量，q是電子的帶電量，ε_0是眞空介電常數，h是浦朗克常數(Plank constant)，n是主量子數，其爲正整數。而對於兩個相同的原子，當兩者的距離很遠時，其各自擁有自已的能階。換言之，這兩個原子具有相同的能量。但是，當兩者之間的距離變小時，兩者電子的能階開始互相重疊，而形成各自的能帶。當兩者之間的距離更接近時，不同的能階合併，形成單一的能帶。當兩者之間的距離接近原子間吸引力和排斥力平衡狀態之距離時，根據包立不相容原理(Pauli exclusion principle)，該能帶又分裂成兩個能帶，上面的能帶稱爲導電帶(conduction band)，下面的能帶稱爲價電帶(valence band)，兩者之間的差稱爲能隙(energy gap或band gap)。

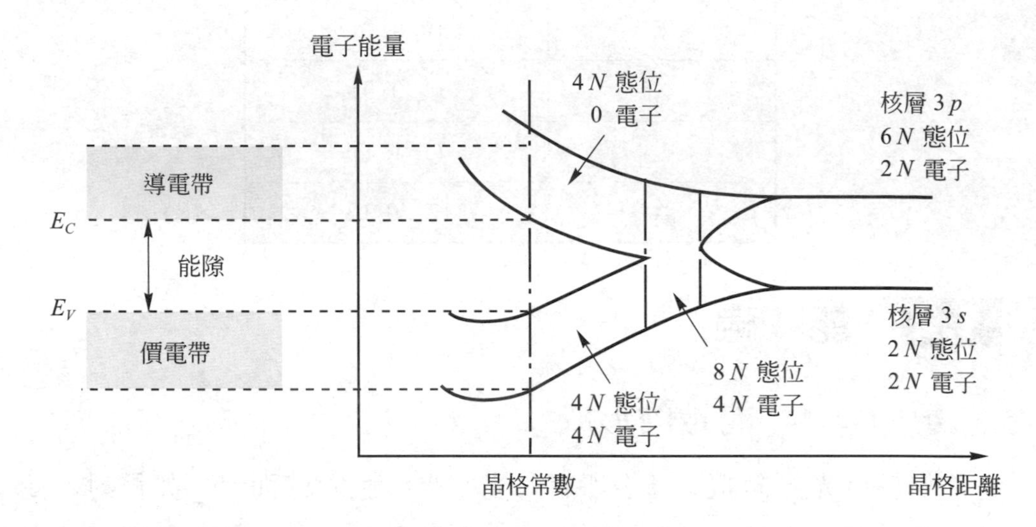

圖 1.7 矽晶體的能帶形成圖

在絕對零度時，電子佔據最低的能量態位。因此在低能帶，即價電帶，其所有的態位都將被電子所填滿，而在高能帶，即導電帶，其所有的態位都將是空的。導電帶的底部稱爲E_c，價電帶的頂部稱爲E_V，而能隙以E_g表示。能隙代表：在價電帶的電子要躍遷到導電帶所需要之能量，其中，電子在躍遷到導電帶之後，會在價電帶留下一個空缺，此空缺稱爲電洞(hole)。

1.2.2 能量-動量關係

一個自由電子的能量E爲

$$E = \frac{p^2}{2m_0} \tag{1.2}$$

其中p爲動量，m_0代表自由電子質量。將E對p作圖，可得到示於圖1.8之拋物線圖。在導電帶中的電子，其行爲類似自由電子，所以將(1.2)

式之自由電子質量換成電子有效質量m_n (n代表電子)，即

$$E = \frac{p^2}{2m_n} \tag{1.3}$$

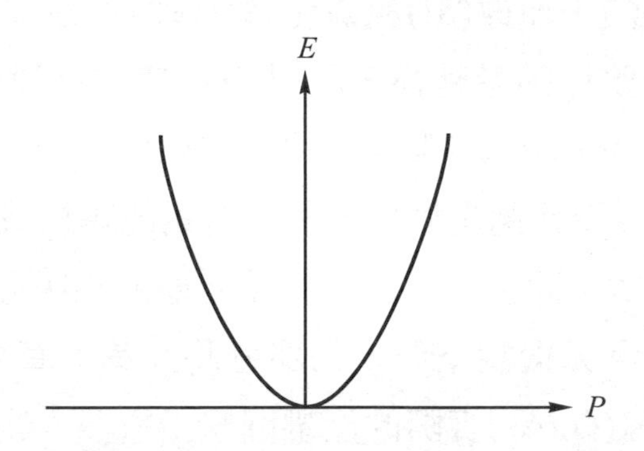

圖 1.8　自由電子之能量(E)-動量(p)關係圖

在半導體晶體中，電子的有效質量會因半導體晶體的不同而不同。將(1.3)式對動量(p)作二次微分，可以得到電子有效質量m_n。而電洞有效質量m_p (p代表電洞)較大，所以拋物線的曲率半徑較小。

半導體晶體實際的能量-動量關係圖(通常稱為能帶圖)非常複雜。但是，爲了方便說明，特別將砷化鎵(GaAs)及矽(Si)和磷化鎵(GaP)的能帶圖分別簡化成圖 1.9(a)和圖 1.9(b)。

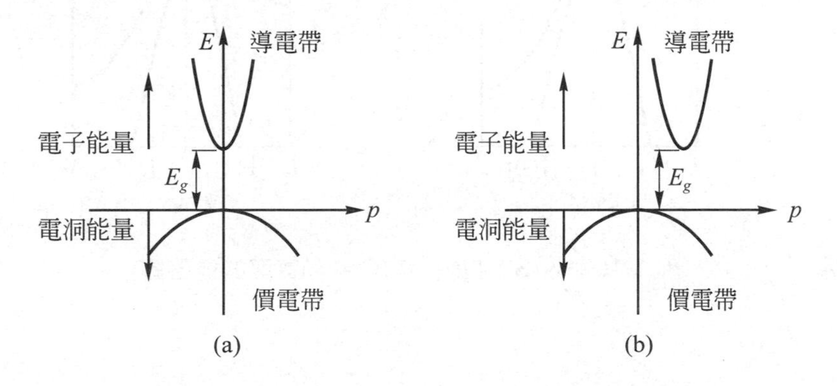

圖 1.9　(a)GaAs 和(b)Si 和 GaP 的能帶示意圖

具有圖 1.9(a)這種能帶結構的半導體晶體，如砷化鎵(GaAs)，當電子從價電帶躍遷到導電帶時，不需要作動量轉換，所以將這種半導體稱為直接半導體(direct semiconductor)，而具有圖 1.9(b)這種能帶結構的半導體晶體，如矽(Si)和磷化鎵(GaP)，當電子從價電帶躍遷到導電帶時，需要作動量轉換，所以將這種半導體稱為間接半導體(indirect smeiconductor)。對於光電半導體元件而言，如發光二極體，間接半導體需要作動量轉換，所以將電能轉換成光能的效率非常差，因此，不會使用間接半導體當作發光層或光吸收層，但是，GaP 系發光二極體之發光機制不同，此部分將在第七章中說明。圖 1.10 為矽(Si)和砷化鎵(GaAs)實際的能帶圖。

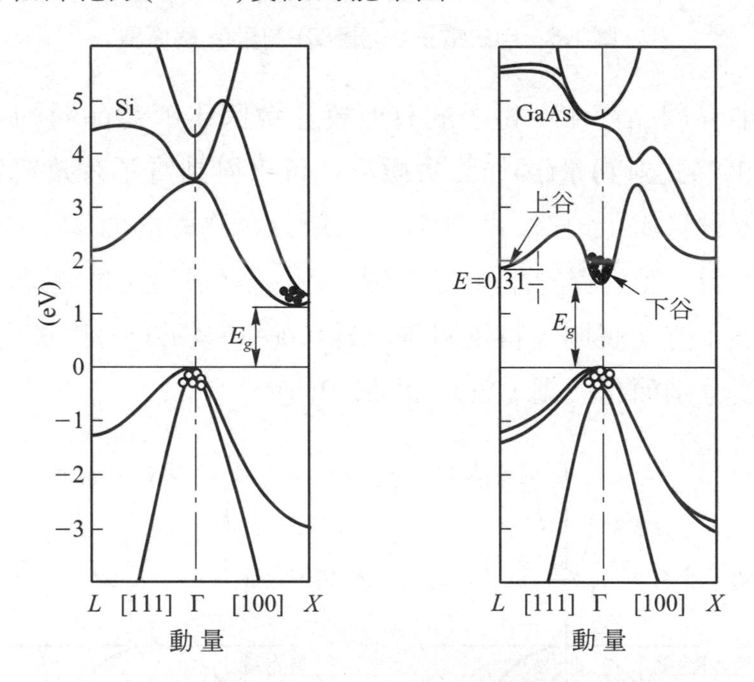

圖 1.10 矽(Si)和砷化鎵(GaAs)實際的能帶圖

1.2.3 導體、半導體和絕緣體

參考圖 1.11，根據晶體的能帶結構和能隙，固體材料可以分成三種：(a)導體、(b)半導體和(c)絕緣體。下面將詳細說明三者的特性。

(A) 導體

如圖 1.11(a)所示，導體的特性包含：很低的電阻係數，而導電帶部分被電子填滿，如銅(Cu)，或導電帶與價電帶重疊，如鋅(Zn)、鉛(Pb)。所以導體沒有能隙存在。對於導體而言，在部分被填滿之導電帶最上方的電子，或在價電帶最上方的電子，在獲得動能時(來自於熱能或電能)，可以移動到下一個較高的能階，由於接近佔滿電子的態位處，所以導體可以很容易地傳導電流。

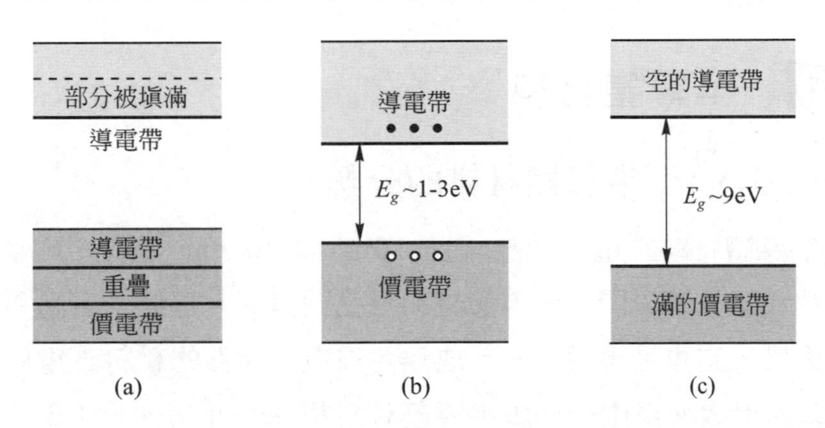

圖 1.11 三種材料的能帶表示圖：(a)導體、(b)半導體和(c)絕緣體

(B) 半導體

如圖 1.11(b)所以，在室溫下，半導體的能隙約為 1～3eV，如砷化鎵(GaAs)的能隙為 1.42eV，氮化鎵(GaN)的能隙為 3.4eV。在絕對零度時，所有的電子都在價電帶，而導電帶中並無電子，因此，半導體在低溫時的導電性很差。但是在室溫時，有相當數量的電子會藉由

熱能，從價電帶躍遷到導電帶。在導電帶中有許多空的態位，所以只要有一個很小的電場，電子就可以自由移動，因此半導體也可以相當容易地傳導電流。在圖 1.10(b)中，黑點(●)表示電子，白點(○)表示電洞。

(C) 絕緣體

如圖 1.11(c)所示，絕緣體的特徵就是能隙很大，如二氧化矽(SiO_2)的能隙為 9eV、氮化矽(SiN)的能隙為 5eV，因此在室溫下，電子也幾乎完全佔滿價電帶中所有的能階，而導電帶中所有的能階則幾乎都是空的。熱能或外加電場都不能使價電帶的電子躍遷到導電帶。因此，當外加電場時，由於幾乎沒有電子佔據導電帶上的態位，所以傳導電流非常小，而造成很大的電阻。

1.3 半導體材料

1.3.1 半導體材料的分類

半導體材料的電阻係數ρ約為10^8到$10^{-4}\Omega$-cm 之間，其導電性介於導體和絕緣體之間。半導體材料易受到溫度，輻射，磁場和摻雜雜質的影響。這也是半導體材料成為各種電子元件的材料之重要因素。表 1.2 列出週期表中一些跟半導體材料相關的元素。表 1.3 列出這些元素的共價半徑。依構成的元素分類，半導體材料可以分為：

(1) 元素半導體(element semiconductor)：如矽(Si)，鍺(Ge)。
(2) 化合物半導體(compound semiconductors)。

化合物半導體又可分成：

(1) 四-四(IV-IV)族化合物半導體：如碳化矽(SiC)。
(2) 三-五(III-V)族化合物半導體：如砷化鎵(GaAs)、氮化鎵(GaN)。

(3) 二-六(II-VI)族化合物半導體：如氧化鋅(ZnO)、硒化鋅(ZnSe)。

(4) 四-六(IV-VI)族化合物半導體：如硫化鉛(PbS)。

若依構成元素的數量分，化合物半導體也可分成：

(1) 二元化合物半導體：如砷化鎵(GaAs)、氮化鎵(GaN)。

(2) 三元化合物半導體：如砷化鋁鎵(AlGaAs)、氮化銦鎵(InGaN)。

(3) 四元化合物半導體：如磷砷化銦鎵(InGaAsP)、磷砷化鋁銦(AlInGaP)。

表 1.2　週期表中一些跟半導體材料相關的元素

週期	II	III	IV	V	VI
2		硼(B)	碳(C)	氮(N)	氧(O)
3	鎂(Mg)	鋁(Al)	矽(Si)	磷(P)	硫(S)
4	鋅(Zn)	鎵(Ga)	鍺(Ge)	砷(As)	硒(Se)
5	鎘(Cd)	銦(In)	錫(Sn)	銻(Sb)	碲(Te)
6	汞(Hg)		鉛(Pb)	鉍(Bi)	

表 1.3　共價半徑 (ref. 9)

元素	半徑(Å)	元素	半徑(Å)
Al	1.43	N	0.75
As	1.19	O	0.73
B	0.82	P	1.06
Bi	1.46	Pb	1.47
C	0.77	S	1.02

表 1.3 共價半徑 (ref. 9) (續)

元素	半徑(Å)	元素	半徑(Å)
Cd	1.48	Sb	1.38
Ga	1.26	Se	1.16
Ge	1.22	Si	1.11
Hg	1.49	Sn	1.41
In	1.44	Te	1.35
Mg	1.30	Zn	1.31

共價半徑可以計算出共價鍵的長度，最近相鄰原子之間的距離，和半導體的晶格常數。對於光電半導體元件而言，有兩個重要的參數，一個是能隙，一個是晶格常數。附錄F表列出一些重要的元素半導體和二元化合物半導體，在室溫下的這兩個參數及其他相關參數。

1.3.2 化合物半導體(compound semiconductors)

現在的光電半導體元件，結構非常複雜，而且通常使用二元、三元，甚至四元的III-V族化合物半導體材料。因此，有必要瞭解化合物半導體的材料性質，如晶格常數和能隙。

對於三元化合物半導體而言，晶格常數、a，跟二元的組成線性關係。例如：對於$Al_xGa_{1-x}As$三元化合物半導體，其中x稱爲化學計量比(stoichiometry)，或稱爲固相組成比。其晶格常數可以藉由維加定律(Vegard's law)決定：

$$a_{Al_xGa_{1-x}As} = xa_{AlAs} + (1-x)a_{GaAs} \tag{1.4}$$

其中，a_{AlAs}係 AlAs 二元化合物半導體的晶格常數，及a_{GaAs}係 GaAs 二元化合物半導體的晶格常數。此定律也適用於四元化合物半導體材料。

但是，其他的參數通常就不會遵守這種線性關係，如能隙(E_g)。三元化合物半導體一般都會使用一種經驗關係式估算：

$$E_g(x) = E_{g0} + bx + cx^2 \tag{1.5}$$

其中，E_{g0}爲較低能隙之二元化合物半導體的能隙，b爲適合參數(fitting parameter)，c爲彎曲參數(bowing parameter)，其可以藉由理論計算或由實驗決定。能隙的彎曲性會因合金(alloying)，使原子排列的失序性更嚴重。

對於一個新的化合物半導體材料，由於能隙對組成的變化關係是未知的，所以無法估算(1.5)式中的b和c。有一種可以根據下列之方程式，估算出化合物半導體材料的能隙之方法：

$$E_g(x) = xE_g^A + (1-x)E_g^B \tag{1.6}$$

依A材料和B材料的能隙權重，估算化合物半導體的能隙，此種方法稱爲虛擬晶體近似法(virtual crystal approximation)。

表 1.4 列出一些重要的三元化合物半導體之能隙對組成的變化，其中E_Γ表示在動量空間座標(000)，即原點或稱爲Γ點之能隙；E_X表示在動量空間座標(100)，稱爲X點之能隙；E_L表示在動量空間座標(000)，稱爲L點之能隙。

至於能隙對溫度的變化關係，則可以藉由下列之經驗關係式表示，此關係式由 Varshni 最先提出：

$$E_g(T) = E_g(0) - \frac{AT^2}{B + T} \tag{1.7}$$

其中，A、B爲適合參數(fitting parameter)，係依實驗結果決定。而 GaAs 和 InP 的$E_g(0)$，A 和 B表列於表 1.5。

表 1.4　一些重要的三元化合物半導體之能隙 (ref. 2)

化合物半導體	直接能隙 E_Γ	間接能隙	
		E_X	E_L
$Al_xIn_{1-x}P$	$1.34+2.23x$	$2.24+0.18$	
$Al_xGa_{1-x}As$	$1.424+1.247x$ $x<0.45)$ $1.424+1.087x+0.438x^2$	$1.905+0.10x+0.16x^2$	$1.705+0.695x$
$Al_xIn_{1-x}As$	$0.36+2.35x+0.24x^2$	$1.8+0.4x$	
$Al_xGa_{1-x}Sb$	$0.73+1.10x+0.47x^2$	$1.05+0.56x$	
$Al_xIn_{1-x}Sb$	$0.172+1.621x+0.43x^2$		
$Ga_xIn_{1-x}P$	$1.34+0.511x+0.6043x^2$		
$Ga_xIn_{1-x}As$	$0.356+0.7x+0.4x^2$		
$Ga_xIn_{1-x}Sb$	$0.172+0.165x+0.413x^2$		
GaP_xAs_{1-x}	$1.424+1.172x+0.186x^2$		
$GaAs_xSb_{1-x}$	$0.73-0.5x+1.2x^2$		
InP_xAs_{1-x}	$0.356+0.675x+0.32x^2$		
$InAs_xSb_{1-x}$	$0.18-0.41x+0.58x^2$		
$In_xGa_{1-x}N$	$3.42-3.93x+1.21x^2$		
$Al_xGa_{1-x}N$	$3.42+1.38x+1.3x^2$ (ref. 10)		

表 1.5　Varshni 方程式之參數

半導體	$E_g(0)$ (eV)	A (eV/K^2)	B (K)
GaAs	1.519	5.405×10^{-4}	204
InP	1.421	4.906×10^{-4}	327

例如根據表 1.2，繪出$Al_xGa_{1-x}As$之Γ、X、L點能隙對組成的變化圖，如圖 1.12 所示。$Al_xGa_{1-x}As$係族三元化合物半導體的代表，其他的族三元化合物半導體也可以利用此種方式，繪出能隙對組成的變化圖。

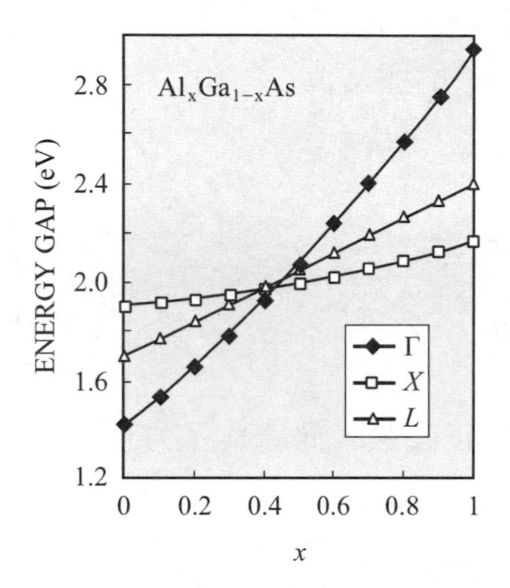

圖 1.12　$Al_xGa_{1-x}As$在室溫下能隙對組成的變化圖

範例 1.1　試根據(1.5)式，計算 $In_{0.5}Ga_{0.5}P$ 的晶格常數。

解　根據(1.5)式和附錄 F：

$$a_{In_{0.5}Ga_{0.5}P} = 0.5\times 5.86 + 0.5\times 5.45 = 5.655$$

1.3.3　半導體的摻雜

(A) 態位密度(density of states, DOS)

在邊長為L的半導體材料中之電子，三維的薛丁格波動方程(Schrodinger wave function)為：

$$-\frac{h^2}{2m_e}\nabla^2\psi = E\psi \tag{1.8}$$

其中，ψ爲波函數(Wave function)，E爲電子的能量。(1.8)式之解的形式爲：

$$\psi = \psi_0 e^{j\vec{k}\cdot\vec{r}} \tag{1.9}$$

其中，$k^2 = k_x^2 + k_y^2 + k_z^2$，$\vec{r} = \hat{x}L + \hat{y}L + \hat{z}L$。因爲電子係以駐波方式來回移動，所以由(1.9)式，得

$$k_x = n_x \frac{2\pi}{L} \tag{1.10a}$$

$$k_y = n_y \frac{2\pi}{L} \tag{1.10b}$$

$$k_z = n_z \frac{2\pi}{L} \tag{1.10c}$$

其中，n_x、n_y和n_z爲正整數，此處爲了方便令$n_x = n_y = n_z = 1$。另一方面，電子的動能可表示爲：

$$E = \frac{p^2}{2m_n} = \frac{(hk)^2}{2m_n} \tag{1.11}$$

因此

$$k^2 = k_x^2 + k_y^2 + k_z^2 = \frac{2m_n E}{h^2} \tag{1.12}$$

$$k = \frac{\sqrt{2m_n E}}{h} \tag{1.13}$$

將(1.14)式取導數：

$$dk = \frac{\sqrt{2m_n}}{2h} E^{-\frac{1}{2}} dE \tag{1.14}$$

在3維的k-空間中，k空間的體積V爲$\frac{4}{3}\pi k_F^3$。因此，在3維的k-空間中電子的總數N爲：

$$N = 2 \times \frac{\frac{4}{3}\pi k_F^3}{\left(\frac{2\pi}{L}\right)^3} = \frac{k^3 L}{3\pi^2} \tag{1.15}$$

考慮單位體積：

$$N=\frac{1}{3\pi^2}k_F^3 \tag{1.16}$$

所以 $$k_F=(3\pi^2N)^{\frac{1}{3}} \tag{1.17}$$

又 $$E=\frac{h^2 l_F^2}{2m_e}=\frac{h^2}{2m_n}(3\pi^2N)^{\frac{2}{3}} \tag{1.18}$$

因此 $$N=\frac{1}{3\pi^2}\left(\frac{2m_nE}{h^2}\right)^{\frac{3}{2}} \tag{1.19}$$

態度密度定義爲dN/dE，所以：

$$\frac{dN}{dE}=\frac{1}{2\pi^2}\left(\frac{2m_nE}{h^2}\right)^{\frac{1}{2}}\cdot\left(\frac{2m_n}{h^2}\right)=4\pi\left(\frac{2m_n}{h^2}\right)^{\frac{3}{2}}E^{\frac{1}{2}} \tag{1.20}$$

其中，$h=2\pi\hbar$，而(1.15)式中的 2 表示一個能階可以存在 2 個電子，一個向上自旋，一個向下自旋。圖 1.13 爲在k空間中所允許的態位示意圖。

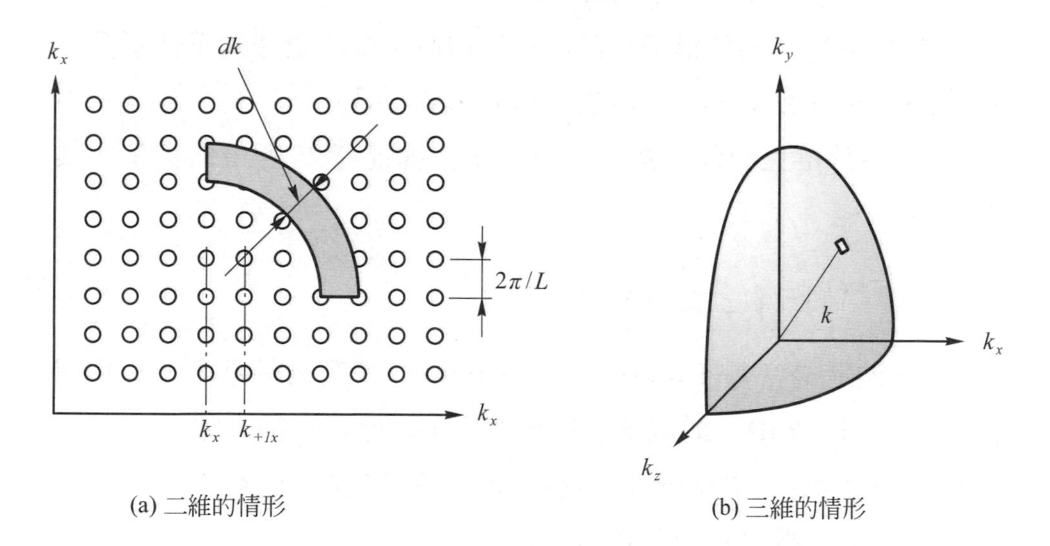

(a) 二維的情形　(b) 三維的情形

圖 1.13　在k空間中所允許的態位

(B) 本質半導體

在半導體材料在熱平衡狀態下，若無任何外加能量，如照光或電場，電子會因熱擾動而從價電帶躍遷到導電帶，同時在價電帶留下等數量的電洞。此時，若半導體材料中的雜質數量遠小於因熱所產生的載子(電子／電洞)數量時，則此半導體材料稱爲本質半導體(intrinsic semiconductor)。

在本質半導體之導電帶中的電子濃度(或稱爲本質半導體濃度)係由下式求得：

$$n = \int_{E_C}^{\infty} n(E)dE = \int_{E_C}^{\infty} N(E)F(E) \tag{1.21}$$

其中n爲本質電子濃度(單位爲cm^{-3}),，E_c爲導電帶中最底端的能量，$n(E)$爲能量爲E時的本質電子濃度，dE爲能量增量，$N(E)$爲能量爲E時的態位密度(density of state, DOS)，$F(E)$爲費米-狄拉克分佈函數(Fermi-Dirac distribution function)。

態位密度$N(E)$係指載子(電子／電洞)在單位體積的單位能量中，可容許的態位數量，單位爲態位數量/eV-cm^3。

費米-狄拉克分佈函數係一個電子佔據能量 E 態位的機率，其方程式爲：

$$F(E) = \frac{1}{1 + e^{(E-E_F)/kT}} \tag{1.22}$$

其中k爲波茲曼常數(Boltzmann constant)，T爲絕對溫度，E_F爲費米能階(Fermi level)，即電子佔據機率爲 1/2 時的能量。圖 1.14 爲不同溫度時的費米-狄拉克分佈。當$E-E_F > 3kT$或$E-E_F < 3kT$時，費米-狄拉克分佈函數可以簡化爲：

$$F(E) \cong e^{-(E-E_F)/kT}，(E-E_F) > 3kT \tag{1.23a}$$

和 $$F(E)\cong 1-e^{-(E-E_F)/kT}\text{，}(E-E_F)<3kT \tag{1.23b}$$

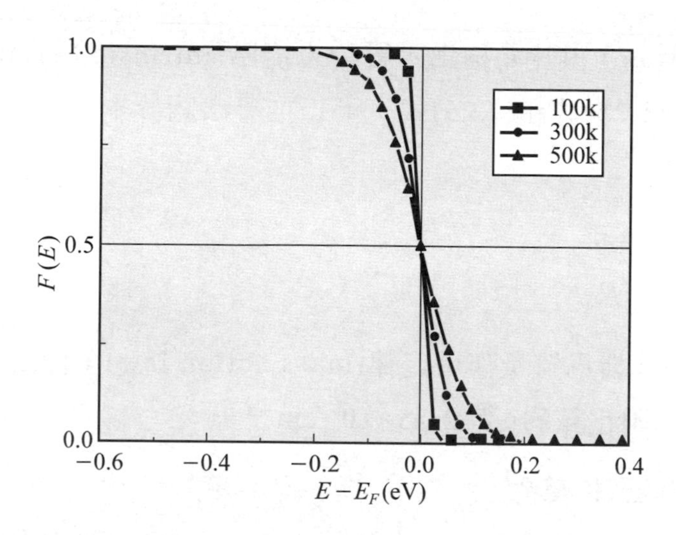

圖 1.14 不同溫度時的費米-狄拉克分佈

對於本質半導體而言，在導電帶中的電子濃度爲：

$$n\cong N_C\exp[-(E_C-E_F)/kT] \tag{1.24}$$

其中N_C爲導電帶中的電子有效態位密度。在室溫下($T=300$K)，砷化鎵(GaAs)的N_C爲4.7×10^{17}cm^{-3}。同樣地，在價電帶中的電洞濃度爲：

$$p\cong N_V\exp[-(E_F-E_V)/kT] \tag{1.25}$$

其中N_V爲價電帶中的電洞有效態位密度。在室溫下，砷化鎵(GaAs)的N_V爲7.0×10^{18}cm^{-3}。因爲本質半導體在導電帶中的電子濃度等於價電帶中的電洞濃度，所以$n=p=n_i$，其中n_i稱爲本質載子濃度(intrinsic carrier concentration)。

因此，對於本質半導體而言，(1.24)式和(1.25)式是相等的，於是可以得到下式：

$$E_F=\frac{E_C+E_V}{2}+\left(\frac{kT}{2}\right)\ln\left(\frac{N_V}{N_C}\right) \tag{1.26}$$

此時的$E_F=E_i$，其中E_i稱爲本質費米能階(intrinsic Fermi level)。由(1.24)式、(1.25)式和(1.26)式，可以推導出關於本質載子濃度的兩個重要公式：

$$np=n_i^2 \tag{1.27}$$

和

$$n_i^2=N_C N_V e^{-\left(\frac{E_g}{kT}\right)} \tag{1.28}$$

其中(1.27)式稱爲質量作用定律(mass action law)，而$E_g=E_C-E_V$。在室溫下，砷化鎵的n_i爲$2.25\times10^6\ cm^{-3}$。

(C) 外質半導體

當半導體材料被摻入一些雜質(impurity)時，此時的半導體材料就會從本質半導體(intrinsic semiconductor)變成外質半導體(extrinsic semiconductor)。摻入的雜質原子會取代半導體材料中原先的原子，在適當的溫度下，如 150K，這些摻入的雜質就會貢獻出額外的電子或電洞，此種情形稱爲「游離化(ionization)」，而貢獻出額外電子的雜質稱爲施體(donor)，此時的外質半導體爲 n 型半導體，而貢獻出額外電洞的雜質稱爲受體(acceptor)，此時的外質半導體爲 p 型半導體。例如，如圖 1.15 所示，在矽(Si)半導體中摻入一些砷(As)原子，就變成n型矽半導體，而砷(As)原子爲施體(donor)。

一般而言，在室溫下，就有足夠的熱能使摻雜的雜質完全游離，即施體雜質可以在導電帶中提供相同數量的電子，或受體雜質可以在價電帶中提供相同數量的電洞。n型半導體在完全游離的情形下，電子的濃度爲：

$$n=N_D \tag{1.29}$$

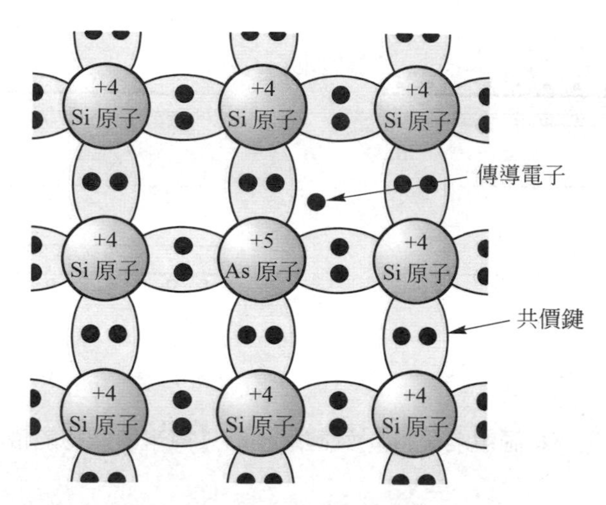

圖 1.15 摻入施體砷之矽半導體

其中N_D爲施體濃度，若以費米能階和導電帶有效態位密度N_C表示：

$$E_C - E_F = kT \ln\left(\frac{N_C}{N_D}\right) \tag{1.30}$$

當施體濃度N_D越高，$E_C - E_F$的值越小，即雜質能階就越接近導電帶，如圖 1.16(a)所示。同樣地，對於 p 型半導體在完全游離的情形下，電洞的濃度爲：

$$p = N_A \tag{1.31}$$

其中N_A爲受體濃度，若以費米能階和價電帶有效態位密度N_V表示：

$$E_F - E_V = kT \ln\left(\frac{N_V}{N_A}\right) \tag{1.32}$$

當受體濃度N_A越高，$E_F - E_V$的值越小，即雜質能階就越接近價電帶。圖 1.16(a)爲施體離子的外質半導體的能帶示意圖，圖 1.16(b)爲受體離子的外質半導體的能帶示意圖。

(1.30)式和(1.32)式可以用本質載子濃度n_i和本質費米能階E_i表示：

$$n = n_i \exp\left(\frac{E_F - E_i}{kT}\right) \tag{1.33}$$

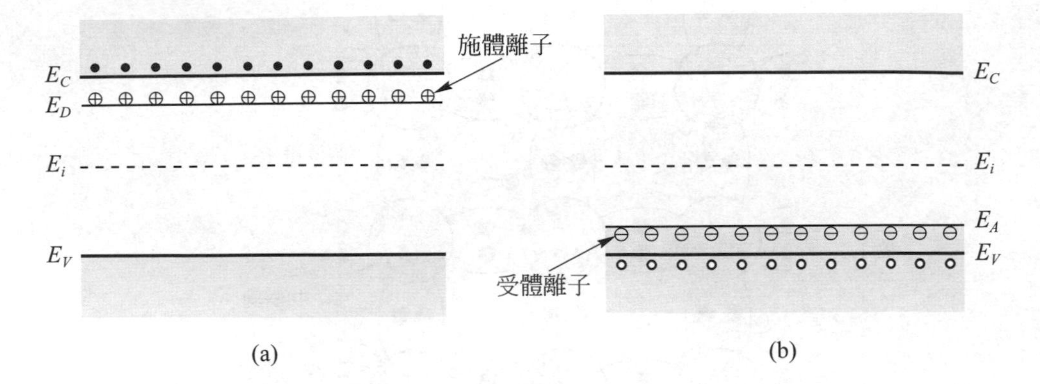

圖 1.16 (a)施體離子和(b)受體離子的外質半導體的能帶示意圖

$$p = n_i \exp\left(\frac{E_i - E_F}{kT}\right) \tag{1.34}$$

若在半導體材料中同時摻入施體雜質和受體雜質時，則由濃度高的雜質決定半導體的導電型式。例如，若施體雜質濃度大於受體雜質濃度，則此半導體材料爲n型半導體。對於半導體材料而言，其仍然是電中性的，即總負電荷等於總正電荷，若以數學式表示：

$$n + N_A = p + N_D \tag{1.35}$$

由(1.27)式和(1.35)式，可以得到 n 型半導體的平衡電子濃度和平衡電洞濃度：

$$n_n = \frac{1}{2}\left[N_D - N_A + \sqrt{(N_D - N_A)^2 + 4n_i^2}\right] \tag{1.36}$$

$$p_n = \frac{n_i^2}{n_n} \tag{1.37}$$

同樣地，也可以得到 p 型半導體的平衡電子濃度和平衡電洞濃度：

$$p_n = \frac{1}{2}\left[N_A - N_D + \sqrt{(N_D - N_A)^2 + 4n_i^2}\right] \tag{1.38}$$

$$n_p = \frac{n_i^2}{p_p} \tag{1.39}$$

其中下標符號n表示 n 型半導體，而下標符號爲p表示 p 型半導體。

範例 1.2 一個砷化鎵晶體中摻入10^{17}碲(Te)原子／立方公分，求在室溫(300K)下之載子濃度和費米能階。砷化鎵的本質載子濃度爲 $2.25\times10^{6}cm^{-3}$，導電帶有效態位密度N_C爲 $4.7\times10^{17}cm^{-3}$。

解 在室溫(300K)下，可以假設雜質原子完全游離，即

$$n \sim N_D = 10^{17}cm^{-3}$$

由(1.29)式，

$$p = \frac{n_i^2}{n_n} = \frac{(2.25\times10^{6})^2}{10^{17}} = 5.0625\times10^{-5}cm^{-3}$$

由(1.22)式，

$$E_C - E_F = kT\ln\left(\frac{N_C}{N_D}\right) = 0.0259\ \ln\ (4.7\times10^{17}/10^{17})$$
$$= 0.04eV$$

(D) 簡併半導體

當半導體材料中的施體濃度N_D或受體濃度N_A等於或高於有效態位密度(N_C或N_V)時，也就是半導體材料在高摻雜的情形下，此時的半導體稱爲簡併半導體(degenerate semiconductor，或稱爲退化半導體)。半導體材料在大量摻雜的情形下，摻雜物(dopant)之電子的波函數(wave function)會重疊而形成雜質能帶。同時，導電帶因過度擁擠使得導電帶會向能隙延伸，而形成帶尾(band tail)，因此產生一種能隙窄化效應(bandgap narrowing effect)，如圖 1.17 所示。根據實驗方面的觀察，砷化鎵(GaAs)的能隙和摻雜程度之關係可以下列之方程式表示：

$$E_g = 1.424 - 1.6\times10^{-8}(p^{1/3} + n^{1/3})\ (\text{eV}) \tag{1.40}$$

因此，例如，對於$p = 3\times10^{19}\text{cm}^{-3}$的 p 型半導體，其$E_g \sim 1.37\text{eV}$。

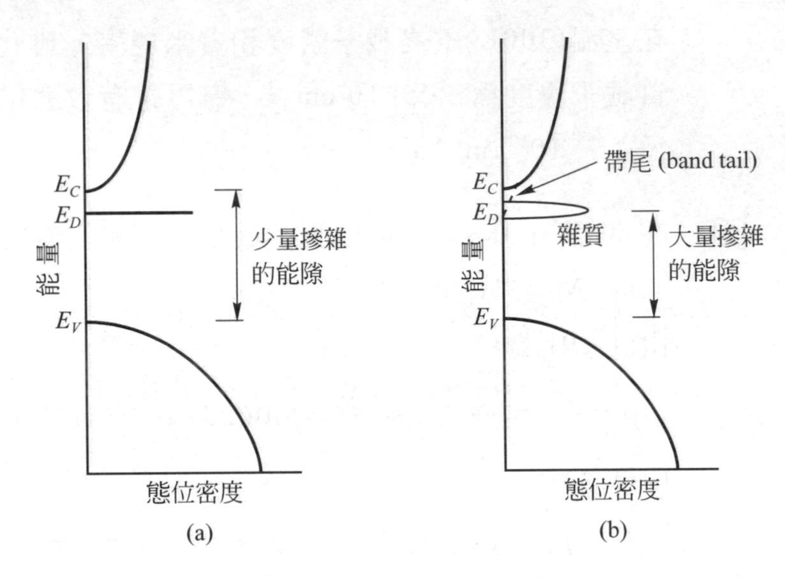

圖 1.17 (a)少量摻雜和(b)大量摻雜施體雜質時的能帶示意圖

1.4 晶體匹配

1.4.1 晶格匹配

幾乎所有的光電半導體元件，包含發光二極體，都是至少由兩層以上半導體材料堆疊在半導體基板而形成的。堆疊在半導體基板上之半導體材料稱爲磊晶層，而堆疊的方法稱爲磊晶技術，此一部分將會在第五章中詳細說明。

因此，在製作光電半導體元件的時，必須要考慮到堆疊在半導體基板上之磊晶層，其晶格常數是否與半導體基板之晶格常數相同或接近，如果是，則稱爲晶格匹配(lattice-match)，如果否，則稱爲晶格差配(lattice-mismatch)。下面將參考圖 1.18，詳細說明這兩種情形。

參考圖 1.18(a)，通常在成長晶格匹配的磊晶層時，磊晶層和基板係沿著晶面面邊界(plane boundary)接合，以保持共同的二維單胞結構。

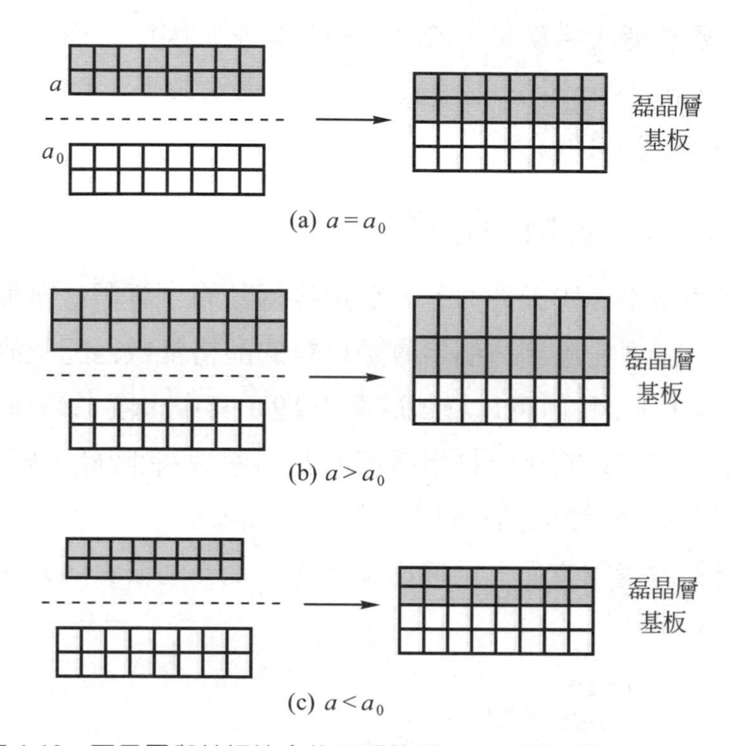

圖 1.18 磊晶層與基板接合的三種情形：(a)晶格匹配，(b)收縮形變，(c)張大形變

但是，如圖 1.18(b)和圖 1.18(c)所示，當磊晶層和基板的晶格不匹配時，情形就不一樣了。分別具有晶格常數a_0和a之基板和磊晶層的二維原子排列，其晶格差配定義為：

$$\frac{\Delta a}{a} \equiv \frac{a - a_0}{a} \tag{1.41}$$

只有在一個或兩個晶體係彈性形變時，才可以達到兩個晶體結構之間的匹配。若基板的厚度遠厚於磊晶層，此為通常的情形，則磊晶層的原子會移位。若形變進入磊晶的晶體，則磊晶層在平行界面之方向的晶格常數會因應力而等於基板的晶格常數。至於磊晶層在垂直基板之方向的晶格常數，則會因波義松效應(Poisson effect)而改變。若平行的晶格常數因應而收縮或產生壓縮形變(compressive strain)，則垂直的晶格常數會變大。反之，若平行的晶格常數因應力而膨脹或產生張大形變(tensile strain)，則垂直的晶格常數會變小。這兩種情形示於圖 1.18(b)和圖 1.18(c)。

1.4.2 材料的選擇

對於光電半導體元件而言，欲選擇適當的半導體材料堆疊組成期望的元件，就要考慮到這個半導體材料的晶格常數匹配及能隙。根據附錄F和表 1.3，我們可以繪製成圖 1.19。其中，圖 1.19(a)爲具有閃鋅礦晶格之 III-V 族化合物半導體的晶格常數-能隙圖，圖 1.19(b)爲 III-族氮化物半導體的晶格常數-能隙關係圖。

在材料的選擇方面，根據期望發光或受光的波長，藉由下式計算出能隙：

$$E_g = \frac{1240}{\lambda(nm)} \text{ (eV)} \tag{1.42}$$

之後，尋找晶格常數最接近的單晶材料當作磊晶成長時的基板。此時會發生兩種情形：

(A) 晶格匹格(match)或接近匹配(near-match)

當兩者之間的晶格差配 $\Delta a/a = 0$ 或 $\Delta a/a < 1\%$ 時，稱爲兩者之間的晶格匹配或接近匹配。在這兩種情形下，磊晶層在成長時所受到的應力很小或較小，所以在磊晶層之中的缺陷(defect)或差排(dislocation)很少，因此磊晶層的品質較好。

(B) 晶格差配(mismatch)

但是，有時候會找不到適當的單晶材料當作磊晶成長時的基板，換言之，兩者之間的晶格差配太大($\Delta a/a > 1\%$)。此時，兩者之間就需要插入一個緩衝層。此時的緩衝層有兩種：(a)組成漸變層和(b)成核層(nucleation layer)。

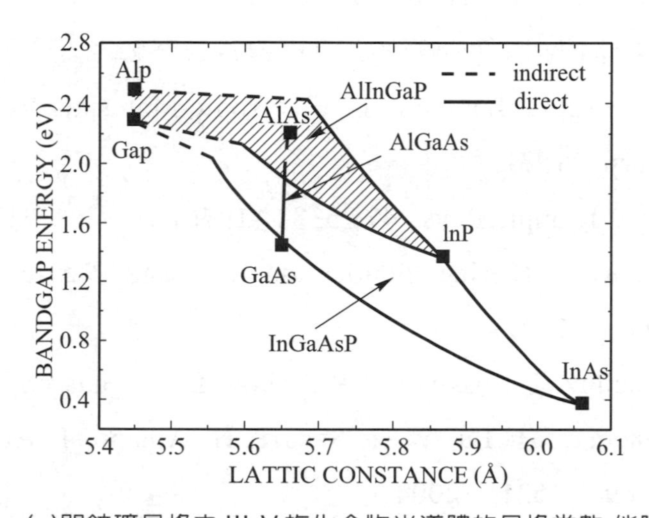

圖 1.19 (a)閃鋅礦晶格之 III-V 族化合物半導體的晶格常數-能隙關係圖

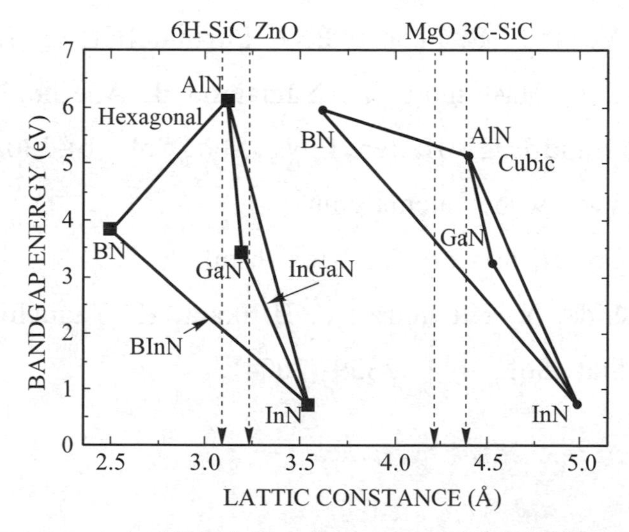

圖 1.19 (b)III-族氮化物半導體的晶格常數-能隙關係圖

參考文獻

[1] S. M. Sze, Semiconductor Device Physics and Technology,2nd edition, John Wiley & Sons, Inc., New York, 1981

[2] P. Bhattacharya, Semiconductor Optoelectronic Devices, 2nd edition, Prentice Hall International, Inc., New Jersey, 2002.

[3] 方俊鑫,陸棟, 固態物理學, 亞東書局,1989.

[4] M. Neuberger, Handbook of Electronic Materials Vol. 7, Plenum Pub Corp., 1971.

[5] F. Stem, J. appl. Phys. 47, 5382 (1976).

[6] H. Morkoc, Nitride Semiconductors and Devices, Springer, Heideberg, 1999.

[7] B. Arnaudov, T. Paskova, P.P.Paskov, B. Magnusson, E. Valcheva, B. Monemar, H. Lu, W. J. Schaff, H. Amano, I. Akasaki, Phys. Rev.B 69, 115216 (2004).

[8] V. Yu. Davydov, A. A. Klochikhin, V. V. Emtsev, S. V. Ivanov, V. V. Vekshin, F. Bechstedt, J. Furthmuller, H. Harima, A. V. Mudryi, A. Hashimoto, A. Yamamoto,J. Aderhold, J. Aderhold J. Graul and E. E. Haller, Phys. Stat. Sol. (b) 230, R4 (2002).

[9] http://www.webelements.com

[10] http://nsr.mij.mrs.org/2/22/text.html

[11] K. Nishida, Y. Kitamura, Y. Hijikata, H. Yaguchi, S. Yoshida, Phys. Stat. Sol. (c) 1, 2839 (2004).

CHAPTER 2

載子傳輸現象

在本章中，我們將討論載子在半導體之中的漂移(shift)，擴散(diffusion)，複合(recombination)，和產生(generation)的現象。

2.1 載子傳輸現象

2.1.1 漂移(drift)

半導體在熱平衡狀態下，在導電帶中的電子可以平均分配到熱能，換言之，每個自由度的熱能爲$1/2kT$，其中k爲波茲曼常數(Boltzmann's constant)，T爲絕對溫度。在導電帶中的電子有三個自由度，也就是可以在三度空間內活動，所以在熱平衡狀態下，電子的動能等於熱能，即：

$$\frac{1}{2}m_n v_{th}^2 = \frac{3}{2}kT \tag{2.1}$$

其中m_n爲電子的有效質量，v_{th}爲平均熱速度。此時，電子會在所有的方向作快速的移動，在足夠長的時間下，電子的隨機運動使得電子的淨位移爲零，如2.1(a)所示。碰撞之間平均的距離稱之爲平均自由徑(mean free path)，而平均的時間稱之爲平均自由時間(mean free time)，τ_c。

當外加一個電場時，電子會從電場受到一個作用力：$-qE$，而且會在各次碰撞之間，沿著電場的反方向加速。因電場作用所造成的速度稱爲漂移速度(drift velocity)，而且電子的淨位移與外加電場的方向相反。

在穩態下(steady state)，在半導體材料中，一個電子從熱所獲得的動量會等於從電場所獲得的動量：

$$-qE\tau_c = m_n v_n \tag{2.2}$$

或

$$v_n = -\left(\frac{q\tau_c}{m_n}\right)E \tag{2.3}$$

其中v_n爲漂移速度。由(2.3)式可知：電子漂移速度正比於外加電場，而比例因子稱爲電子移動率(electron mobility)μ_n，單位爲$cm^2/V\text{-}s$。換言之，(2.3)式可改寫爲：

$$v_n = -\mu_n E \tag{2.4}$$

其中

$$\mu_n \equiv \frac{q\tau_c}{m_n} \tag{2.5}$$

對於電洞而言，電洞的漂移速度v_p可表示爲：

$$v_p = \mu_p E \tag{2.6}$$

其中，μ_p爲電洞移動率。注意，電動的漂移方向和電場的方向相同，所以(2.6)式沒有負號。

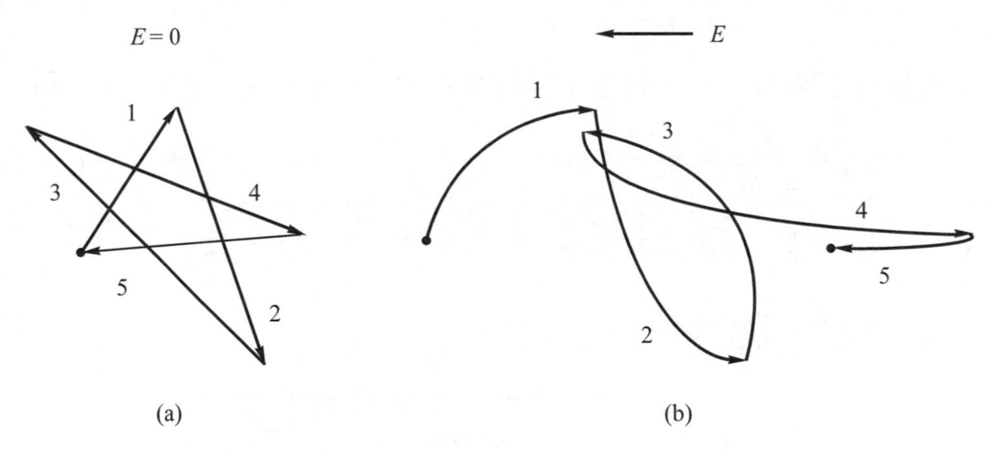

圖 2.1　在半導體材料中，一個電子的運動路徑：(a) 隨機熱運動，(b) 隨機熱運動加上外加電場所造成的漂移運動

2.1.2　電阻(resistance)

繼續上述之討論，當外加一個電場在半導體材料之上時，假設半導體材料和金屬導線之間的電阻爲零，則載子的漂移會產生一個電

流，此電流稱爲漂移電流(drift current)。如圖 2.2 所示，流經半導體材料之電子電流密度$J_{n,drf}$爲：

$$J_{n,drf}=\frac{I_{n,drf}}{A}=-qnv_n=qn\mu_n E \tag{2.7}$$

類似地，流經半導體材料之電洞電流密度$J_{p,drf}$爲：

$$J_{p,drf}=\frac{I_{p,drf}}{A}=qpv_p=qp\mu_p E \tag{2.8}$$

因此，在外加電場下，流經半導體材料之總漂移電流J_{drf}爲：

$$J_{drf}=J_{n,drf}+J_{p,drf}=(qn\mu_n+qp\mu_p)E=\sigma E \tag{2.9}$$

其中σ稱爲導電係數(conductivity)，導電係數的倒數爲電阻係數(resistivity)，ρ：

$$\rho=\frac{1}{\sigma}=\frac{1}{q(n\mu_n+p\mu_p)} \tag{2.10}$$

考慮外質半導體，若上述之半導體材料係n型半導體，即$n\gg p$，則：

$$\rho=\frac{1}{qn\mu_n} \tag{2.11}$$

反之，若上述之半導體材料係 p 型半導體，即$p\gg n$，則：

$$\rho=\frac{1}{qp\mu_p} \tag{2.12}$$

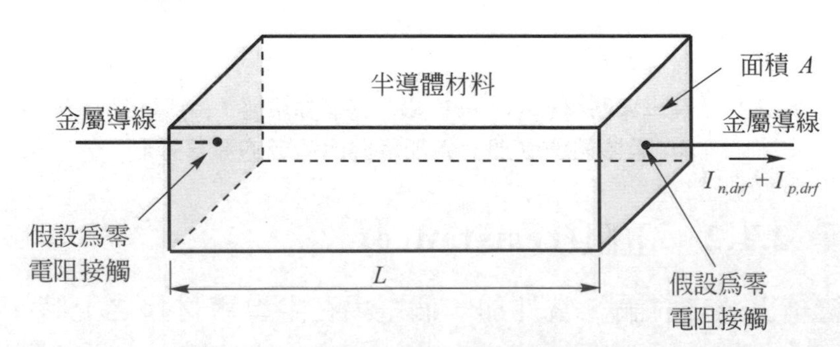

圖 2.2　當外加一個電場在半導體材料之上時，則載子的漂移會產生漂移電流

範例 2.1 試計算本質矽在室溫下(300K)的電阻係數。($n_i=1\times10^{10}$ cm^{-3})

解 藉由(2.10)式

$$\rho=\frac{1}{\sigma}=\frac{1}{q(n\mu_n+p\mu_p)}$$

和附錄F，$\mu_n=1450$ 和 $\mu_p=505$，因此

$$\rho=\frac{1}{q(n\mu_n+p\mu_p)}=\frac{1}{1.6\times10^{-19}\times1\times10^{10}(1450+505)}$$

$$=3.19\times10^{5}\Omega\text{-cm}$$

2.1.3 散射(scattering)

在(2.3)式中，平均自由時間τ_c取決於半導體材料中載子的各種散射機制。其中主要包含兩種散射機制：晶格散射(lattice scattering)和雜質散射(impurity scattering)。

(A) 晶格散射

晶格散射係導因於載子與晶格的碰撞，而使載子發生散射。晶格原子會因熱而產生振動，而晶格振動會隨著溫度的增加而增加，使得載子與晶格碰撞的機率增加。因此，會影響載子的移動率，換言之，載子的移動率會隨著溫度的增加而減少。理論上，載子的移動率會隨著$T^{-3/2}$的比例減少。

(B) 雜質散射

雜質散射係導因於載子行經游離化的摻雜雜質時，由於庫倫力的交互作用，而使載子發生散射。當雜質的摻雜數量增加時，雜質散射的機率就會增加。但是，當溫度增加時，載子移動的速度會增加，使得載子在游離化的摻雜雜質附近停留的時間減少，所以發生散射的機率也會減少。理論上，載子的移動率會隨著$T^{3/2}/N_i$的比例減少，其中

N_i為雜質濃度。

根據Mattheisen's rule，總移動率為：

$$\frac{1}{\mu}=\frac{1}{\mu_L}+\frac{1}{\mu_I} \tag{2.13}$$

其中，μ_L為受晶格散射影響之移動率，μ_I為受雜質散射影響之移動率。而總平均自由時間為：

$$\frac{1}{\tau_c}=\frac{1}{\tau_{cL}}+\frac{1}{\tau_{cI}} \tag{2.14}$$

其中，τ_{cL}為受晶格散射影響之平均自由時間，τ_{cI}為受雜質散射影響之平均自由時間。

圖 2.3 為移動率與溫度的關係。從圖 2.2，可以看出在不同溫度下，晶格散射和雜質散射對移動率的影響。

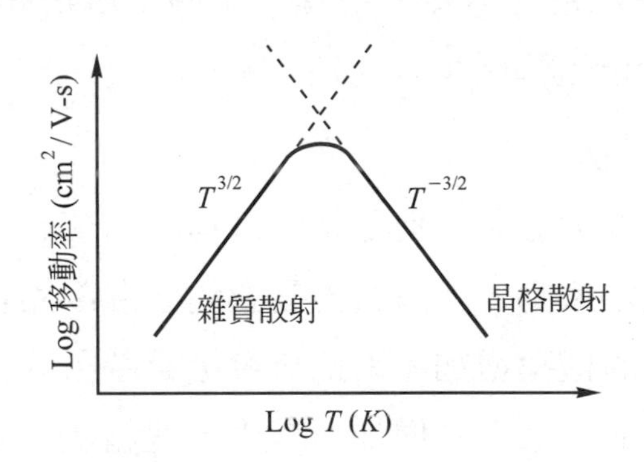

圖 2.3　為移動率與溫度的關係

2.2 載子擴散(carrier diffusion)

2.2.1 擴散過程

上面之敘述都跟外加電場有關，而本節係要討論：當半導體材料中的載子濃度不均勻時，會發生的擴散現象。若半導體材料存在濃度不均勻的情形，則載子會從高濃度的區域移往低濃度的區域，此種由於載子濃度不均勻使載子擴散所產生的電流稱爲擴散電流(diffusion current)。

如圖 2.4 所示，考慮電子密度$n(x)$隨x的改變而改變，假設半導體材料的溫度是均勻的，因此電子的熱運動是隨機的，而熱速度爲v_{th}，平均自由徑爲l，在$x=-l$處，電子向$+x$方向和向$-x$方向移動的機率是相等的，於是在$x=-l$處的電子往$x=0$處移動的速率F_{-l}爲：

$$F_{-l}=\frac{1}{2}n(-l)\times\frac{\ell}{\tau_c}=\frac{1}{2}n(-l)v_{th} \tag{2.15}$$

其中，1/2 表示$x=-l$處的電子往$x=0$處移動的機率。同理，在$x=l$處的電子往$x=0$處移動的速率F_l爲：

$$F_l=\frac{1}{2}n(l)\times\frac{1}{\tau_c=\frac{1}{2}n(\ell)v_{th}} \tag{2.16}$$

因此，在$x=0$處，電子流向$+x$方向的淨速率爲：

$$F=F_{-l}-F_l=\frac{1}{2}v_{th}[n(-l)-n(l)] \tag{2.17}$$

將上式展開成泰勒級數，並在$x=-l$或$+l$處取前 2 項近似，因此：

$$F=\frac{1}{2}v_{th}\left\{\left[n(0)-l\frac{dn}{dx}\right]-\left[n(0)+l\frac{dn}{dx}\right]\right\} \tag{2.18}$$

$$=-v_{th}l\frac{dn}{dx}\equiv-D_n\frac{dn}{dx} \tag{2.19}$$

其中$D_n\equiv v_{th}\times l$稱爲擴散係數(diffusion coefficient 或 diffusivity)。電子的移動會產生一個電子流：

$$J_n=-qF=qD_n\frac{dn}{dx} \tag{2.20}$$

擴散電流正比於電子密度對空間的導數。擴散電流係載子在濃度梯度中隨機熱運動所造成的。如圖 2.4 所示，若電子濃度係隨x而增加，則梯度為正時，電子往$-x$方向移動，而電流為正。

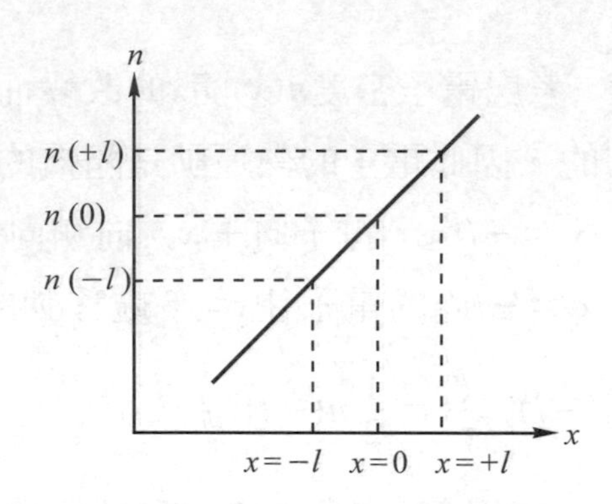

圖 2.4 電子濃度對距離的變化

2.2.2 愛因斯坦關係式

對於一維空間之情形，藉由能量平均分配理論：

$$\frac{1}{2}m_n v_{th}^2 = \frac{1}{2}kT \tag{2.21}$$

將(2.5)式和(2.21)式代入(2.20)式，得：

$$J_n = qD_n\frac{dn}{dx} = q[v_{th}^2\tau_c]\frac{dn}{dx} = q\left[\frac{kT}{q}\mu_n\right]\frac{dn}{dx} \tag{2.22}$$

因此 $$\frac{D_n}{\mu_n} = \frac{kT}{q} \tag{2.23}$$

(2.23)式稱為愛因斯坦關係式(Einstein relation)。

範例 2.2 對於一個 n 型半導體，當外加一個 20 V/cm 的電場強度在其上時，少數載子在 50μS 內移動 1cm 的距離。試計算少數載子的漂移速度和擴散係數。

解 $v_p = \frac{1\text{cm}}{50 \times 10^{-6}\text{S}} = 2 \times 10^4\ \text{cm/s}$

$\mu_p = \frac{v_p}{E} = \frac{2 \times 10^4}{20} = 1000\ \text{cm}^2/\text{V-s}$

$D_p = \frac{kT}{q}\mu_p = 0.0259 \times 1000 = 25.9\ \text{cm}^2/\text{s}$

2.2.3 電流密度方程式

對於電子電流而言，當濃度梯度和電場均存在時，總電流密度爲漂移電流和擴散電流的和：

$$J_n = q\mu_n nE + qD_n \frac{dn}{dx} \tag{2.24}$$

其中E爲x方向的電場。

同理，對於電洞電流而言，總電流密度爲漂移電流和擴散電流的和：

$$J_p = q\mu_p pE - qD_p \frac{dp}{dx} \tag{2.25}$$

因此，總傳導電流爲：

$$J = J_n + J_p \tag{2.26}$$

2.3 複合過程

當熱平衡情形受到破壞時($np \neq n_i^2$)，材料系統中之多出載子會藉由複合朝向平衡狀態進行($np = n_i^2$)。在複合過程中會釋放能量，因此可以發射光子或以熱消耗掉。對於發光二極體而言，複合過程可以分成輻射複合(或稱爲直接複合)和非輻射複合(或稱爲間接複合)兩種。本節將介紹這兩種複合過程。

2.3.1 輻射複合

對於本質半導體而言，在平衡條件下，根據質量作用定律(the law of mass action)：

$$n_0 p_0 = n_i^2 \tag{2.27}$$

其中n_0和p_0為平衡狀態下之電子和電洞濃度，而n_i為本質載子濃度。

藉由光的吸收或注入電流，可以在半導體材料中產生多出載子。總載子濃度為平衡載子加多出載子，即：

$$n = n_0 + \Delta n \text{ 和 } p = p_0 + \Delta p \tag{2.28}$$

其中Δn和Δp分別為多出電子和多出電洞濃度。

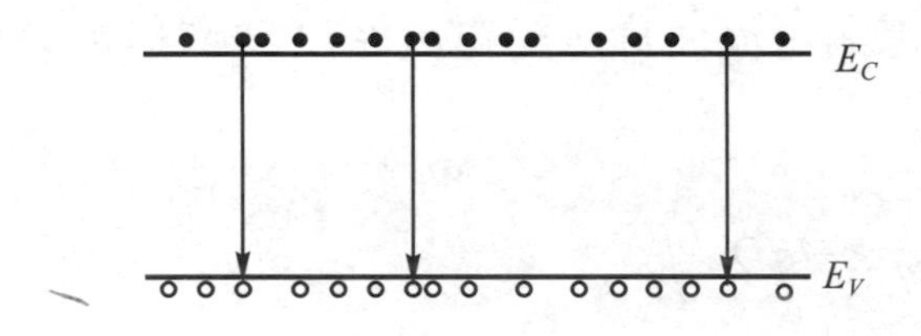

圖 2.5 電子-電洞複合

如圖 2.5 所示，電子-電洞對因複合而消失，使得載子的濃度減少，而減少的速率稱為複合速率，以符號R表示。電子和電洞複合的機率正比於載子濃度。因此，單位體積和單位時間之複合速率R可以表示為：

$$R = -\frac{dn}{dt} = -\frac{dp}{dt} = Bnp \tag{2.29}$$

此方程式稱為雙分子速率方程式(bimolecular rate equation)，而B稱為雙分子複合係數(bimolecular recombination coefficient)。將(2.28)式代入(2.29)式，得：

$$R = B(n_0 + \Delta n)(p_0 + \Delta p) \tag{2.30}$$

對於低階注入而言，即$\Delta n \ll (n_0 + p_0)$，又因爲$\Delta n = \Delta p$(即多出電子和電洞濃度等量)，所以(2.30)式可以改寫爲：

$$R = Bn_i^2 + B(n_0 + p_0)\Delta n = R_0 + R_{\text{excess}} \tag{2.31}$$

其中R_0爲熱平衡時的複合速率，而R_{excess}爲多出複合速率。因此，在半導體材料中，時間相依載子濃度可以表示爲：

$$\frac{dn(t)}{dt} = G - R = (G_0 + G_{\text{excess}}) - (R_0 + R_{\text{excess}}) \tag{2.32}$$

其中G_0爲熱平衡時的產生速率，而G_{excess}爲多出產生速率。其次，我們假設半導體材料因照光而產生多出載子。在時間$t = 0$時，將光源關掉(即$G_{\text{excess}} = 0$)。因此，複合速率可以表示爲：

$$\frac{dn(t)}{dt} = G_0 - R_0 - R_{\text{excess}} = -B(n_0 - p_0)\Delta n \tag{2.33}$$

其中，$G_0 = R_0$，因爲在熱平衡時，產生速率G_0應等於複合速率R_0。(2.33)式之微分方程式的解可以利用分離變數法得到：

$$\Delta n(t) = \Delta n_0 e^{-R(n_0 + p_0)t} = \Delta n_0 e^{-t/\tau} \tag{2.34}$$

其中$\Delta n_0 = \Delta n(t = 0)$， 而$\tau$爲少數載子壽命，定義爲：

$$\tau = \frac{1}{B(n_0 + p_0)} \tag{2.35}$$

對於n型半導體而言，(2.35)式可以簡化爲：

$$\tau_p = \frac{1}{Bn_0} = \frac{1}{BN_D} \tag{2.36}$$

對於p型半導體而言，(2.35)式可以化簡爲：

$$\tau_n = \frac{1}{Bp_0} = \frac{1}{BN_A} \tag{2.37}$$

考慮一個n型半導體樣品，如圖2.6(a)所示，當照光時，半導體樣品會以產生速率G_{excess}產生電子-電洞對，藉由代入(2.34)式，此時的電洞濃度為：

$$\begin{aligned} p_n &= p_{n0} + \Delta p_n \\ &= p_{n0} + \Delta p_0 e^{-t/\tau_p} \\ &= p_{n0} + \tau_p G_{excess} e^{-t/\tau_p} \end{aligned} \tag{2.38}$$

如圖2.6(b)所示，p_n會隨著時間改變，半導體材料中之少數載子和多數載子複合係以時間常數τ_p成指數式衰退。

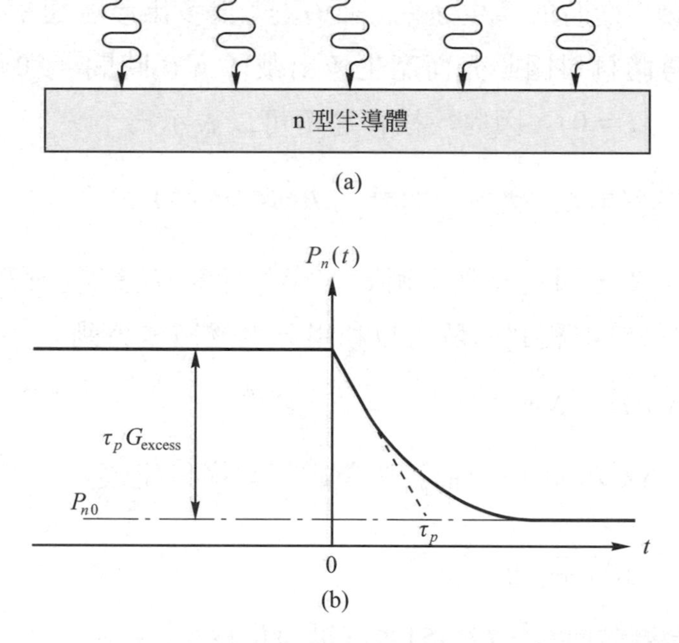

圖2.6　(a)照光的n型半導體樣品，和(b)少數載子以時間常數τ_p成指數式衰退

範例 2.3　⑴試計算摻雜濃度為10^{15}和10^{18} cm^{-3}之p型GsAs的少數載子壽命。($B = 10^{-10} cm^3/sce$)

⑵若該GsAs之本質雜質濃度為 $1\times10^{6}\text{cm}^{-3}$，則重新計算少數載子的壽命。

解 ⑴藉由(2.37)式，$N_A=10^{15}\text{cm}^{-3}$

$$\tau_n=\frac{1}{BN_A}=\frac{1}{10^{-10}\times10^{15}}=10^{-5}\text{ sec}$$

$$N_A=10^{18}\text{ cm}^{-3}$$

$$\tau_n=\frac{1}{10^{-10}\times10^{18}}=10^{-8}\text{ sec}$$

⑵
$$\tau=\frac{1}{B(n_0+p_0)}\cong\frac{1}{10^{-10}\times10^{6}\times2}=5\times10^{3}\text{ sec}$$

2.3.2 非輻射複合

如圖 2.7(a)所示，對於輻射複合事件，當電子-電洞複合時，會發射能量等於半導體能隙的光子。但是，對於非輻射複合事件，電能會轉變成晶格原子的擾動，即聲子，如圖 2.7(b)所示。因此電能會轉變成熱。對於發光二極體而言，非輻射複合是不期望發生的情形。

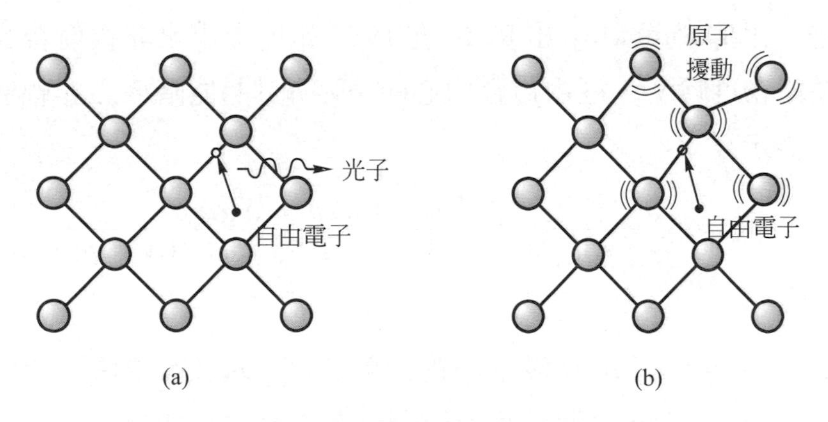

圖 2.7 (a) 輻射複合事件，(b) 非輻射複合事件

非輻射複合的發生有好幾種物理機制，其中最常見的情形係晶體結構的缺陷。這些缺陷包含不期望的外部原子，原生性缺陷，差排反

任何缺陷，外部原子或差排的複合體。在化合物半導體中，原生性缺陷包含間隙(interstitials)、空缺(vacancies)和反位缺陷(antisite defects)。這些缺陷會在半導體的能隙當中形成一個或多個能階。

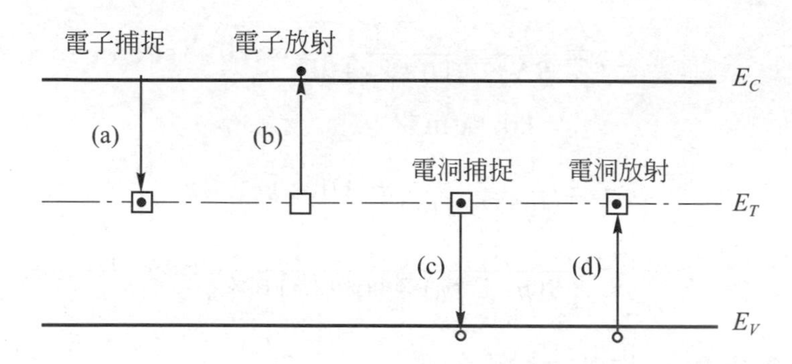

圖 2.8 為經由複合中心的幾種不同的複合過程

在半導體能隙當中的能階稱爲複合中心或陷阱能階，通常很靠近能隙的中間，所以有時候稱爲深能階(deep level)。圖 2.8 爲經由複合中心的幾種不同的複合過程，過程(a)爲電子捕獲，過程(b)爲電子放射，過程(c)爲電洞捕獲，及過程(d)爲電洞放射，其中E_T爲複合中心的能階。根據 Shockley 和 Read 在 1952 年所提出之非輻射複合的理論，缺陷密度爲N_T，經由複合中心(或稱爲陷阱)能階E_T之非輻射複合速率可表示爲：

$$R_{SR}=\frac{p_0\Delta n+n_0\Delta p+\Delta n\Delta p}{(N_T v_p\sigma_p)^{-1}(n_0+n_1+\Delta n)+(N_T v_n\sigma_n)^{-1}(p_0+p_1+\Delta p)} \tag{2.39}$$

其中$\Delta n=\Delta p$；v_n和v_p爲電子和電洞熱速度；σ_n及σ_p和係複合中心的捕捉橫截面。n_1和p_1係假設費米能階位在複合中心能階時的電子和電洞濃度，其可以表示爲：

$$n_1=n_i\exp\left[\frac{E_T-E_i}{kT}\right] \tag{2.40}$$

和 $$p_1 = n_i \exp\left[\frac{E_i - E_T}{kT}\right] \tag{2.41}$$

其中E_i為本質費米能階。藉由方程式：

$$R_{SR} = \Delta n/\tau \tag{2.42}$$

可以得到多出載子之非輻射複合的壽命：

$$\frac{1}{\tau} = \frac{p_0 + n_0 + \Delta n}{(N_T v_p \sigma_p)^{-1}(n_0 + n_1 + \Delta n) + (N_T v_n \sigma_n)^{-1}(p_0 + p_1 + \Delta p)} \tag{2.43}$$

考慮一個p型半導體材料，其主要載子為電洞，即$p_0 \gg n_0$，及$p_0 \gg p_1$。若$\Delta n \ll p_0$，則(2.43)式可以簡化為：

$$\frac{1}{\tau} = \frac{1}{\tau_{n_0}} = N_T v_n \sigma_n \tag{2.44}$$

同理，對於n型半導體材料而言，其多出載子之非輻射複合的壽命為：

$$\frac{1}{\tau} = \frac{1}{\tau_{p_0}} = N_T v_p \sigma_p \tag{2.45}$$

此結果表示非輻射複合(或稱為Shockley-Read複合)受限於少數載子的捕捉速率。將(2.44)式和(2.45)式代入(2.43)式，得：

$$\frac{1}{\tau} = \frac{p_0 + n_0 + \Delta n}{\tau_{p_0}(n_0 + n_1 + \Delta n) + \tau_{n_0}(p_0 + p_1 + \Delta p)} \tag{2.46}$$

若$\Delta n \gg p_0$，則可以簡化為：

$$\tau = \tau_{n_0}\left(\frac{p_0 + p_1}{p_0 + n_0}\right) + \tau_{p_0}\left(\frac{n_0 + n_1 + \Delta n}{p_0 + n_0}\right) \tag{2.47}$$

相較於本質半導體，其壽命並沒有太大變化。

假設複合中心捕捉電子和電洞的速率相同，即$v_n \sigma_n = v_p \sigma_p$且$\tau_{n_0} = \tau_{p_0}$，則(2.47)式變成：

$$\tau = \tau_{n_0}\left(1 + \frac{p_0 + p_1}{p_0 + n_0}\right) \tag{2.48}$$

對於本質半導體而言，即$n_0 = p_0 = n_i$，(2.48)式可以簡化為：

$$\tau_i = \tau_{n_0}\left(1 + \frac{p_1 + n_1}{2n_i}\right) \tag{2.49}$$

當$E_T = E_i$時，即陷阱能階接近本質能階時，cosh 函數具有最小值，即非輻射複合壽命具有最小值。換言之，$\tau_i = 2\tau_{n_0}$。此結果表示深能階係有效的複合中心。

(2.49)式也顯示非輻射複合跟溫度有關。當溫度增加時，非輻射複合壽命減少。換言之，在較高溫度下輻射複合效率減少。

2.3.3 表面複合

在半導體表面也會發生非輻射複合。如圖 2.9 所示，因為表面的晶格結構有突然的不連續情形，使得在表面的原子沒有相鄰的原子與其鏈結，於是形成懸垂鍵(dangling bonds)。另一方面，晶格差配也會產生懸垂鍵。懸垂鍵會使半導體表面的複合會增加。下面將討論表面複合效應。

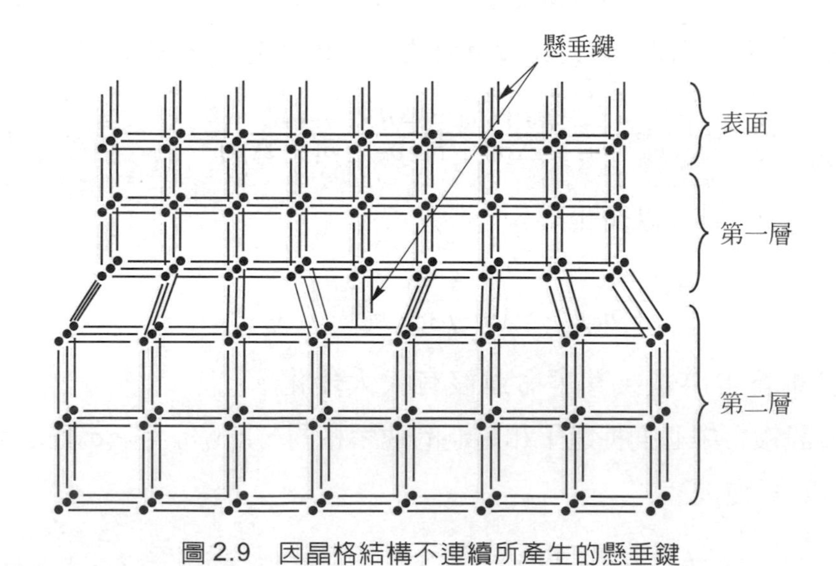

圖 2.9　因晶格結構不連續所產生的懸垂鍵

如圖 2.10(a)，所以，將一 n 型半導體照光，由於在半導體表面具有很高的缺陷(或稱爲表面狀態)密度N_{ST}，如圖 2.10(b)所示。當光線照射在表面上時，在其到達材料內部之前，大部分就在表面複合。因此，對於光電元件而言，半導體表面需要作特別的處理。假設表面狀態密度N_{ST}延伸進入材料的厚度爲x_1，則表面複合速率R_S可以表示爲：

$$R_S = N_{ST} v_p \sigma_p x_1 [p(0) + p_0] \tag{2.50}$$

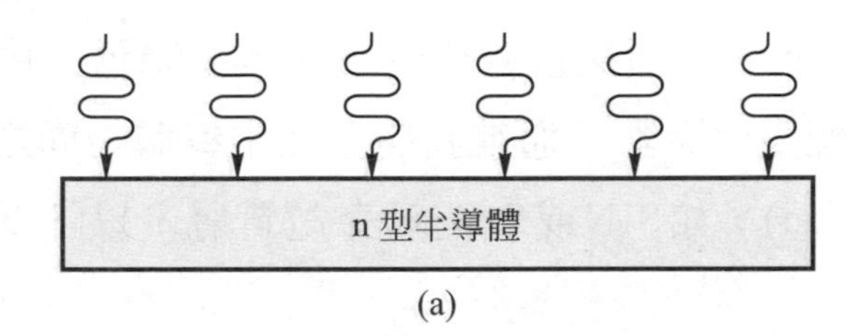

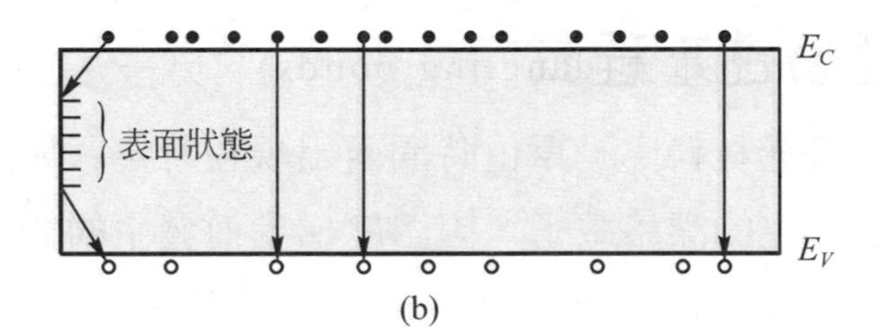

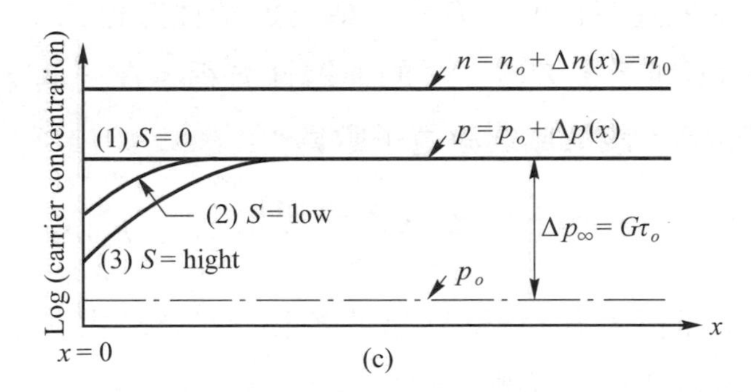

圖 2.10 (a) 照光的 n 型半導體，(b)能帶圖，(c)載子濃度

在穩態狀況下，R_S必須等於少數載子進入表面區域的通量，因此：

$$D_p\frac{\partial p}{\partial x}\bigg|_{x=0}=N_{ST}v_p\sigma_p x_1[p(0)+p_0]=S_R[p(0)+p_0] \qquad (2.51)$$

其中 $$S_R=N_{ST}v_p\sigma_p \qquad (2.52)$$

稱爲表面複合速度。圖 2.10(c)圖示對於不同表面複合速率，靠近半導體表面之載子濃度。當$S_R\rightarrow 0$時，表面之少數載子濃度等於材料內部，即$p(0)\rightarrow p_0+\Delta p_\infty$。當$S_R\rightarrow\infty$時，表面之少數載子濃度接近熱平衡值，即$p(0)\rightarrow p_0$。表面複合會導致發光效率降低。由於表面的非輻射複合，也會使表面發熱。通常我們會在半導體表面之上覆蓋一層鈍化層(passivation)，如SiN或SiO_2算介電質層，以降低因表面複合所造成之影響。

2.4 連續性方程式

考慮在半導體材料中，單位時間內出現在特定區域之載子，有可能是因電場而產生的漂移載子，因濃度梯度而發生的擴散載子，或因照光而產生電子-電洞對，另一方面，也有可能會因複合而使電子-電洞對消失。支配這些情形的方程式稱爲連續性方程式。

如圖 2.11 所示，考慮一維的連續性方程，在一個非常薄的區域當中(厚度爲dx)，該區域之淨電子數爲：

$$\frac{\partial n}{\partial t}Adx=\left[\frac{J_n(x)A}{-q}-\frac{J_n(x+dx)A}{-q}\right]+(G_n-R_n)Adx \qquad (2.53)$$

其中A爲橫截面積，Adx爲薄區域的體積。(2.53)式其中包含四個分量：(1)在x處流入的電子數；(2)在$x=dx$處流出的電子數；(3)電子產生速率；和(4)電洞複合速率。

使用泰勒級數展開式，在$x+dx$處展開，得：

$$J_n(x+dx)=J_n(x)+\frac{\partial J_n}{\partial x}dx+\cdots \tag{2.54}$$

代入(2.53)式，得：

$$\frac{\partial n}{\partial t}=\frac{1}{q}\frac{\partial J_n}{\partial x}+(G_n-R_n) \tag{2.55}$$

(2.55)式稱爲電子的連續性方程式(continuity equation)。同理，我們也可以得到電洞的連續性方程式：

$$\frac{\partial p}{\partial t}=-\frac{1}{q}\frac{\partial J_p}{\partial x}+(G_p-R_p) \tag{2.56}$$

因此，將(2.24)式和(2.25)式分別代入(2.55)式和(2.56)式，則可以分別得到n型半導體和p型半導體在一維低階注入下之少數載子的連續性方程式：

$$\frac{\partial p_n}{\partial t}=p_n\mu_p\frac{\partial E}{\partial x}+D_p\frac{\partial^2 p_n}{\partial x^2}+G_p-\frac{p_n-p_{n_0}}{\tau_p} \tag{2.57}$$

$$\frac{\partial p_p}{\partial t}=p_p\mu_n\frac{\partial E}{\partial x}+D_n\frac{\partial^2 p_p}{\partial x^2}+G_n-\frac{p_p-p_{p_0}}{\tau_n} \tag{2.58}$$

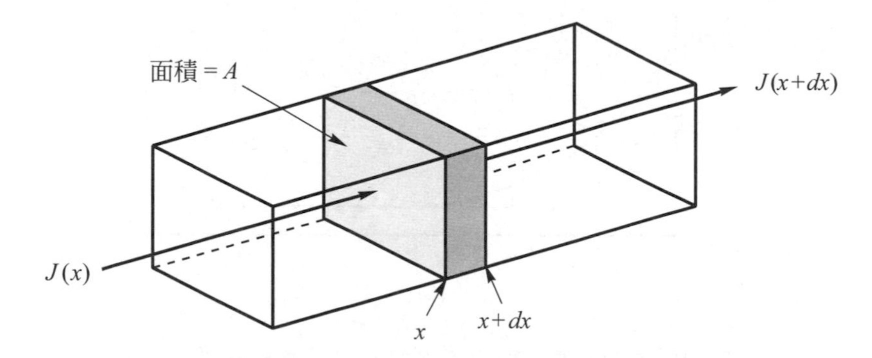

圖 2.11　考慮厚度為 dx 之無限小薄片的電流

2.4.1 單邊穩態注入

如圖2.12(a)所示，考慮一個長度很長之單邊照光的n型半導體。在穩態時，在表面處($x=0$)有濃度梯度產生，多出載子分佈如圖2.12(b)所示。因此由(2.57)式：

$$\frac{\partial p_n}{\partial t}=D_p\frac{\partial^2 p_n}{\partial x^2}-\frac{p_n-p_{n0}}{\tau_p}=0 \tag{2.59}$$

其邊界條件爲$p_0(x=0)=p_n(0)$常數，而$p_n(x\to\infty)=P_{n_0}$。所以，(2.59)式的解爲：

$$p_n(x)=p_{n_0}+[p_n(0)-p_{n_0}]e^{-x/L_p} \tag{2.60}$$

其中$L_p\equiv\sqrt{D_p\tau_p}$，稱爲擴散長度(diffusion length)。

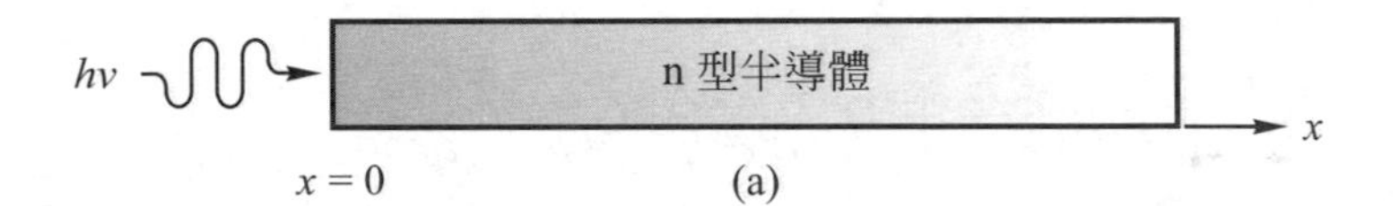

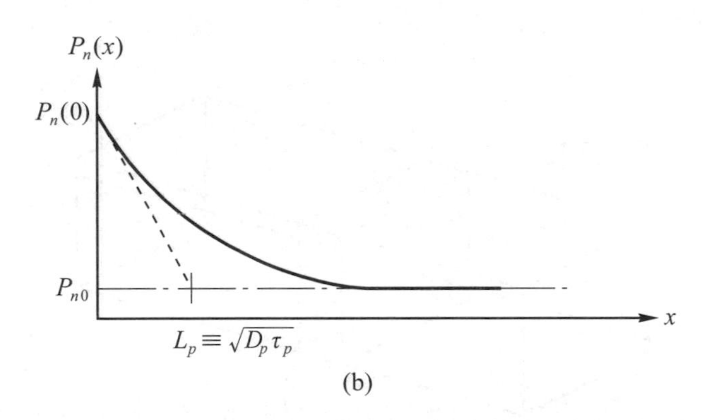

圖2.12 厚度很厚之單邊照光的n型半導體單邊穩態注入

考慮一個長度爲W，單邊照光的n型半導體元件，如圖2.13所示，其少數載子的分佈函數爲：

$$p_n(x) = p_{n_0} + [p_n(0) - p_{n_0}]\left[\frac{\sinh\left(\frac{W-x}{L_p}\right)}{\sinh(W/L_p)}\right] \tag{2.61}$$

在$x = W$流密度中，由$E = 0$之電洞電流密度方程式：

$$\begin{aligned} J_p &= -qD_p\frac{\partial p}{\partial x} = -qD_p\frac{\partial p_n}{\partial x}\bigg|_{x=W} \\ &= q[p_n(0) - p_{n_0}]\frac{D_p}{L_p}\frac{1}{\sinh(W/L_p)} \end{aligned} \tag{2.62}$$

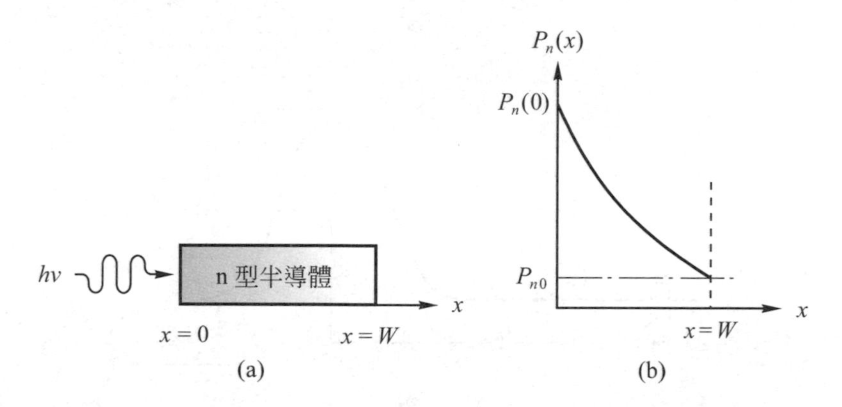

圖 2.13 厚度有限之單邊照光的 n 型半導體單邊穩態注入

2.4.2 海恩士-蕭克萊實驗 (Hayne-Shockley experiment)

這是最著名的半導體實驗之一，首先由貝爾實驗室的海恩士和蕭克萊在 1951 提出，其証明了少數載子的漂移和擴散。

如圖 2.14(a)所示，一個脈衝加在一個 n 型半導體的接觸點(1)，由於 x 方向之外加電場的作用，所以多出載子脈衝會產生漂移和擴散，如圖 2.14(b)所示。由於沿著電場方向的漂移運動，所以在 n 型半導體的接觸點(2)處，在t_d時間後可以偵測到多出電洞濃度，其中時間t_d係漂移時間。因此，可以得到漂移速度v_d：

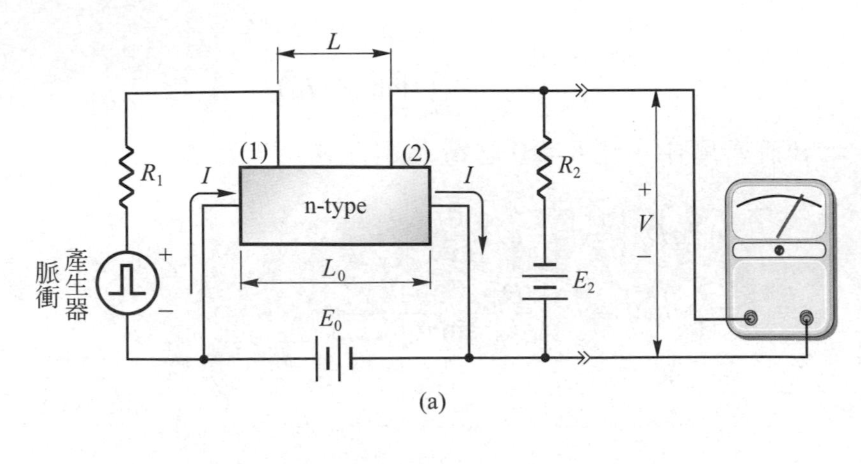

(a)

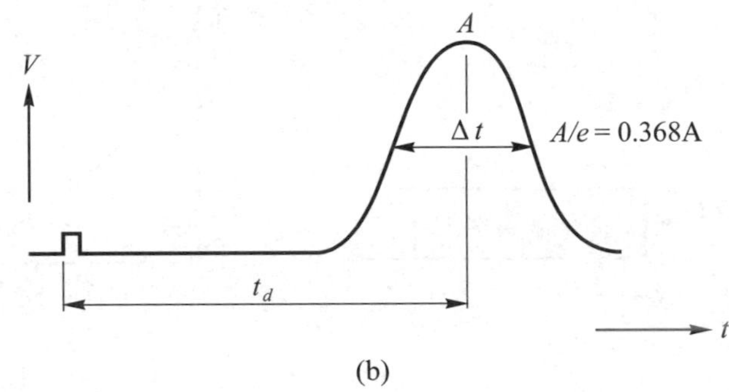

(b)

圖 2.14　海恩士-蕭克萊實驗。(a)實驗裝置，(b)載子分佈

$$v_d = \frac{L}{t_d} \tag{2.63}$$

於是，少數載子電洞的移動率為：

$$\mu_p = \frac{v_d}{E} \tag{2.64}$$

和霍爾效應相比，霍爾效應係量測多數載子的移動率，而海恩士-蕭克萊實驗則是量測少數載子的移動率。

當多出載子脈衝在E電場中漂移時，同時也會因擴散作用而展開。根據電洞的連續性方程式，為了簡化討論省略產生和複合項，並令$E = 0$，因此，(2.57)式可表示爲：

$$\frac{\partial p_n}{\partial t} = D_p \frac{\partial^2 p_n}{\partial x^2} \tag{2.65}$$

(2.65)式的解爲高斯分佈(Gaussian distribution)：

$$p_n = \left[\frac{\Delta p}{\sqrt{4\pi D_p t}}\right] e^{-x^2/4D_p t} \tag{2.66}$$

其中Δp爲$t = 0$時每單位面積所產生的電洞數量，$\frac{\Delta p}{\sqrt{4\pi D_p t}}$表示脈衝的峰值會隨時間的增加而減少，而指數項係表示脈衝會往$+x$和$-x$兩側方向展開。

範例 2.4 考慮一個長度爲 1cm 之 n 型 Si 半導體，如圖 2.14(a)圖所示，脈衝光照射點和示波器偵測點A的距離爲 0.95cm。電壓$E_0 = 2V_0$脈衝在 0.25ms 之後到達A點，而脈衝的寬度Δt爲 117μS。計算μ_p和D_p。

解

$$\mu_p = \frac{v_d}{E} = \frac{0.95/(0.25\times10^{-3})}{2} = 1900\text{cm}^2/\text{V-sec}$$

$$D_p = \frac{(\Delta x)^2}{16t_d} = \frac{(\Delta tL)^2}{16t_d^2} = \frac{(117\times0.95)^2\times10^{-12}}{16(0.25)^3\times10^{-9}}$$

$$= 49.4\ \text{cm}^2/\text{sec}$$

參考文獻

[1] E. Fred Schubert, Light-Emitting Diodes, Cambridge University Press,Cambridge, 2003.

[2] S. M. Sze, Semiconductor Device Physics and Technology, 2nd edition, John Wiley & Sons, Inc., New York, 1981.

[3] Ben G. Streetman, Solid State Electronic Devices, 3rd, Prentice-Hall, Inc., New Jersey, 1990.

CHAPTER 3

p-n 接面理論

p 型半導體和 n 型半導體所形成的接面簡稱爲 p-n 接面(p-n junction)，p-n 接面係各種半導體元件的基本構造。在本章中，將討論接面的平衡條件、接面狀態、包含電流-電壓特性和電容-電壓特性、暫態現象，及接面崩潰。

3.1 平衡條件

元件在沒有外界激勵時，稱爲平衡狀態。本節將討論p-n接面在平衡狀態下的電荷移動由於電子和電洞各自有漂移和擴散，所以跨越接面的電流有四種。在平衡時，這四種電流的總和應爲零。爲了方便討論，我們採用步級接面模型(step junction model)，或稱爲陡變接面，即p-n 接面係突然改變的。

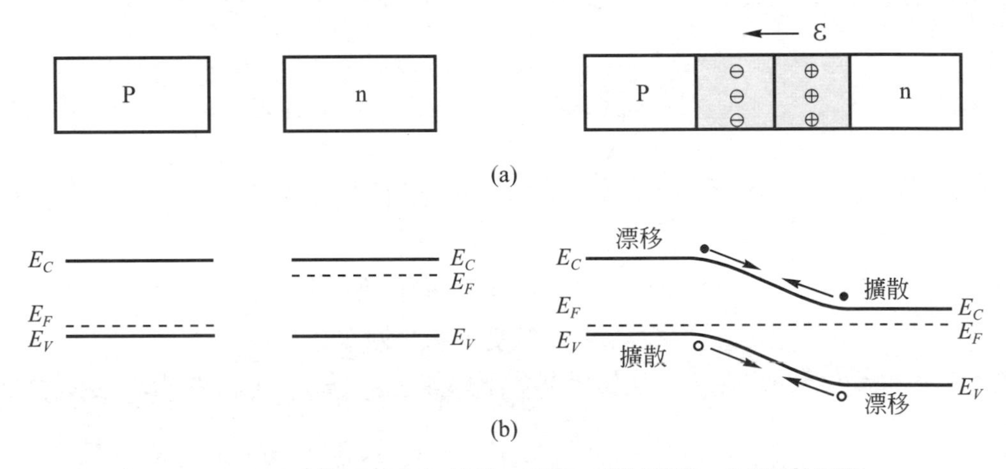

圖 3.1 (a)形成接面前均勻摻雜p型和n型半導體，(b)熱平衡時，在空乏區之電場及 p-n 接面的能帶圖

如圖 3.1 所示，p型和n型半導體材料接合在一起形成p-n接面。在接合之前，n 型半導體材料具有多數的電子濃度和少數的電洞濃度，而p型半導體材料則相反。當這兩種材料接合時，由於在接面上有很大的載子濃度梯度，所以會有載子擴散的情形發生。換言之，電

洞會由p側擴散進入n側，而電子則會由n側擴散進入p側。但是，因爲電子和電洞的擴散，使得分別會在接面的n側和p側形成具有正離子和負離子的電荷空乏區(depletion layer)或稱爲空間電荷區(space charge region)。因此，因爲有空間電荷區的存在，所以會產生一個電場，其方向係由正電荷區指向負電荷區，以阻止擴散電流不能無限制地增加。如第3.1(b)圖所示，例如對於電洞而言，擴散電流係由左至右流動，而由於電場所產生的漂移電流則是由右至左流動。另一方面，因爲電子帶負電，所以對於電子而言，擴散電流乃是由右至左流動，而飄移電流則是由左至右流動。

在平衡狀態下，流經接面的靜電流爲零。因此，對於淨電洞電流而言，考慮一維的情形，必須滿足下式：

$$J_p = J_{p,\text{drift}} + J_{p,\text{diff}} = q\mu_p pE(x) - qD_p\frac{dp}{dx} = 0 \tag{3.1}$$

因此，(3.1)式可以改寫爲：

$$\mu_p pE(x) = D_p\frac{dp}{dx} \tag{3.2}$$

$$\frac{\mu_p}{D_p}E(x) = \frac{1}{p}\frac{dp}{dx} \tag{3.3}$$

因爲

$$E(x) = +\frac{1}{q}\frac{dE_i}{dx} \tag{3.4}$$

所以，利用愛因斯坦關係式$D_p = \dfrac{kT\mu_p}{q}$，可得：

$$+\frac{1}{kT}\frac{dE_i}{dx} = \frac{1}{p}\frac{dp}{dx} \tag{3.5}$$

又，電洞濃度的表示式爲：

$$p = n_i e^{(E_i - E_f)/kT} \tag{3.6}$$

所以

$$\frac{dp}{dx} = n_i e^{(E_i - E_f)/kT} \times \frac{1}{kT}\left[\frac{dE_i}{dx} - \frac{dE_F}{dx}\right]$$

$$= \frac{p}{kT}\left[\frac{dE_i}{dx} - \frac{dE_F}{dx}\right] \tag{3.7}$$

代回(3.5)式，得

$$\frac{1}{kT}\frac{dE_i}{dx} = \frac{1}{kT}\left[\frac{dE_i}{dx} - \frac{dE_F}{dx}\right] \tag{3.8}$$

所以 $\frac{dE_F}{dx} = 0$ (3.9)

即表示淨電洞電流密度

$$J_p = \mu_p p \frac{dE_F}{dx} = 0 \tag{3.10}$$

同理，也可以得到淨電子電流密度

$$J_n = J_{n,\text{drift}} + J_{p,\text{diff}} = q\mu_n nE + qD_n\frac{dn}{dx} = \mu_n n\frac{dE_F}{dx} = 0 \tag{3.11}$$

因此，對於零淨電洞電流和淨電子電流的情形下，費米能階爲常數。

根據(3.5)式，將其以電位表示：

$$-\frac{q}{kT}\frac{d\varphi}{dx} = \frac{1}{p}\frac{dp}{dx} \tag{3.12}$$

兩邊取積分：

$$-\frac{q}{kT}\int_{p_p}^{p_n} d\varphi = \int_{p_p}^{p_n}\frac{1}{p}dp \tag{3.13}$$

$$-\frac{q}{kT}(\varphi_n - \varphi_p) = \ln\frac{p_n}{p_p} \tag{3.14}$$

其中電位差$\varphi_n - \varphi_p$爲內建電位(built-in potential)V_{bi}，而p_n爲n側之少數載子濃度，可表示爲$\frac{n_i^2}{N_D}$，p_p爲 p 側之多數載子濃度，即N_A。因此(3.14)式可改寫爲：

$$V_{bi} = +\frac{kT}{q}\ln\frac{N_A N_D}{n_i^2} \tag{3.15}$$

範例 3.1 一個具有$N_D = 10^{16}/\text{cm}^3$和$N_A = 10^{17}/\text{cm}^3$之Si p-n接面，試計算其在300K下之內建電位。

解 由(3.15)式

$$V_{bi} = (0.0259)\ln \frac{10^{17}\times 10^{16}}{(1.45\times 10^{10})^2} = 0.875 \text{ V}$$

3.2 空乏區

根據圖 3.2，其圖示一維空間之步級接面的能帶圖和空間電荷分佈和電場分佈。考慮波松方程式(Poisson's equation)：

$$\frac{d^2\varphi}{dx^2} = -\frac{\rho_s}{\varepsilon_s} = -\frac{q}{\varepsilon_s}(N_D - N_A + p - n) \tag{3.16}$$

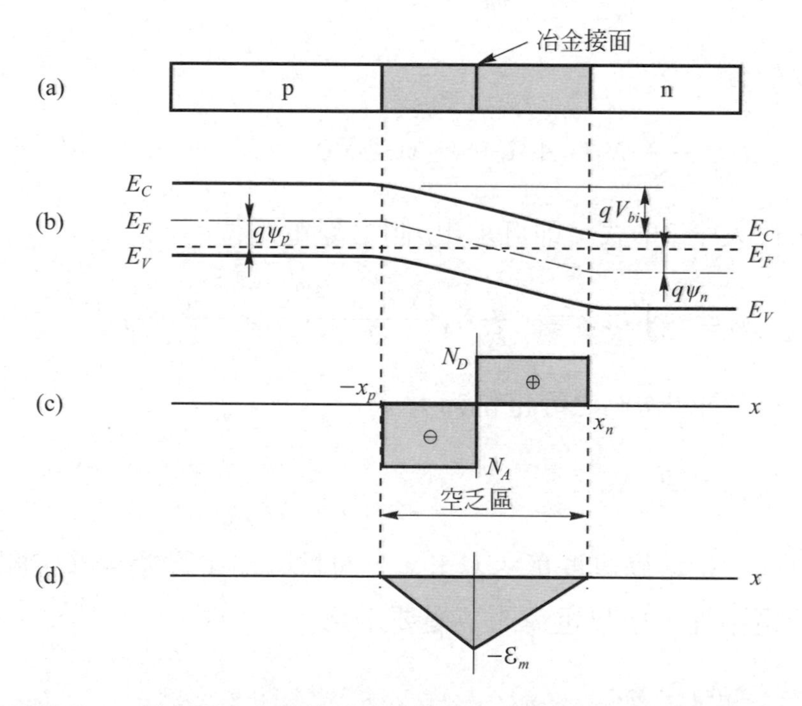

圖 3.2 一維空間之步級接面的能帶圖和空間電荷分佈和電場分佈

在遠離冶金接面(metallurgical junction)之區域為中性區，所以(3.16)式可以簡化為：

$$\frac{d^2\varphi}{dx^2}=0 \tag{3.17}$$

而且 $$N_D-N_A+p-n=0 \tag{3.18}$$

對於 p 側的空乏區，假設$N_D=0$，而且$p\gg n$，所以(3.16)式可寫成：

$$\left.\frac{d^2\varphi}{dx^2}\right|_{-x_p\leq x<0}=+\frac{q}{\varepsilon_s}N_A \tag{3.19}$$

其中x_p為p側空乏區之寬度。因為

$$E=-\frac{d\varphi}{dx} \tag{3.20}$$

所以 $$\frac{dE}{dx}=-\frac{q}{\varepsilon_s}N_A，-x_p\leq x<0 \tag{3.21}$$

兩邊取積分

$$E=-\frac{q}{\varepsilon_s}N_A(x+x_p)，-x_p\leq x<0 \tag{3.22}$$

因此，代入(3.20)式，即可求出p側之靜電電位φ_p：

$$\varphi_p=-\int E dx=-\frac{q}{\varepsilon_s}N_A\left.\frac{(x+x_p)^2}{2}\right|_{-x_p}^{0}=-\frac{q}{2\varepsilon_s}N_A x_p^2 \tag{3.23}$$

同理，可以求出n側之靜電位φ_n：

$$\varphi_n=\frac{q}{2\varepsilon_s}N_D x_n^2 \tag{3.24}$$

另一方面，空乏區寬度$W=x_p+x_n$，而且因為半導體全部空間電荷必須保持電中性，所以電荷的平衡要求為：

$$x_pN_A=x_nN_D \tag{3.25}$$

於是 $$x_p=\frac{N_D W}{N_A+N_D} \tag{3.26}$$

$$x_n = \frac{N_A W}{N_A + N_D} \tag{3.27}$$

因此，內建電位可以表示為：

$$\begin{aligned} V_{bi} &= |\varphi_p| + |\varphi_n| \\ &= \frac{q}{2\varepsilon_s} N_A \frac{N_D^2 W^2}{(N_A + N_D)^2} + \frac{q}{2\varepsilon_s} N_D \frac{N_A^2 W^2}{(N_A + N_D)^2} \\ &= \frac{q}{2\varepsilon_s} \frac{N_A N_D (N_A + N_D) W^2}{(N_A + N_D)^2} \\ &= \frac{q}{2\varepsilon_s} \frac{N_A N_D}{N_A + N_D} W^2 \end{aligned} \tag{3.28}$$

所以，我們可以將空乏區寬度表示為：

$$W = \left[\frac{2\varepsilon_s}{q} \left(\frac{1}{N_A} + \frac{1}{N_D} \right) V_{bi} \right]^{\frac{1}{2}} \tag{3.29}$$

例如，對於$p^+ - n$單側步級接面而言(即$N_A \gg N_D$)，W表示式可簡化成：

$$W \cong x_n = \left[\frac{2\varepsilon_s V_{bi}}{q N_D} \right]^{\frac{1}{2}} \tag{3.30}$$

此外，考慮(3.22)式，發現：當$x = 0$時，即在冶金接面處，有最大電場$\varepsilon_{\max}$：

$$|E_{\max}| = \frac{q}{\varepsilon_s} N_A x_p = \frac{q}{\varepsilon_s} N_D x_n \tag{3.31}$$

因此，若將(3.31)式代入(3.28)式中，可以得到：

$$\begin{aligned} V_{bi} &= \frac{q}{2\varepsilon_s} N_A x_p^2 + \frac{q}{2\varepsilon_s} N_D x_n^2 \\ &= \frac{1}{2} |E_{\max}| (x_p + x_n) \\ &= \frac{W}{2} |E_{\max}| \end{aligned} \tag{3.32}$$

此表示電場三角形的面積就等於內建電位。

範例 3.2 考慮一個p^+-n單邊步級接面 Si 元件，其中$N_A=10^{19}$ cm^{-3}和$N_D=10^{16}cm^{-3}$。計算在室溫下(300K)之內建電位和空乏區寬度。

解 (1) $V_0=\frac{kT}{q}\ln\frac{N_AN_D}{n_i^2}=0.0259\ln\frac{10^{19}\times10^{16}}{(1.45\times10^{10})^2}$

$=0.874\ \text{V}$

(2) $W\cong\left[\frac{2\varepsilon_sV_{bi}}{qN_D}\right]^{\frac{1}{2}}=\left[\frac{2\times11.8\times8.85\times10^{-14}\times0.874}{1.6\times10^{-19}\times10^{16}}\right]^{\frac{1}{2}}$

$=0.337\ \mu\text{m}$

3.3 電流-電壓特性

p-n 接面最主要的特徵之一係 p 側相對於 n 側具有正的外加電壓時，其電流可以自由流動，此種情形稱爲順向偏壓(forward bias)。反之，當 p 側相對於 n 側具有負的外加偏壓時，其電流小到可以視爲零，此種情形稱爲反向偏壓(reverse bias)。因此，我們可以將此種現象稱爲整流作用(rectifying)。

3.3.1 理想穩態特性

因爲外加電壓的改變會使空乏區之靜電位障和電場改變，所以流過接面之電流也會改變。

在熱平衡時，中性區的多數載子濃度大致與摻雜濃度相等。因此(3.16)式可以表示爲：

$$V_{bi}=\frac{kT}{q}\ln\frac{p_{p0}n_{n0}}{n_i^2}=\frac{kT}{q}\ln\frac{n_{n0}}{n_{p0}} \tag{3.33}$$

其中下標 0 表示熱平衡狀態。此外，(3.33)式有利用質量作用定律(mass action law)：

$$p_{p0}n_{p0} = n_i^2 \tag{3.34}$$

在 n 側，可以將(3.33)式重新整理為：

$$n_{n0} = n_{p0}e^{qV_{bi}/kT} \tag{3.35}$$

同理，在 p 側，可以表示為：

$$P_{p0} = p_{n0}e^{qV_{bi}/kT} \tag{3.36}$$

根據(3.35)式和(3.36)式，空乏區兩側的電子濃度和電洞濃度均與靜電位障V_{bi}有關。

考慮順向偏壓的情形，靜電位障修正為$V_{bi}-V_F$。反之，考慮反向偏壓的情形，靜電位障修正為$V_{bi}+V_R$。因此，(3.35)式可以修正為：

$$n_n = n_p e^{q(V_{bi}-V)/kT} \tag{3.37}$$

其中n_n和n_p分別為不平衡時，在空乏區 n 側和 p 側的電子濃度。在低階注入下，$n_n \gg p_n$和$p_p \gg n_p$。因此$n_n \cong n_{n0}$，和$p_n \cong p_{n0}$。所以，將(3.35)式代入(3.37)式，可以得到空乏區 p 側邊界($x=-x_p$)的電子濃度：

$$n_n = n_p e^{qV_{bi}/kT}e^{-qV/kT} \cong n_{n0} = n_{p0}e^{qV_{bi}/kT} \tag{3.38}$$

$$\therefore\ n_p = n_{p0}e^{qV/kT} \tag{3.39}$$

或

$$n_p - n_{p0} = n_{p0}(e^{qV/kT}-1) \tag{3.40}$$

同理，在空乏區 n 側邊界($x=x_n$)的電洞濃度：

$$p_n = p_{n0}e^{qV/kT} \tag{3.41}$$

或

$$p_n - p_{n0} = p_{n0}(e^{qV/kT}-1) \tag{3.42}$$

圖 3.3 為 p-n 接面在順向偏壓和反向偏壓時的能帶圖和少數載子分佈圖。在理想狀態下，空乏區內沒有電流產生，所有的電流均來自中性區。因為在n側的電中性區沒有電場存在，所以穩態連續性方程

式(steady state continuity equation)變成：

$$\frac{d^2p_n}{dx^2}-\frac{p_n-p_{n0}}{D_p\tau_p}=0 \tag{3.43}$$

考慮邊界條件：

$$p_n(x=\infty)=p_{n0} \tag{3.44}$$

則(3.43)式的解爲：

$$p_n-p_{n0}=p_{n0}(e^{qV/kT}-1)e^{-(x-x_n)/L_p} \tag{3.45}$$

其中$L_p=\sqrt{D_p\tau_p}$，爲 n 側的少數載子(電洞)之擴散長度。在$x=x_n$處

$$J_p(x_n)=-qD_p\left.\frac{dp_n}{dx}\right|_{x_n}=\frac{qD_pp_{n0}}{L_p}(e^{qV/kT}-1) \tag{3.46}$$

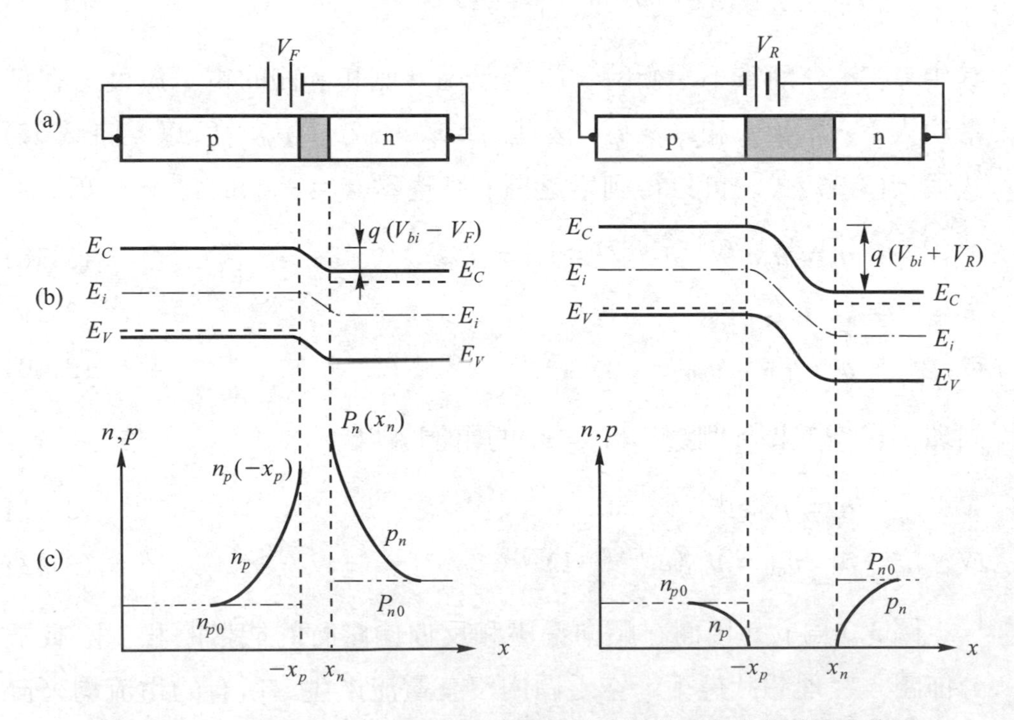

圖 3.3　p-n 接面在順向偏壓和反向偏壓時的能帶圖和少數載子分佈圖

同理，在 p 側的電中性區：

$$n_p - n_{p0} = n_{p0}(e^{qV/kT} - 1)e^{(x+x_p)/L_n} \tag{3.47}$$

和

$$J_n(-x_p) = -qD_n \frac{dp_p}{dx}\bigg|_{-x_p} = \frac{qD_n p_{p0}}{L_n}(e^{qV/kT} - 1) \tag{3.48}$$

其中$L_n = \sqrt{D_n \tau_n}$，爲p側的少數載子(電子)之擴散長度。圖 3.3(c)爲接面的電子電洞擴散電流。

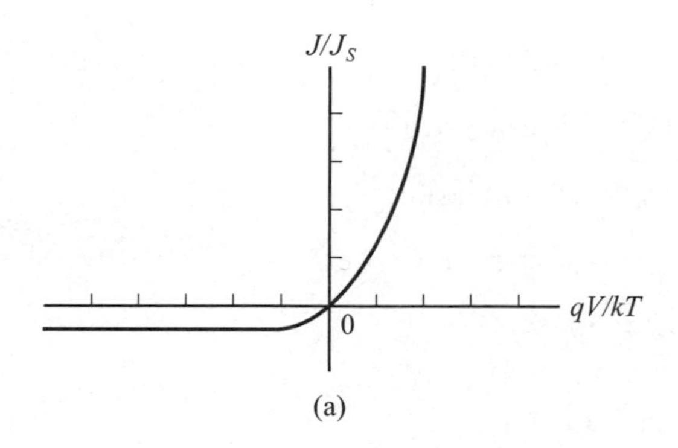

(a)

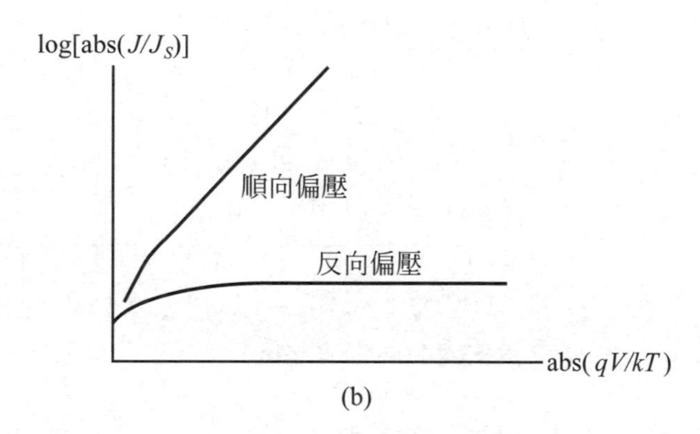

(b)

圖 3.4　其理想電流-電壓特性曲線：(a)直角座標，(b)半對數座標

通過整個元件的電流爲定值，且爲(3.46)式和(3.48)式的和：

$$J = J_p(x_n) + J_n(-x_p) = J_s(e^{qV/kT} - 1) \tag{3.49}$$

其中

$$J_s \equiv \frac{qD_p p_{n0}}{L_p} + \frac{qD_n n_{p0}}{L_n} \tag{3.50}$$

稱爲飽和電流密度，而(3.49)式稱爲理想二極體方程式。圖 3.4 爲其理想電流-電壓特性曲線。圖 3.4(a)爲直角座標，圖 3.4(b)爲半對數座標。

範例 3.3 計算矽 p-n 接面在 300K 下之理想反向飽和電流密度。考慮下列參數：

$N_A = N_D = 10^{16}\ \text{cm}^{-3}$

$n_i = 1.45\times10^{10}\ \text{cm}^{-3}$

$D_n = 25\ \text{cm}^2/\text{sec}$

$D_p = 10\ \text{cm}^2/\text{sec}$

$\tau_{p0} = \tau_{n0} = 5\times10^{-7}\ \text{sec}$

$\varepsilon_r = 11.9$

解 利用(3.50)式

$$J_s = \frac{qD_p p_{n0}}{L_p} + \frac{qD_n n_{p0}}{L_n}$$
$$= qn_i^2\left[\frac{1}{N_D}\sqrt{\frac{D_p}{\tau_{p0}}} + \frac{1}{N_A}\sqrt{\frac{D_n}{\tau_{n0}}}\right]$$
$$= 1.6\times10^{-19}\times(1.45\times10^{10})^2$$
$$\times\left[\frac{1}{10^{16}}\sqrt{\frac{10}{5\times10^{-7}}} + \frac{1}{10^{16}}\sqrt{\frac{25}{5\times10^{-7}}}\right]$$
$$= 3.883\times10^{-11}\ \text{A/cm}^2$$

3.3.2 產生-複合電流

在外加偏壓下，3.3.1 節所推導之理想二極體方程式，係在假設在空乏區沒有載子產生-複合的情形下所得到之結果。實際上，在非平衡狀態下，越過空乏區之電子和電洞濃度的乘積爲：

$$pn = n_i^2 \exp\left[\frac{qV}{kT}\right] \tag{3.51}$$

在冶金接面處：

$$p = n = n_i \exp\left[\frac{qV}{2kT}\right] \tag{3.52}$$

而產生-複合電流密度可以表示為：

$$J_{G\text{-}R} = qW\left[\left(\frac{n_i}{\tau_{p0}+\tau_{n0}}\right)\exp\left(\frac{qV}{2kT}\right)\right] - J_R \tag{3.53}$$

在外加偏壓為零時，在空乏區之總電流密度必須為零。因此，

$$J_R = \left(\frac{qWn_i}{\tau_{p0}+\tau_{n0}}\right) \equiv J_2 \tag{3.54}$$

所以 $$J_{G\text{-}R} = J_R(e^{qV/2kT} - 1) \tag{3.55}$$

此又稱為 SNS 二極體方程式，由 Sah，Noyce，和 Shockley 在 1960 年代提出。於是(3.49)式之理想二極體方程式應該要修正為：

$$J = J_s(e^{qV/nkT} - 1) \tag{3.56}$$

其中係數n稱為理想因子(ideality factory)。當擴散電流佔優勢時，$n = 1$；但是，當產生-複合電流佔優勢，或其他非理想因素，如表面複合電流佔優勢時，則$n = 2$，或甚至更大。

3.4 電容-電壓特性

發生在p-n接面之電容有二種：(1)接面電容(junction capacitance，C_j)和(2)擴散電容(diffusion capcitance，C_d)，下面將作詳細說明。

3.4.1 接面電容

如圖 3.5 所示，當外加電壓改變時，p-n 接面之空乏區寬度也會隨之改變，因此，空間電荷的數量也會改變。在空乏區 n 側和 p 側之增量空間電荷大小相同，但極性相反。於是，將單位面積的接面電容表示為：

$$C_j \equiv \frac{dQ}{dV} = \frac{dQ}{W\dfrac{dQ}{\varepsilon_s}} = \frac{\varepsilon_s}{W} \ (\mathrm{F/cm^2}) \tag{3.57}$$

注意，此和平行板電容之表示式相同。因爲接面電容係跟空乏區寬度有關，所以又稱爲空乏區電容(depletion region capacitance)。

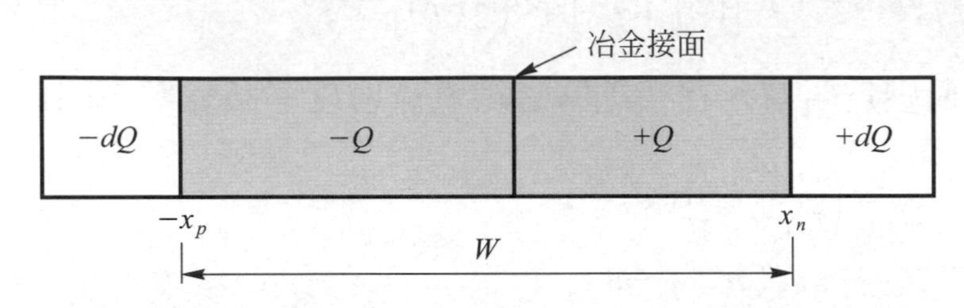

圖 3.5　在反向偏壓下，p-n 接面之 n 側和 p 側的電荷變化

對於面積A之單側步級接面而言，例如，p^+-n接面，由(3.30)式所得：

$$C_j = A\frac{\varepsilon_s}{W} = A\sqrt{\frac{q\varepsilon_s N_D}{2(V_{bi}-V)}} \tag{3.58}$$

兩邊平方取倒數：

$$\frac{1}{C_j^2} = \frac{2(V_{bi}-V)}{A^2 q\varepsilon_s N_D} \tag{3.59}$$

將$\dfrac{1}{C_j^2}$對外加電壓V取導數：

$$\frac{d\dfrac{1}{C_j^2}}{dV} = -\frac{2}{q\varepsilon_s N_D A^2} \tag{3.60}$$

因此，利用(3.60)式，可以求得任意的雜質分佈。利用(3.60)式估算雜質濃度分佈之方法，稱爲“電容-電壓(C-V)法”。

範例 3.4 如圖 3.6 所示，對於p^+-n矽單側步級接面而言。試估算其內建電位V_{bi}和 n 型矽的摻雜濃度N_D。($\varepsilon_r = 11.9$，$A = 5\times10^{-4}\text{cm}^2$)

解 (1) 由圖 3.6 圖之直線與x軸的交點，$V_{bi}\cong0.6\text{V}$

(2) $$\frac{d\dfrac{1}{C_j^2}}{dV}=\frac{3.2-1.8}{1}\times10^{19}$$

$$=\frac{2}{1.6\times10^{-19}\times11.9\times8.854\times10^{-14}\times N_D\times5\times10^{-4}}$$

$$\therefore N_D=\frac{2}{1.4\times10^{19}\times1.6\times10^{-19}\times11.9\times8.854\times10^{-14}\times5\times10^{-4}}$$

$$=1.7\times10^{15}\ \text{cm}^{-3}$$

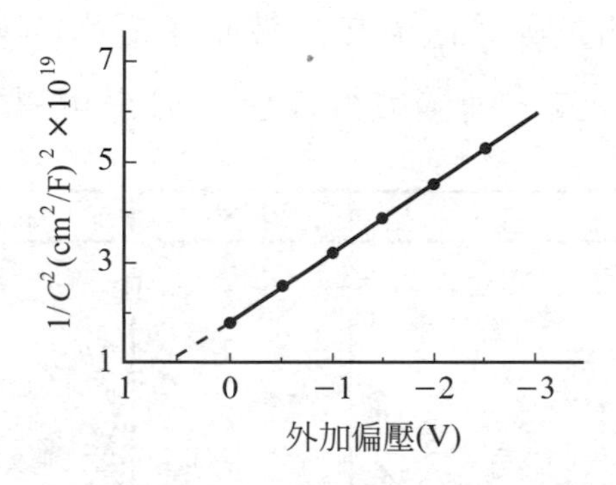

圖 3.6 p^+-n矽單側步級接面之 $1/C^2$對外加偏壓的關係圖

3.4.2 擴散電容

如圖 3.7 所示，當接面是在順向偏壓時，p 側的電洞注入到 n 側的中性區，而成爲多出電洞。在 n 側的多出電洞濃度爲：

$$\Delta p_n = p_n - p_{n0} = p_{n0}(e^{qV/kT}-1)e^{-(x-x_n)/L_p} \tag{3.61}$$

於是，在 n 側每單位面積所儲存的電荷Q_p爲：

$$
\begin{aligned}
Q_p &= q\int_{x_n}^{\infty}(p_n - p_{n0})dx \\
&= q\int_{x_n}^{\infty} p_{n0}(e^{qV/kT}-1)e^{-(x-x_n)/L_p}dx \\
&= qL_p p_{n0}(e^{qV/kT}-1)
\end{aligned}
\tag{3.62}
$$

因此，因爲擴散電流所儲存的電荷而造成的電容，稱之爲擴散電容。單位面的擴散電容可表示爲：

$$C_d \equiv \frac{dQ_p}{dV} = \frac{q^2 L_p p_{n0}}{kT} e^{qV/kT} \tag{3.63}$$

此外，考慮(3.46)式，(3.62)式可以改寫爲：

$$Q_p = \frac{L_p^2}{D_p} J_p(x_n) = \tau_p J_p(x_n) \tag{3.64}$$

此表示儲存電荷的量等於電流和少數載子壽命的乘積。這是因爲注入的電洞，若壽命較長，則擴散得較遠，於是可以儲存較多的電荷。

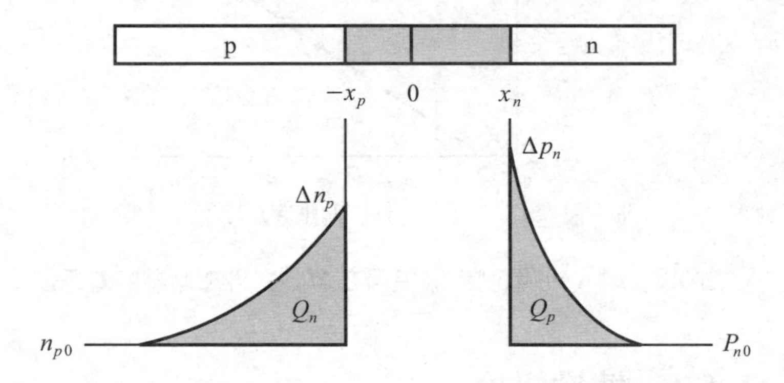

圖 3.7　在順向偏壓時，在 p-n 接面的 n 側和 p 側之少數載子的分佈

3.5 暫態現象

在本節中，我們將討論多數載子(excess carrier)在接面隨時間變化時之分佈的情形。

3.5.1 暫態響應

接面在偏壓下，電流的變動會導致載子的分佈跟著產生變化。根據時間相關的連續性方程式：

$$\frac{\partial p}{\partial t}=-\frac{1}{q}\frac{\partial J_p}{\partial x}+(G_p-R_p) \tag{3.65}$$

假設在空乏區沒有載子產生，則可表示為：

$$\frac{\partial J_p}{\partial x}=q\frac{\partial p}{\partial t}+q\frac{p_n-p_{n0}}{\tau_p} \tag{3.66}$$

為了獲得瞬時電流密度，令$p_n-p_{n0}=\Delta p_n$，兩邊對時間t取積分：

$$J_p(0)-J_p(x)=q\int_0^x\left[\frac{\Delta p_n}{\tau_p}+\frac{\partial p}{\partial t}\right]dx \tag{3.67}$$

如圖 3.8 所示，從p^+區注入一個相當長的 n 區，在$x_n=0$處，注入電流完全為電洞電流，而在$x_n=\infty$處，$J_p=0$。因此，包含有時間變化的總注入電流為：

$$\begin{aligned}i(t)&=i_p(x_n=0,t)\\&=\frac{qA}{\tau_p}\int_0^\infty\Delta p_n dx_n+qA\frac{\partial}{\partial t}\int_0^\infty\Delta p_n dx_n\end{aligned} \tag{3.68}$$

所以
$$i(t)=\frac{Q_p(t)}{\tau_p}+\frac{dQ_p(t)}{dt} \tag{3.69}$$

此結果表示，越過p^+-n接面所注入的電流電洞係由二種電荷儲存效應決定：(1)複合項Q_p/τ_p，及(2)電荷變化項dQ_p/dt。

考慮二極體的步級開關暫態，如圖 3.9(a)所示，在$t=0$時，移去電流I，使二極體剩下儲存電荷。因為n側內的多數載子(電洞)與多數電子複合而消滅，所以需要一些時間使$Q_p(t)$到達零。將(3.69)式取拉卜拉斯轉換(lapace trans forms)，並考慮$i(t>0)=0$和$Q_p(0)=I\tau_p$，得

$$0=\frac{Q_p(s)}{\tau_p}+sQ_p(s)-I\tau_p$$

$$Q_P(s)=\frac{I\tau_P}{s+\dfrac{1}{\tau_P}} \tag{3.70}$$

$$Q_P(t)=I\tau_P e^{-t/\tau_P}$$

正如預期，儲存電荷的數量從起始值$I\tau_P$呈指數式的消滅，其時間常數等於 n 側的電洞壽命。如圖 3.9(b)所示。如圖 3.9(c)所示，當時間進行時，Δp_n隨多數電子與電洞的複合而減少。因為所注入的電洞電流對在$x_n=0$處的電洞分佈梯度成比例，而零電流意即零濃度梯度。因此，在$x_n=0$處，分佈梯度必須為零。

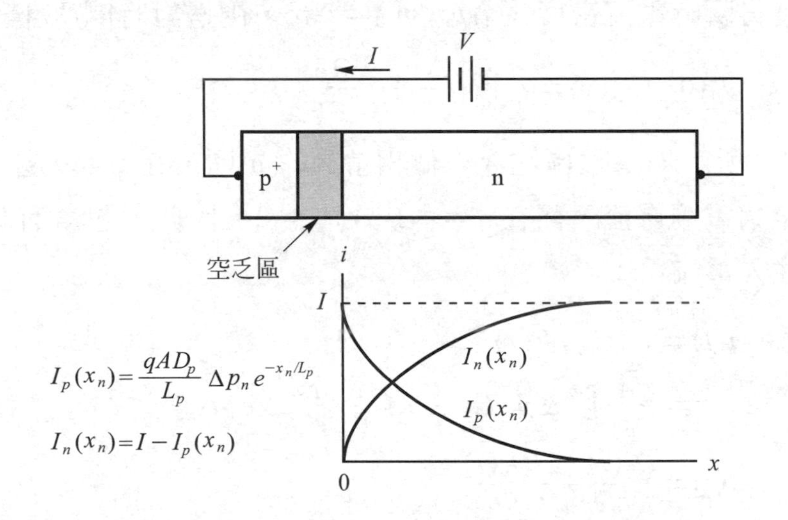

圖 3.8　順向偏壓時p^+-n接面的電子和電洞電流

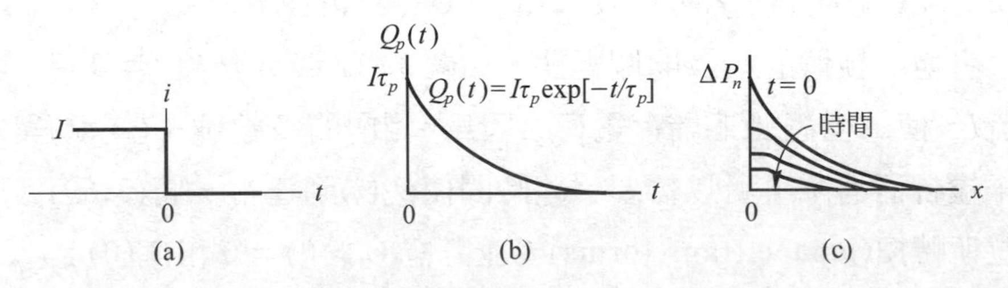

圖 3.9　二極體的步級開關暫態：(a)流過二極體的電流；和(b)n 側的多出電洞分佈

3.5.2 反向恢復暫態

如圖 3.10(a)所示，考慮p^+-n二極體之順向和反向交換的應用。如圖 3.10(b)所示，當$t<0$，而外加電壓爲$+E$時

$$i=I_F\cong\frac{E}{R} \tag{3.71}$$

當$t>0$時，因爲儲存電荷不會瞬間改變，所以電流的起始值爲：

$$i=-I_R=-\frac{E}{R} \tag{3.72}$$

當隨著時間的增加，儲存電荷減少時，如圖 3.10(c)所示，反向電流會變得更小，直到最後僅有的電流爲二極體特性的反向飽和電流。關於儲存電荷變成$0.1I_R$所需要的時間t_{sd}稱爲儲存延遲時間(storage delay time) ，如圖 3.10(d)所示。因爲複合速率R決定多出電洞在 n 側消失的速率，所以我們預期t_{sd}正比於τ_P。因此，儲存延遲時間t_{sd}可以表示爲：

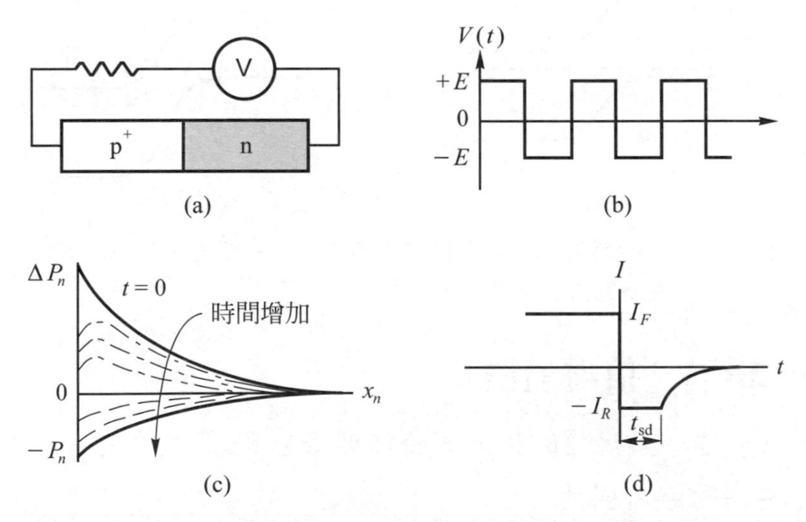

圖 3.10 p^+-n二極體之儲存延遲時間：(a)電路；(b)順向和反向交換外加電壓；(c)電洞分佈；和(d)延遲時間

$$t_{sd} \cong \frac{Q_P A}{I_{R,\text{ave}}} = \tau_P \left[\frac{I_F}{I_{R,\text{ave}}} \right] \tag{3.73}$$

其中$I_{R,\text{ave}}$爲關閉(turn-off)週期的平均電流。

3.6 接面崩潰

3.6.1 稽納崩潰

當一個大量摻雜的接面反向偏壓時，如圖 3.11 所示，其能帶會交錯，即n側導電帶會對著p側價電帶。由於大量摻雜，使得空乏區的寬度相當小。當反向偏壓時，空乏區寬度會變得更小。所以很容易發生電子的穿透現象(tunneling)，此稱爲稽納崩潰(Zener breakdown)。

穿透作用的機率取決於空乏區的寬度，當能帶交錯時，穿透距離d可能太寬，但是，當增加反向偏壓時，d會變小一點，此可以藉由幾何圖形証明。

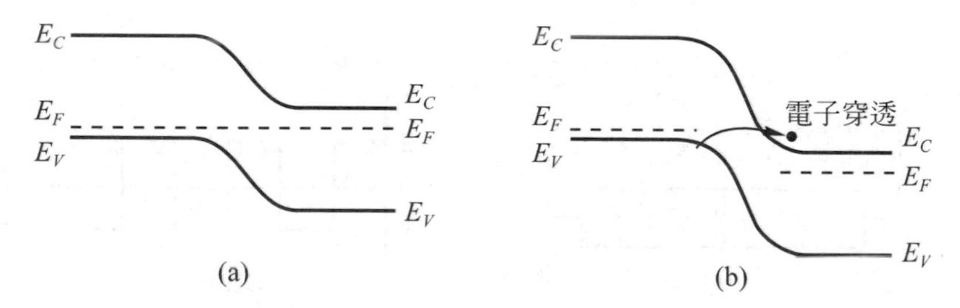

圖 3.11 稽納崩潰：(a)平衡時的大量摻雜 p-n 接面，和(b)反向偏壓時的大量摻雜 p-n 接面

3.6.2 倍增崩潰

對於一個小量摻雜的接面，不需要考慮電子穿透作用，接面崩潰的主要機制爲倍增崩潰。

當外加反向電場夠大時，電子(1)就可以得到足夠大的動能撞擊原子，並且打斷原子的鍵結而產生電子-電洞對，此種現象稱爲撞擊離化(impact ionization)。這些新產生的電子-電洞對(例如：2 和 2')，如圖 3.12 所示。如此過程一直連續下去會導致載子倍增的結果。此種現象稱爲倍增崩潰或雪崩崩潰(avalanche breakdown)。假設載子在加速通過的距離爲空乏區的寬度W，電子撞擊離化的速率爲αno 於是，從P側進入的電子爲$n_{\text{in}]}$，而有$\alpha_n n_{\text{in}}$個離化電子-電洞對(即二次電子)。

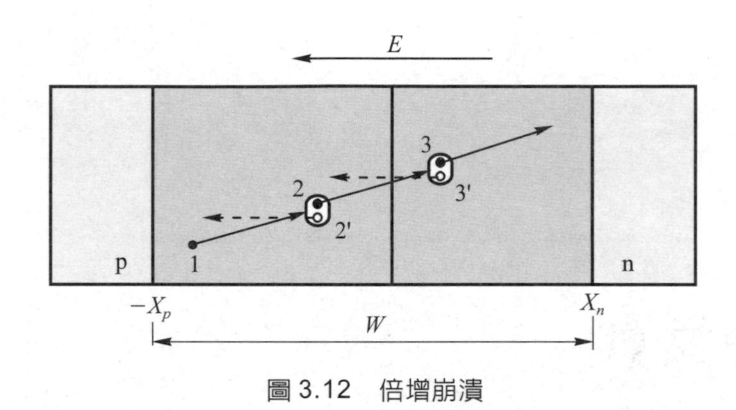

圖 3.12　倍增崩潰

假設沒有複合發生，於是在許多次撞擊之後，離開空乏區到達n側的總電子數爲：

$$n_{\text{out}=n_{\text{in}}}(1+\alpha_n+\alpha_n^2+\cdots) \tag{3.74}$$

因此，電子倍增因子M_n爲：

$$M_n=\frac{n_{\text{out}}}{n_{\text{in}}}=1+\alpha_n+\alpha_n^2+\cdots=\frac{1}{1-\alpha_n} \tag{3.75}$$

倍增崩潰電壓是定義在$M_n\rightarrow\infty$時，所以崩潰條件爲：

$$\alpha_n=1 \tag{3.76}$$

事實上，我們預期離化機率α_n和α_p會隨電場的增加而增大，所以其與反向偏壓有關。量測接近崩潰時接面中的載子倍增因子M_n(或M_p)導出一個實驗關係式：

$$M = \frac{1}{1 - (V/V_{br})^n} \tag{3.77}$$

其中指數n約在 3 到 6 之間，而V_{br}為崩潰電壓。

參考文獻

[1] S. Wang, Fundamentals of Semiconductor Theory and Devices Physics,Prentice-Hall, Inc, New Jersey, 1989.

[2] Ben G. Streetman, Solid State Electronic Devices, 3rd, Prentice-Hall, Inc, New Jersey, 1990.

[3] S. M. Sze, Semiconductor Device Physics and Technology, 2nd edition, John Wiley & Sons, Inc, New York, 1981.

[4] C. T. Sah, Fundamentals of Solid-State Electronics, World Scientific Publishing Co., Danvers, 1991.

Light Emitting Diode

CHAPTER 4

金屬-半導體接觸理論

所有的光電半導體元件都需要製作電極，以外加電場使元件工作，而幾乎所有的電極都是由金屬所構成的，即使是最近這幾年很熱門的透明導電膜，本章的內容也可以適用。因此，在本章中要討論的是金屬和半導體之間的接觸情形，但是在作進一步的討論之前，先要瞭解兩個重要的名詞：(1)功函數(work function)，其是將電子從金屬或半導體材料移到眞空中所需之能量；(2)電子親和力(electron affinity)，其是將原子外一個靜止的電子移置到原子的空軌道中所需之能量。表 4.1 爲常用之金屬的功函數，其中鉑(Pt)爲所有金屬中具有最大功函數者。

若以$q\phi_m$表示金屬的功函數，而以$q\phi_{sn}$表示n型半導體的功函數，以$q\phi_{sp}$表示 p 型半導體的功函數，因此，金屬和半導體之間的接觸會發生四種情形：

(1) $q\phi_m > q\phi_{sn}$；

(2) $q\phi_m < q\phi_{sn}$；

(3) $q\phi_m > q\phi_{sp}$；

(4) $q\phi_m < q\phi_{sp}$。

下面將詳細討論這四種情形及其特性。

4.1 金屬-半導體接觸的形式

4.1.1 金屬 n 型半導體接觸

(A) $q\varphi_m > q\varphi_{sn}$

金屬與 n 型半導體接觸之前和之後的能帶示意圖如圖 4.1 所示。圖 4.1(a)爲金屬與 n 型半導體接觸之前的能帶示意圖，在金屬與 n 型半導體接觸之後，在介面處會發生電荷轉移，直到兩者的費米能階對齊達到平衡，如圖4.1(b)所示。

由於電荷的轉移，會使n型半導體的近介面處之能帶發生彎曲，而形成空乏區(W)，同時也會形成平衡接觸電位，即內建電位(V_{bi})。這種情形與pn接面的情形類似。

內建電位的能量爲金屬與n型半導體的功函數差(即：$\phi_m - \phi_{sn}$)，其會禁止電子再從n型半導體的導電帶擴散進入金屬。另一方面，對於在金屬側的電子而言，若要從金屬注入到n型半導體的導電帶，則要克服一個電位障($q\phi_{Bn}$)，其中：

$$\varphi_{Bn} = \varphi_m - \chi \tag{4.1}$$

其中χ爲電子親和力。由於該電位障的存在，使得這種接觸形態具有整流特性。

表4.1　常用之金屬的功函數

金屬	功函數 (eV)
Pt	5.65
Ni	5.15
Pd	5.12
Au	5.1
Cu	4.65
W	4.55
Fe	4.5
Cr	4.5
Sn	4.42
Ti	4.33
Al	4.28
Ag	4.26
Ta	4.25
In	4.12

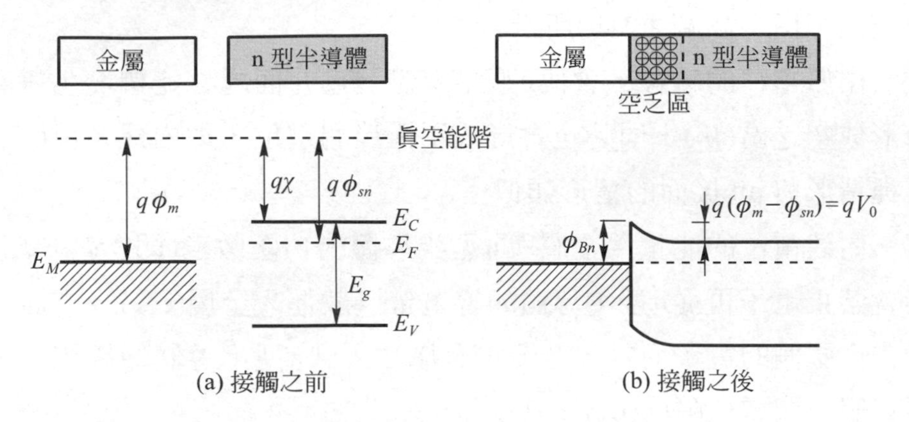

圖 4.1 金屬與 n 型半導體接觸之前和之後的能帶示意圖($q\phi_m > q\phi_{sn}$)

(B) $q\varphi_m < q\varphi_{sn}$

金屬與 n 型半導體接觸之前和之後的能帶示意圖如圖 4.2 所示。圖 4.2(a)爲金屬與 n 型半導體接觸之前的能帶示意圖，在金屬與 n 型半導體接觸之後，在介面處電子會從金屬轉移到n型半導體，直到兩者的費米能階對齊達到平衡，如圖 4.2(b)所示。

由於電荷的轉移，會使n型半導體的近介面處之能帶發生彎曲，在這種情形下，電子從金屬流入n型半導體的電位障非常小，只要一個很小的電壓就能克服。因此，這種接觸形態具有電阻特性。

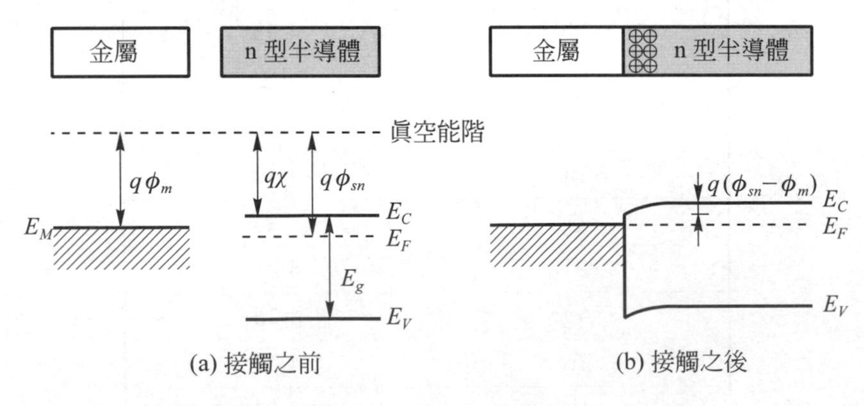

圖 4.2 金屬與 n 型半導體接觸之前和之後的能帶示意圖($q\phi_m < q\phi_{sn}$)

4.1.2 金屬-p 型半導體接觸

(A) $q\varphi_m > q\varphi_{sp}$

金屬與 p 型半導體接觸之前和之後的能帶示意圖如圖 4.3 所示。圖 4.3(a)爲金屬與 p 型半導體接觸之前的能帶示意圖，在金屬與 p 型半導體接觸之後，在介面處會發生電荷轉移，直到兩者的費米能階對齊達到平衡，如圖 4.3(b)所示。

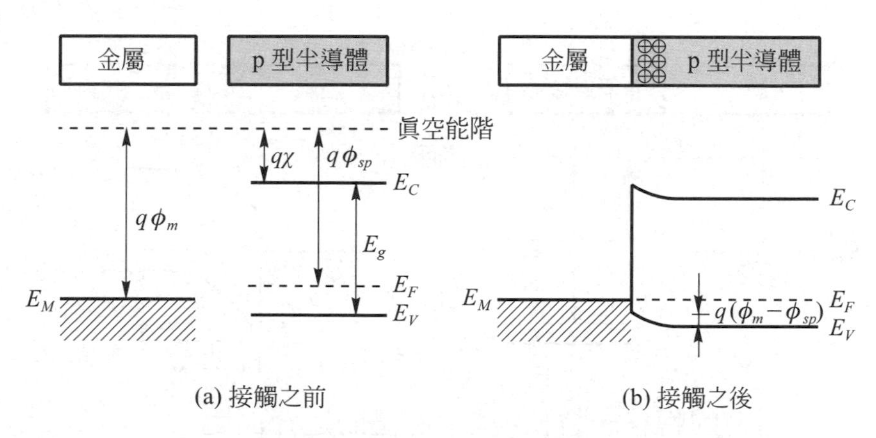

圖 4.3　金屬與 p 型半導體接觸之前和之後的能帶示意圖($q\phi_m > q\phi_{sp}$)

(B) $q\varphi_m < q\varphi_{sp}$

金屬與 p 型半導體接觸之前和之後的能帶示意圖如圖 4.4 所示。圖 4.4(a)爲金屬與 p 型半導體接觸之前的能帶示意圖，在金屬與 p 型半導體接觸之後，在介面處會發生電荷轉移，直到兩者的費米能階對齊達到平衡，如圖 4.4(b)所示。

由於電荷的轉移，會使p型半導體的近介面處之能帶發生彎曲，而形成空乏區(W)，同時也會形成平衡接觸電位，即內建電位(V_{bi})。這種情形與 pn 接面的情形類似。

平衡接觸電位的能量爲金屬與p型半導體的功函數差(即：$\phi_m-\phi_{sp}$)，其會禁止電子再從p型半導體的導電帶擴散進入金屬。另一方面，對於在金屬側的電洞而言，若要從金屬注入到p型半導體的價電帶，則要克服一個電位障($q\phi_{B_p}$)，其中：

$$\varphi_{B_p}=\chi-\varphi_m \tag{4.2}$$

其中χ爲電子親和力。由於該電位障的存在，使得這種接觸形態具有整流特性。

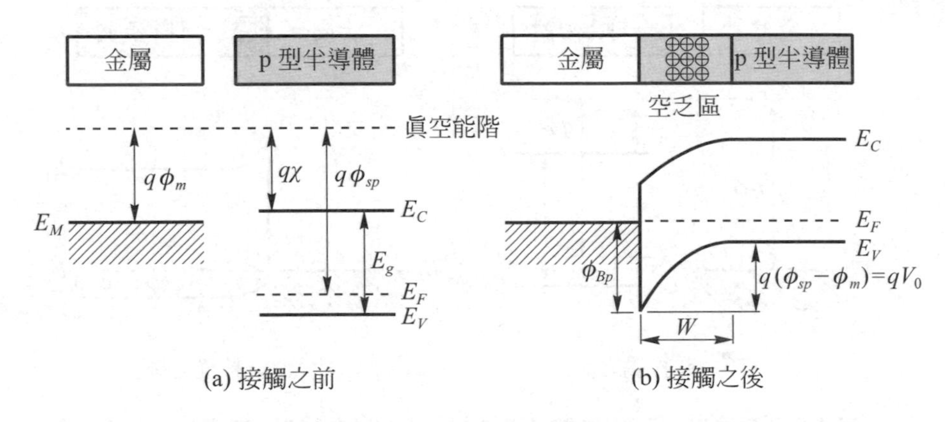

圖 4.4　金屬與 p 型半導體接觸之前和之後的能帶示意圖($q\phi_m < q\phi_{sp}$)

4.2 蕭基接觸

具有整流特性之金屬-半導體接觸稱爲蕭基接觸(Schottky contact)，此種接觸具有以下三種特徵：(1)因爲具有整流特性，所以具有和 pn 接面類似的電流-電壓特性曲線；(2)在金屬-半導體接觸介面，會形成電位障；(3)在靠近金屬-半導體接觸介面的半導體表面，會形成空乏區；下面將分別詳細說明這三種特徵。同時還要介紹電位障高度的量測方法。

4.2.1 熱離子放射理論

考慮金屬-半導體介面沒有缺陷存在之理想情形下，電流在金屬-半導體系統中流動的機制有三種：(1) 熱離子放射(Thermionic Emission, TE)；(2) 熱離子場放射(Thermionic-Field Emission, TFE)；(3) 場放射(Field Emission, FE)，如圖 4.5 所示。下面將詳細說明這三種機制。

(A) 熱離子放射

此種放射機制係用於少量摻雜半導體，如：$N_D \leq 10^{17}\text{cm}^{-3}$，此時，空乏區的寬度相當大，載子幾乎不可能穿透通過電位障。但是，電子可以藉由熱離子放射，如圖 4.5(a)所示，越過電位障的頂端。另一方面，在半導體側之電子也很難直接進入金屬。因此，在這種情形下，不會觀察到歐姆行爲。

(B) 熱離子場放射

此種放射機制係用於中量摻雜半導體，如：$10^{17} < N_D < 10^{18}\text{cm}^{-3}$，此時，在平衡狀態下，空乏區的寬度還不夠窄到可以允許載子穿透通過電位障，如圖 4.5(b)所示。但是，如果載子獲得一個很小的能量，其就能夠穿透通過電位障到達半導體。

(C) 場放射

此種放射機制係用於大量摻雜半導體，如：$N_D \geq 10^{18}\text{cm}^{-3}$，此時，空乏區的寬度很窄，可以允許載子從金屬直接穿透通過電位障到達半導體，如圖 4.5(c)所示。在金屬-半導體系統之功函數沒有很好的匹配之情形下，場放射是尋求歐姆行爲最佳之方式。

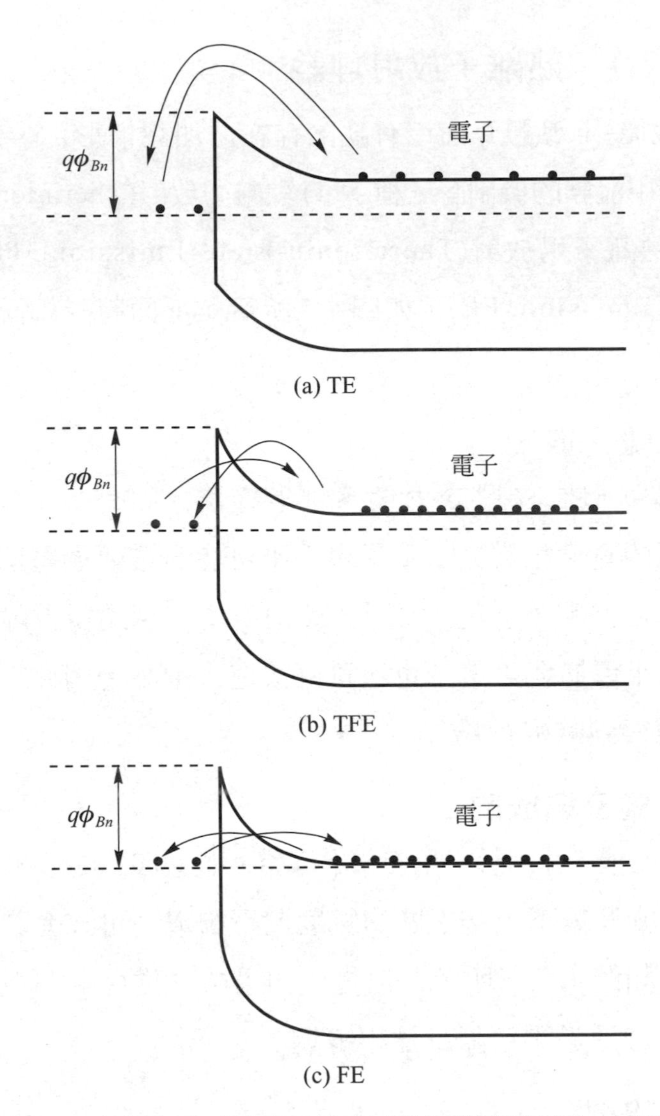

圖 4.5　電流在金屬-半導體系統中流動的機制有三種：(a) 熱離子放射(Thermionic Emission, TE)；(b) 熱離子場放射(Thermionic-Field Emission, TFE)；(c) 場放射(Field Emission, FE)

4.2.2 電流-電壓特性

金屬-半導體接面之電流傳輸主要是由於主要載子，此跟pn接面相反。對於n型半導體而言，其電流傳輸可以用熱離子放射理論說明。

首先，假設電位障高度遠大於熱能，即kT，使得可以應用馬克斯威爾-波茲曼近似法(Maxwell-Boltzmann approximation)，而且熱平衡不會受影響。另一方面，爲了簡單起見，我們討論一維的情形，如圖4.6所示。其中$J_{s\to m}$表示電子從半導體流到金屬的電流密度，而$J_{m\to s}$表示電子從金屬流到半導體的電流密度。

電流密度$J_{s\to m}$可以表示爲：

$$J_{s\to m}=q\int_{E_C'}^{\infty}v_x dn \tag{4.3}$$

其中E_C'爲熱離子放射進入金屬所需之最小能量，v_x爲載子在傳輸方向的速度，q爲電子的荷電量。微增量電子濃度可以表示爲：

$$dn=N_C(E)F(E)dE \tag{4.4}$$

其中$N_C(E)$爲導電帶之態位密度，$F(E)$爲費米狄拉克分佈函數(Fermi-Dirac distribution function)。將第一章中的結果代入：

$$dn=\frac{4\pi(2m_n^*)^{3/2}}{h^3}\sqrt{E-E_C}\exp\left[\frac{-(E-E_F)}{kT}\right]dE \tag{4.5}$$

若所有高於E_C的電子能量都等於動能，則

$$\frac{1}{2}m_n^* v^2=E-E_C \tag{4.6}$$

$$dE=m_n^* v dv \tag{4.7}$$

及

$$\sqrt{E-E_C}=v\sqrt{\frac{m_n^*}{2}} \tag{4.8}$$

將(4.5)式改寫爲速度的形式：

$$dn = 2\left(\frac{m_n^*}{h}\right)^3 \exp\left(\frac{-q\varphi_n}{kT}\right)\exp\left(\frac{-m_n^* v^2}{2kT}\right)\times 4\pi v^2 dv \tag{4.9}$$

將速度分解爲三維的分項：$v^2 = v_x^2 + v_y^2 + v_z^2$，及將$4\pi v^2$變換爲$dv_x dv_y dv_z$，於是(4.3)式可以表示爲：

$$J_{s\to m} = 2q\left(\frac{m_n^*}{h}\right)^3 \exp\left(\frac{-q\varphi_n}{kT}\right)\int_{v_{0x}}^{\infty} v_x \exp\left(\frac{-m_n^* v_x^2}{2kT}\right) dv_x \tag{4.10}$$

其中，v_{0x}係在x方向越過電位障所需之最小能量。爲了方便積分，下面要作變數變換：

$$\frac{m_n^* v_x^2}{2kT} \equiv \alpha^2 + \frac{q(V_{bi}-V)}{kT} \tag{4.11}$$

$$\frac{m_n^* v_y^2}{2kT} \equiv \beta^2 \tag{4.12}$$

$$\frac{m_n^* v_z^2}{2kT} \equiv \gamma^2 \tag{4.13}$$

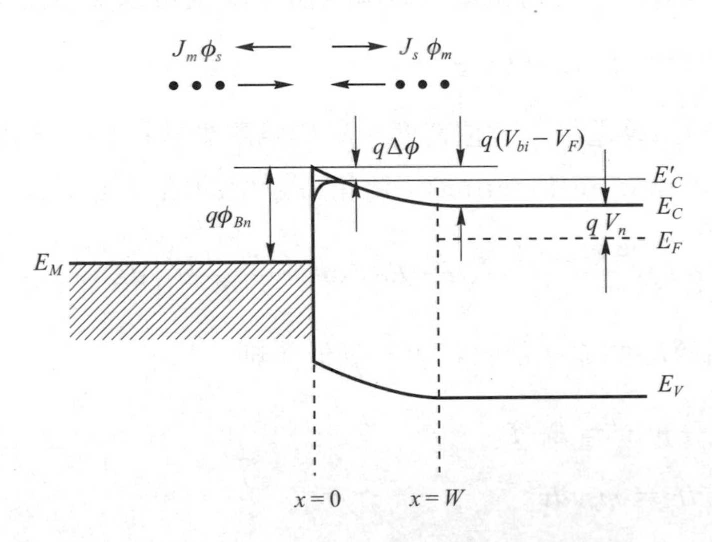

圖 4.6 順向偏壓之金屬-半導體接面的能帶圖

對於v_{0x}而言：

$$\frac{1}{2}m_n^* v_{0x}^2 = q(V_{bi} - V) \tag{4.14}$$

(4.14)式表示當$v_x \to v_{0x}$時，$\alpha = 0$，而且

$$v_x dv_x = \left(\frac{2kT}{m_n^*}\right)\alpha d\alpha \tag{4.15}$$

因此，(4.10)式可以改寫爲：

$$J_{s\to m} = 2q\left(\frac{m_n^*}{h}\right)^3\left(\frac{2kT}{m_n^*}\right)^2 \exp\left(\frac{-q\varphi_n}{kT}\right)\exp\left[\frac{-q(V_{bi}-V)}{kT}\right] \times \int_0^{\infty}\alpha\exp(-\alpha^2)d\alpha \times \int_{-\infty}^{\infty}\exp(-\beta^2)d\beta \times \int_{-\infty}^{\infty}\exp(-\gamma^2)d\gamma \tag{4.16}$$

在將(4.16)式積分之後，可以得到：

$$J_{s\to m} = \left(\frac{4\pi q m_n^* k^2}{h^3}\right)T^2 \exp\left[\frac{-q(\varphi_n + V_{bi})}{kT}\right]\exp\left(\frac{qV}{kT}\right) \tag{4.17}$$

或

$$J_{s\to m} = \left(\frac{4\pi q m_n^* k^2}{h^3}\right)T^2 \exp\left[\frac{-q\varphi_{Bn}}{kT}\right]\exp\left(\frac{qV}{kT}\right) \tag{4.18}$$

當外加偏壓爲零時，$J_{s\to m}$會等於$J_{m\to s}$。因此：

$$J_{m\to s} = \left(\frac{4\pi q m_n^* k^2}{h^3}\right)T^2 \exp\left[\frac{-q\varphi_{Bn}}{kT}\right], \quad V = 0 \tag{4.19}$$

將金屬流向半導體的方向定義爲正，於是，金屬-半導體接面之淨電流密度可以寫爲：

$$J = J_{s\to m} - J_{m\to s} \tag{4.20}$$

將(4.18)式和(4.19)式代入(4.20)式，得：

$$J = \left[A^{**}T^2 \exp\left(\frac{-q\varphi_{Bn}}{kT}\right)\right]\left[\exp\left(\frac{qV}{kT}\right) - 1\right] \tag{4.21}$$

其中

$$A^{**} \equiv \frac{4\pi q m_n^* k^2}{h^3} \tag{4.22}$$

A^{**}稱爲熱離子放射之有效理查生常數。

(4.21)式可以表示爲常見的二極體電流密度形式：

$$J = J_{sT}\left[\exp\left(\frac{qV_n}{nkT}\right) - 1\right] \tag{4.23}$$

其中，n稱爲理想因子(ideality factor)。一般而言，$1 \leq n \leq 2$，當n趨近於1時，擴散電流爲主要電流，而當n趨近於2時，表面電流或產生複合電流爲主要電流；J_{sT}稱爲逆向飽和電流密度(reverse-saturation current density)，而且表示爲：

$$J_{sT} = A^{**} T^2 \exp\left(\frac{-q\varphi_{Bn}}{kT}\right) \tag{4.24}$$

4.2.3 電位障高度

在離金屬表面x處之半導體中的電子，會產生一個電場，此電場的場力線垂直金屬表面，因此會在離金屬表面相同距離的金屬中，感應一個電性相反，但電量相同的映像電荷，如圖4.7(b)所示。

由於映像電荷的庫倫力，所以作用在電子上的力爲：

$$F = \frac{-q^2}{4\pi\varepsilon_x (2x)^2} = -q\mathcal{E} \tag{4.25}$$

因此，可以求出電位：

$$-\varphi(x) = +\int_x^\infty \mathcal{E}\,dx' = +\int_x^\infty \frac{q}{4\pi\varepsilon_s \cdot 4(x')^2}dx' = \frac{-q}{16\pi\varepsilon_s x} \tag{4.26}$$

其中x'爲積分變數，同時假設：當$x = \infty$時，電位爲零。

電子的電位能爲$-q\varphi(x)$，如圖4.7(b)圖中的虛線(映像電位)。因爲在介電質中有電場，所以電位可以被修正爲：

$$-\varphi(x)=\frac{-q}{16\pi\varepsilon_s x}-\mathcal{E}x \qquad (4.27)$$

因此，電位障的高度會下降，如圖 4.7(b)圖中的實線。因映像力感應而使電位障高度下降之現象稱爲蕭基效應。令：

$$\frac{dq\varphi_{(x)}}{dx}=0 \qquad (4.28)$$

可以求出最大電位障x_m：

$$x_m=\sqrt{\frac{q}{16\pi\varepsilon_s\mathcal{E}}} \qquad (4.29)$$

於是，可以求出下降的電位障高度$\Delta\phi$：

$$\Delta\varphi=\sqrt{\frac{q\mathcal{E}}{4\pi\varepsilon_s}} \qquad (4.30)$$

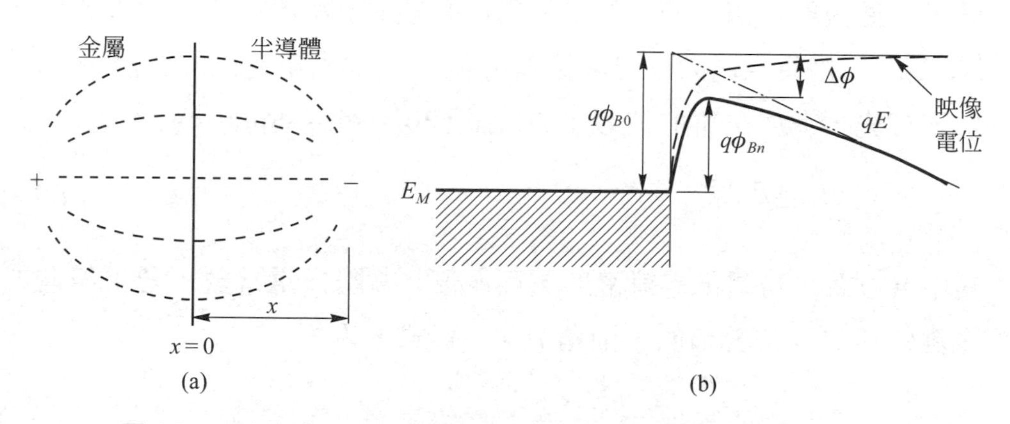

圖 4.7 (a) 在金屬-半導體接面之映像電荷和電力線；(b) 受映像力影響之電位障

範例 4.1 考慮金屬-GaAs 接觸，其中施加在半導體上的電場強度爲 7×10^4V/cm。計算蕭基電位障下降的高度和最大蕭基電位障的位置。

解 ⑴根據(4.30)式

$$\Delta\varphi=\sqrt{\frac{q\mathcal{E}}{4\pi\varepsilon_s}}=\sqrt{\frac{(1.6\times10^{-19})(7\times10^4)}{4\pi(13.1)(8.854\times10^{-14})}}$$

$$=0.0277\ \text{V}$$

⑵根據(4.29)式

$$x_m=\sqrt{\frac{q}{16\pi\varepsilon_s\mathcal{E}}}$$

$$=\sqrt{\frac{(1.6\times10^{-19})}{16\pi(13.1)(8.854\times10^{-14})(7\times10^4)}}$$

$$=1.98\times10^{-7}\ \text{cm}$$

4.2.4 空乏區

如圖4.1和圖4.4所示，其爲具有整流特性之金屬-半導體接觸，爲了方便說明，以金屬-n型半導體的接觸情形爲例。如圖4.8所示，採用和pn接面相同的單邊陡接面近似法，求出空乏區的寬度。

首先，考慮一維的波義生方程式(Poisson's equation)：

$$\frac{d\mathcal{E}}{dx}=\frac{\rho(x)}{\varepsilon_s} \tag{4.31}$$

其中$\rho(x)$爲空間體積電荷密度，而ε_s爲半導體介電常數。若半導體的摻雜雜質是均勻分佈的，則積分(4.31)式，得：

$$\mathcal{E}=\int\frac{qN_d}{\varepsilon_s}dx=\frac{qN_dx}{\varepsilon_s}+C_1 \tag{4.32}$$

其中C_1爲積分常數。在空乏區邊緣，即：$x=W$，電場強度爲零，於是可以求出：

$$C_1=-\frac{qN_dW}{\varepsilon_s} \tag{4.33}$$

因此，電場強度可以寫爲：

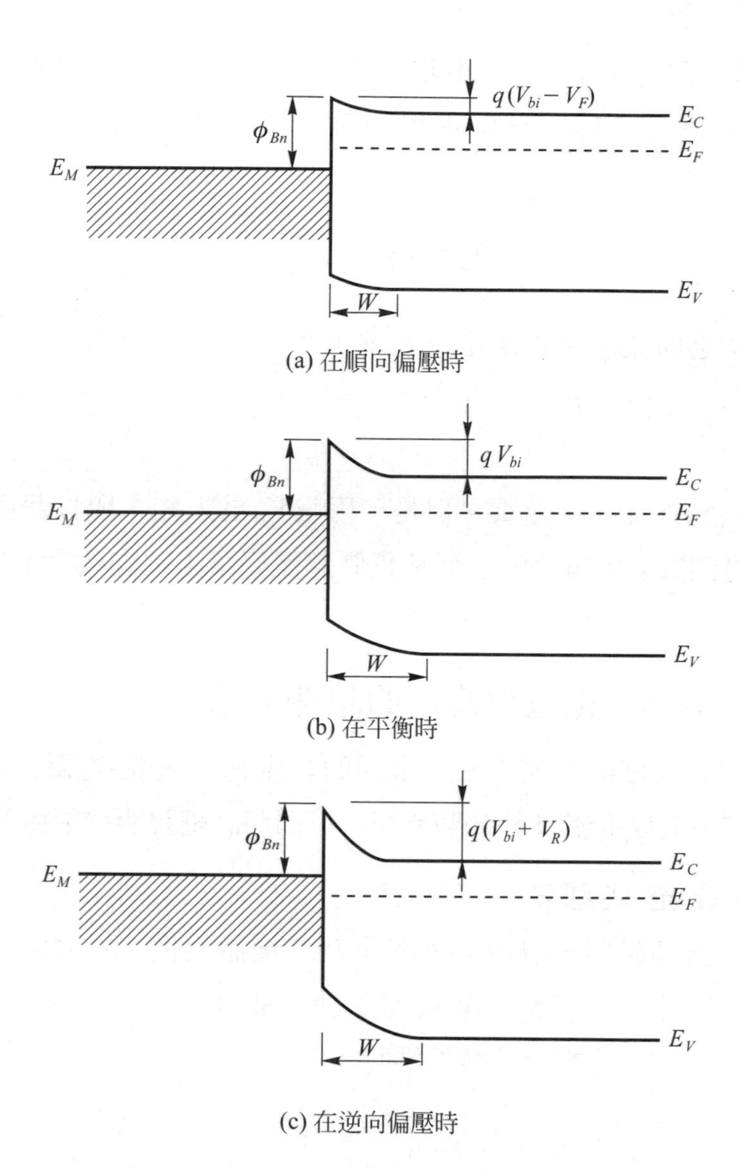

(a) 在順向偏壓時

(b) 在平衡時

(c) 在逆向偏壓時

圖 4.8　金屬-半導體接面在不同外加偏壓時的能帶圖

$$\mathcal{E}=-\frac{qN_d}{\varepsilon_s}(W-x) \tag{4.34}$$

當 $x=0$ 時，即在金屬-半導體介面處，有最大電場強度，而當 $x=W$ 時，即在空乏區邊緣，電場強度爲零。另一方面，因爲在金屬內部的電場強度爲零，所以在金屬-半導體介面處之金屬側，必須存在有負的表面電荷。此外，藉由電場強度，可以求出內建電位(build-in voltage)，V_{bi}：

$$V_{bi}=-\int_0^W -\frac{qN_d}{\varepsilon_s}(W-x)dx=\frac{qN_d}{2\varepsilon_s}W^2 \tag{4.35}$$

所以，空乏區寬度可以藉由下式求出：

$$W=\left[\frac{2\varepsilon_s(V_{bi}+V_R)}{qN_d}\right]^{1/2} \tag{4.36}$$

其中，V_R爲外加逆向偏壓。但是，因爲V_{bi}爲未知，所以藉由(4.36)式是很難得到空乏區寬度的。通常我們還需要藉由電容-電壓法估算V_{bi}。此部分於下一節中會介紹。

4.2.5 電位障高度的量測方法

電位障高度的量測方法，常用的有兩種：電流-電壓法和電容-電壓法，其中又以電流-電壓法較常用。下面將詳細說明這兩種量測方法。

(A) 電流-電壓法

爲了方便說明，以Pt/n-AlN蕭基二極體爲例。考慮圖4.9圖所示之Pt/n-AlN蕭基二極體的電流-電壓特性曲線，考慮電流形式之(4.23)式和(4.24)式，當外加電壓爲零時：

$$I_{V=0}=I_{sT}=A^{**}T^2\exp\left(\frac{-q\varphi_{Bn}}{kT}\right) \tag{4.37}$$

將數値代入A^{**}，而且，對於AlN而言，$m_n^*=0.27m_n$：

$$A^{**}\equiv\frac{4\pi q m_n^* k^2}{h^3}=32.4\ \text{A/cm}^2-\text{K}^2 \tag{4.38}$$

觀察圖4.9，得知：當外加電壓爲零時，$I_{sT}=1.926\times10^{-10}\text{A}$。所以：

$$\varphi_{Bn}=\frac{kT}{q}\ln\left(\frac{A^{**}T^2}{I_{sT}}\right) \tag{4.39}$$

因此，在室溫(300K)下，可以計算出Pt/n-AlN之間的電位障高度φ_{Bn} = 0.93 eV。

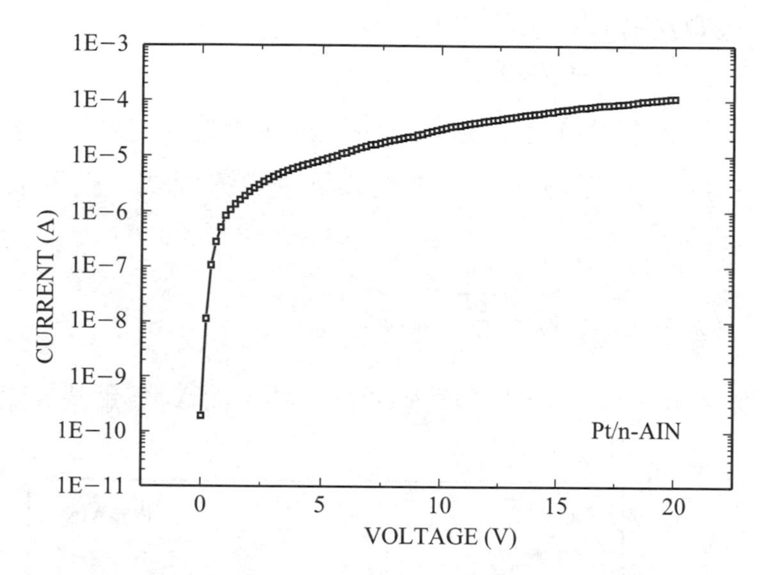

圖 4.9 Pt/n-AlN 蕭基二極體的電流-電壓特性曲線。[ref. 2]

(B) 電容-電壓法

為了方便說明，以 Pt/n-GaN 蕭基二極體為例。因為有空乏區的存在，所以在空乏區內有未補償電荷，所以在接面處會電容存在，接面電容C可以表示為：

$$C=\varepsilon_s\frac{A}{W} \tag{4.40}$$

其中，ε_s為半導體的介電常數，A為金屬-半導體接觸的面積，及W為空乏區寬度。將(4.36)式代入(4.40)式，得：

$$C=\varepsilon_s A\left[\frac{2\varepsilon_s(V_{bi}+V_R)}{qN_d}\right]^{-1/2} \tag{4.41}$$

兩邊取平方，並取倒數，得：

$$\frac{1}{C^2}=\frac{2(V_{bi}+V_R)}{A^2 q\varepsilon_s N_d} \tag{4.42}$$

將 $1/C^2$ 對 V_R 取導數：

$$\frac{d(1/C^2)}{dV_R}=\frac{2}{A^2 q\varepsilon_s N_d} \tag{4.43}$$

圖 4.10 爲 Pt/n-AlN 蕭基二極體之 $1/C^2$ 對外加電壓的關係。根據(4.42)式和(4.43)式，可以得到 V_{bi}。再根據下列之方程式，就可以得到電位障高度：

$$\varphi_{Bn}=V_{bi}+V_n+\frac{kT}{q}-\Delta\varphi \tag{4.44}$$

其中，$V_n=(E_C-E_V)/q$，kT/q 爲熱能修正項，而 $\Delta\varphi$ 爲蕭基效應修正項。

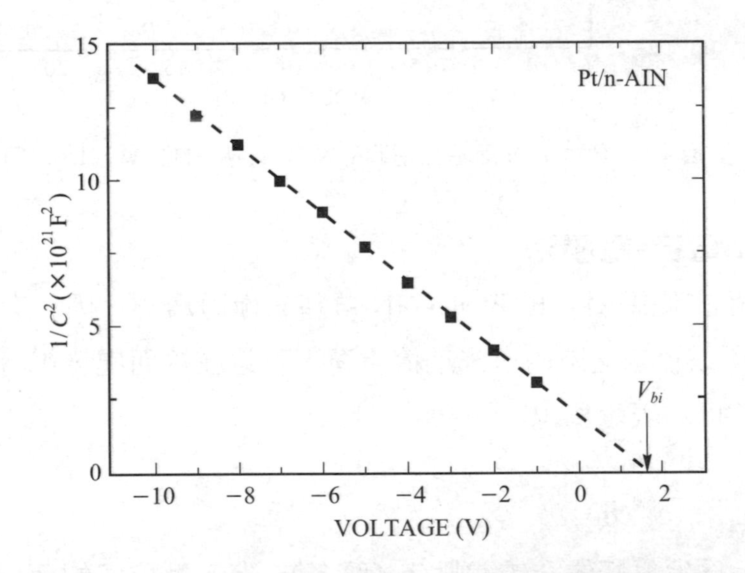

圖 4.10　Pt/n-AlN 蕭基二極體之 $1/C^2$ 對外加電壓的關係

範例 4.2 如圖 4.10 所示，試計算Pt/n-AlN蕭基二極體之蕭基電位障高度，其中$\Delta\phi=0.0344$ V，面積為 7.85×10^{-5} cm^2，$N_C=3\times10^{19}$ cm^{-3}。

解 由(4.43)式和圖 4.10，可以得到$V_{bi}=1.6V$，及

$$\frac{d(1/C^2)}{dV_R}=1.153\times10^{21}$$

$$\therefore N_d=\frac{2}{(7.85\times10^{-5})^2(1.6\times10^{-19})(8.5)(8.854\times10^{-14})(1.153\times10^{21})}$$

$$=2.34\times10^{18}\ cm^{-3}$$

$$V_n=\frac{kT}{q}\ln\left(\frac{N_C}{N_d}\right)=0.0259\times\ln\left(\frac{3\times10^{19}}{2.34\times10^{18}}\right)=0.066\ V$$

$$\varphi_{Bn}=V_{bi}+V_n+\frac{kT}{q}-\Delta\varphi$$

$$=1.6+0.066+0.0259-0.0344=1.6575\ V$$

因此，由V_{bi}就可以估算出電位障高度。此結果與電流-電壓法不同，這是因為受限於量測系統或元件的漏電流之故。

4.3 歐姆接觸

金屬和半導體之間形成歐姆接觸的方法很多，根據目前的製程技術，大至上可以分成：(1)非合金接觸(non-alloyed contacts)，即金屬形成在半導體之上時，不用作任何處理，就已形成歐姆接觸；(2)合金接觸(alloyed contacts)，即金屬形成在半導體之上後，必須要經過熱處理，才能形成歐姆接觸；(3)穿透接觸(tunnel contacts)，即利用超晶格結構(super lattice structure, SLS)或數位穿透層(digital tunneling layers, DTL)結構當作中間層，以形成歐姆接觸。至於歐姆接觸的特性，我們常用傳輸線模型的方法，評估金屬和半導體之間的接觸電阻。

4.3.1 非合金接觸

如圖 4.2 和圖 4.3 所示，由於金屬和半導體之間功函數的匹配，使得金屬形成在半導體之上時，不用作任何處理，就已形成歐姆接觸。換言之，對於n型半導體而言，金屬的功函數必須接近或小於半導體的電子親和力。對於p型半導體而言，金屬的功函數必須接近或大於半導體的電子親和力與能隙的和。

但是，因爲大部分金屬的功函數都小於 5eV，而典型的半導體電子親和力約爲 4eV，因此，非合金接觸通常都是發生在n型半導體，而對於具有大能隙的p型半導體，如GaN，歐姆接觸的形成是一個很大的問題。

4.3.2 合金接觸

合金接觸依形成的機制分，可以分成兩種：雜質驅入(drive-in)和多重金屬層。下面將詳細介紹這兩種機制。

(A) 雜質驅入

此種歐姆接觸形成的機制，以AuBe(金鈹)(例如：比例爲 99：1)和 p-GaP 爲例。其形成步驟如下：

(1) 利用金屬蒸鍍方式，將AuBe形成在p-GaP上，其能帶示意圖如圖 4.11(a)所示。

(2) 放入溫度約爲 480℃的高溫爐中，約 10 分鐘，使Be原子擴散進入 p-GaP 的表面。II 價元素的 Be 會成爲 p-GaP 的受體，使 p-GaP表面的電洞濃度大量增加，而成爲退化半導體，其能帶示意圖如圖 4.11(b)所示。

在完成趨入製程之後，電位障的厚度變得非常薄，使得在金屬端的電洞很容易可以穿透電位障而到達p型半導體。因此，可以形成具有電阻特性之歐姆接觸。

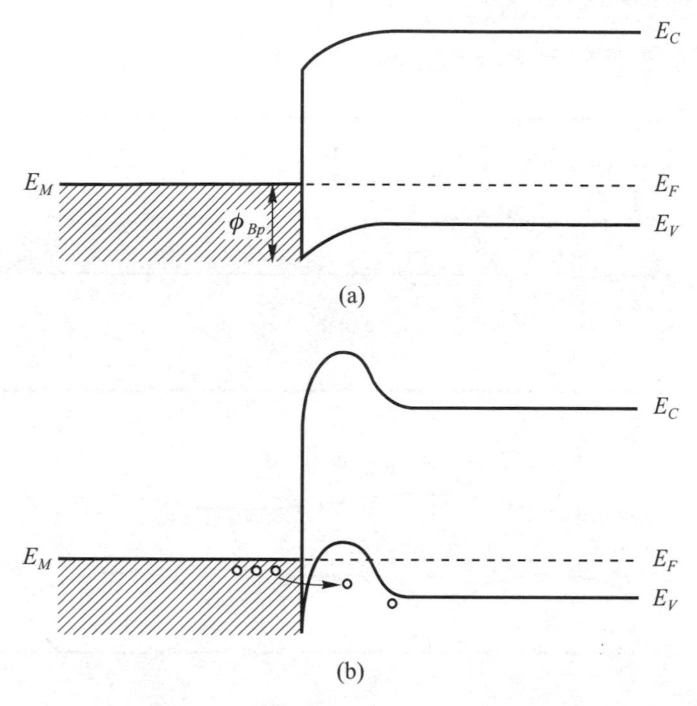

圖 4.11 (a)金屬和 p 型半導體接觸之後；(b)在趨入製程之後的能帶示意圖

(B) 多重金屬層

此種歐姆接觸形成的機制，以Ni/Au(鎳/金)雙金屬層和p-GaN的歐姆接觸爲代表。其形成步驟如下：

(1) 利用金屬蒸鍍方式，將 Ni/Au 形成在 p-GaN 上，其結構橫截面圖如圖 4.12(a)所示。

(2) 放入溫度約爲 500℃的高溫爐中，約 10 分鐘，使 Ni 原子與周邊環境的氧原子形成氧化鎳(NiO)，如圖 4.12(b)所示。

由於 NiO 的功函數和 p-GaN 的功函數相近，所以使得 Ni/Au 金屬層和 p-GaN 之間的接觸電阻明顯下降；另一方面，因爲 NiO 本身的電阻係數頗高，電流的擴展須藉由導電性較佳的 Au。因此，NiO 的形成有利於降低垂向電阻，而 Au 則有助於電流橫向擴散。結果，Ni/Au 雙金屬層在合金處理之後，可以和 p-GaN 形成歐姆接觸。

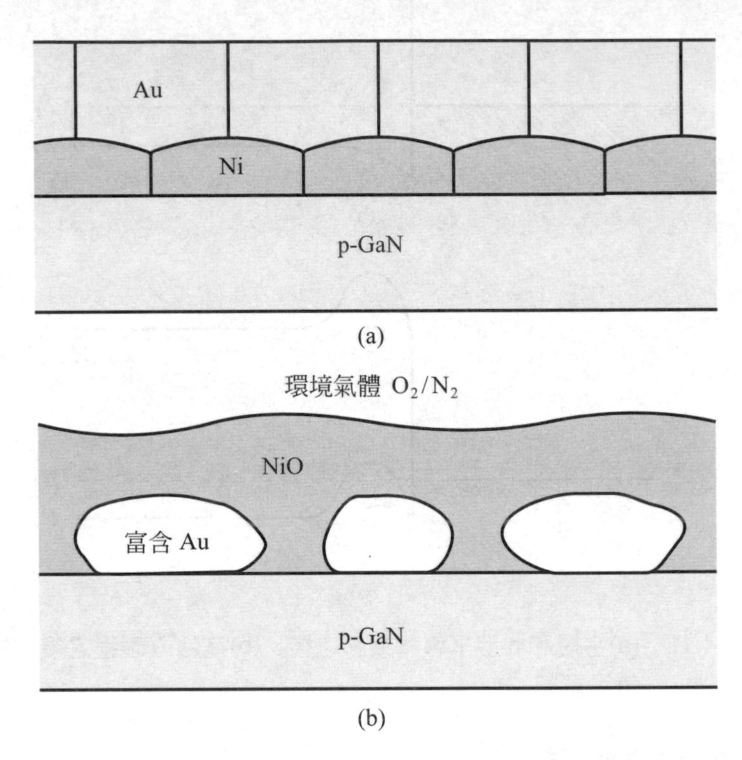

圖 4.12 (a) Ni/Au 形成在 p-GaN 上；及(b)執行合金處理之後的橫截面圖。[ref.7]

4.3.3 穿透接觸

若半導體材料找不到適合的金屬與之形成歐姆接觸，合金又無法形成歐姆接觸時，則另一種常用的方法是利用穿透效應(tunneling effect)形成歐姆接觸，這種情形通常會發生在 p 型寬能隙半導體材料。穿透接觸係採用兩種材料特性與原先的寬能隙半導體材料性質相近的材料，交互堆疊形成接觸層。目前有兩種接觸層結構被採用：超晶格結構和數位穿透層結構，分別說明如下：

(A) 超晶格結構

超晶格結構係厚度很薄的兩種材料交互堆疊所形成的。當兩種能隙不同的材料交互堆疊時，其能帶結構示意圖如圖 4.13 所示。若較寬能隙的材料厚度很薄(厚度約數 10Å)，則載子只要有一點點能量就可以穿透。因此，可以利用這種特性，以形成半導體元件的歐姆接觸層。圖 4.14 爲利用短週期超晶格結構當作接觸層之能帶結構示意圖。

(B) 數位穿透層結構

數位穿透層結構和超晶格結構非常類似，而且原理也相同，其不同點爲兩層的厚度，如圖 4.15 所示，寬能隙材料的厚度是遞減的，而窄能隙材料的厚度是遞增的。因此，半導體元件表面之材料會從寬能隙材料變成較容易形成歐姆接觸之窄能隙材料。圖 4.16 爲利用短週期超晶格結構當作接觸層之能帶結構示意圖。

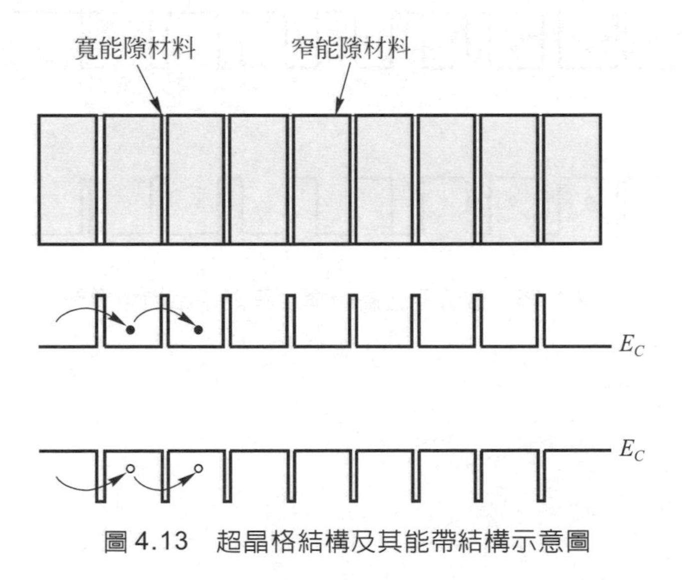

圖 4.13　超晶格結構及其能帶結構示意圖

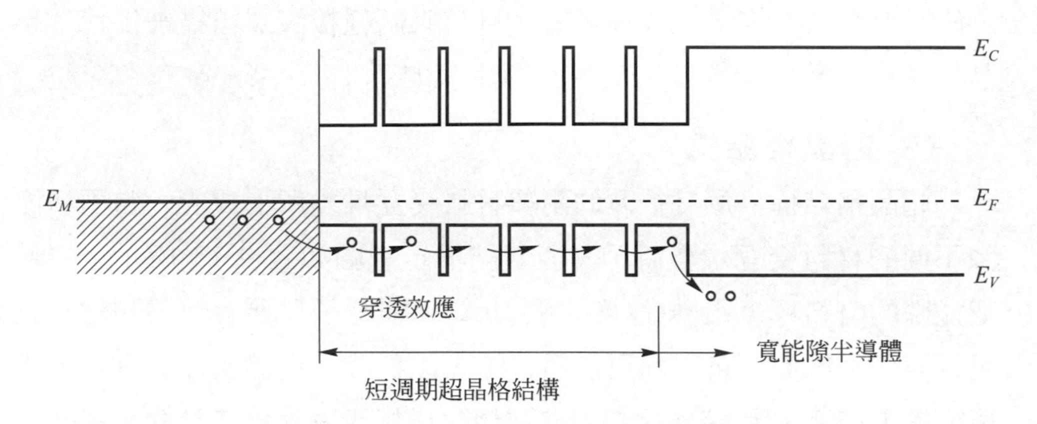

圖 4.14　利用短週期超晶格結構當作接觸層

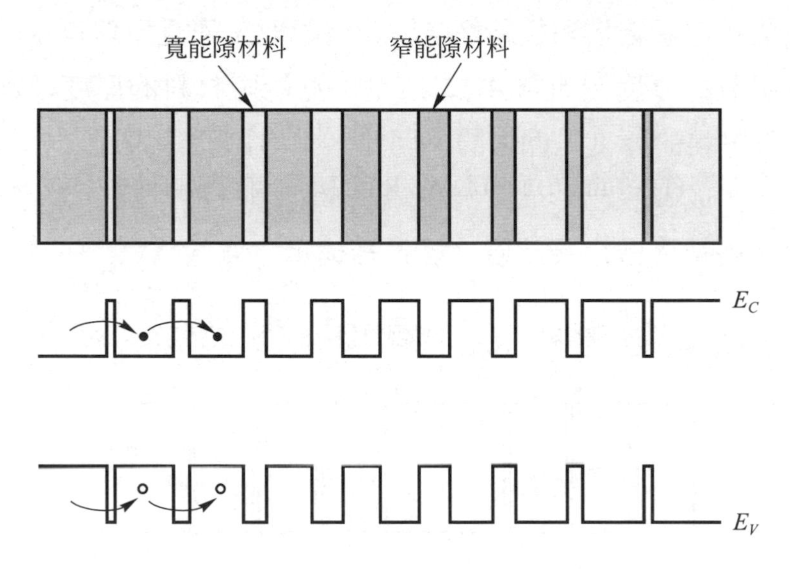

圖 4.15　數位穿透層結構及其能帶結構示意圖

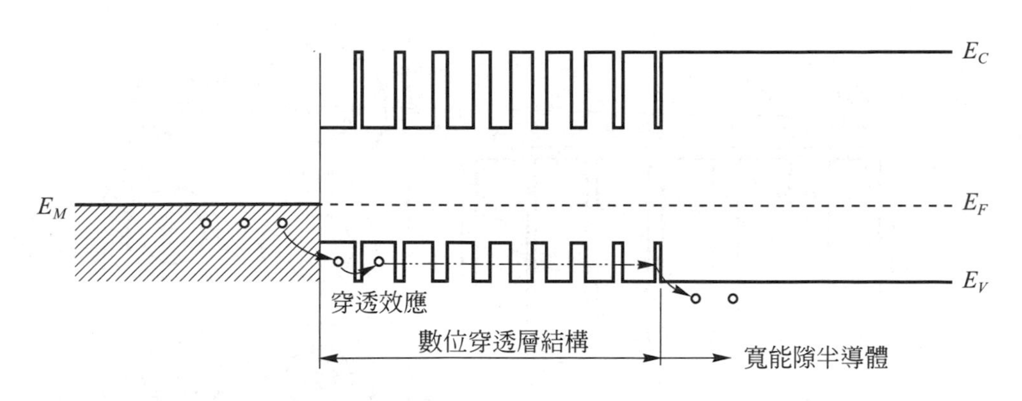

圖 4.16 利用數位穿透層結構當作接觸層

4.3.4 傳輸線模型理論

金屬和半導體之間的接觸，可以用圖 4.17 所示之傳輸線模型(transmission line model, TLM)結構說明。傳輸線模型有兩種：矩形傳輸線模型(rectangular TLM, RTLM)；和圓形傳輸線模型(circle TLM, CTLM)。圖 4.18 爲(a)矩形傳輸線模型，和(b)圓形傳輸線模型的上視圖。下面將分別說明。

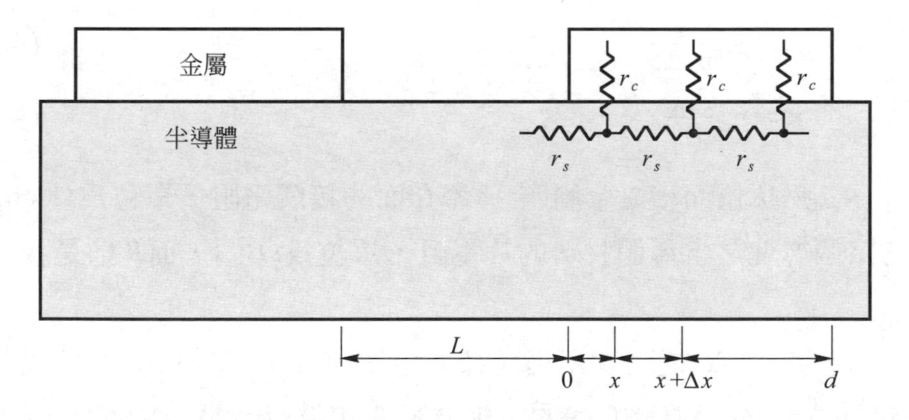

圖 4.17 金屬-半導體之接觸介面的傳輸線模型結構

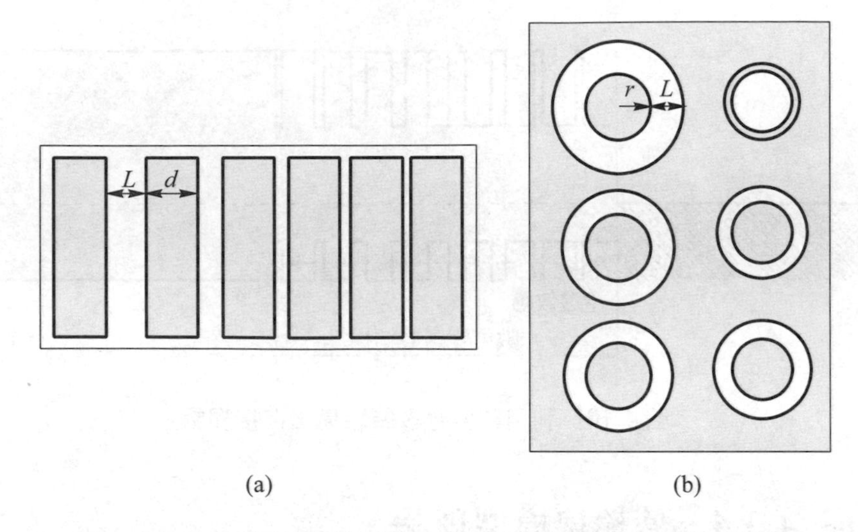

圖 4.18 (a)矩形傳輸線模型，和(b)圓形傳輸線模型的上視圖

(A) 矩形傳輸線模型

金屬和半導體之間的接觸可以藉由將結構切割成許多長度爲Δx之微小電阻片，即二維電阻，而獲得。其中，接觸微小電阻，r_c，和半導體表面微小電阻，r_s，分別爲：

$$r_c = \rho_c \frac{1}{W\Delta x} \tag{4.45}$$

和

$$r_s = \rho_s \frac{\Delta x}{W} \tag{4.46}$$

其中，ρ_c爲單位面積之金屬-半導體介面的接觸電阻，單位爲Ω-cm^2，ρ_s爲每個方塊之半導體材料的片電阻，單位爲$\Omega/\square$，而W則是接觸寬度。

在x和$x+\Delta x$處，利用柯希荷夫定律(Kirchoff's low)，可以分別得到跨越金屬-半導體介面的電壓方程式和平行金屬-半導體介面的電流方程式：

$$V(x+\Delta x)-V(x)=I(x)r_s=I(x)\frac{\rho_s}{W}\Delta x \tag{4.47}$$

和
$$I(x+\Delta x)-I(x)=\frac{V(x)}{r_c}=V(x)\frac{W}{\rho_c}\Delta x \tag{4.48}$$

令Δx趨近零，則分別可以得到電壓，$V(x)$和電流，$I(x)$的微分方程式：

$$\frac{dV(x)}{dx}=I(x)\frac{\rho_s}{W} \tag{4.49}$$

和
$$\frac{dI(x)}{dx}=V(x)\frac{W}{\rho_c} \tag{4.50}$$

組合(5.5)式和(5.6)式，可以得到：

$$\frac{d^2I(x)}{dx^2}=I(x)\frac{\rho_s}{\rho_c}=\frac{I(x)}{L_T^2} \tag{4.51}$$

其中，L_T被稱爲傳輸線長度，定義爲：

$$L_T\equiv\sqrt{\frac{\rho_c}{\rho_s}} \tag{4.52}$$

考慮邊界值條件：$I(x=0)=0$，$I(x=d)=I_0$因此，(4.51)式的通解爲：

$$I(x)=I_0\frac{\sinh\dfrac{x}{L_T}}{\sinh\dfrac{d}{L_T}} \tag{4.53}$$

將(4.53)式代入(4.50)式，可以得到：

$$V(x)=I_0\frac{L_T\rho_s}{W}\frac{\cosh\dfrac{x}{L_T}}{\sinh\dfrac{d}{L_T}} \tag{4.54}$$

將(4.54)式除以(4.53)式，可以得到接觸電阻R_C：

$$R_C=\frac{V(0)}{I(0)}=\frac{L_T\rho_s}{W}\coth\frac{d}{L_T}=\frac{\sqrt{\rho_c\rho_s}}{W}\coth\frac{d}{L_T} \tag{4.55}$$

若$d \gg L_T$ (即無限長接觸)，則接觸電阻可以簡化為：

$$R_C = \frac{\sqrt{\rho_c \rho_s}}{W} \tag{4.56}$$

因此，考慮示於圖 4.17 之傳輸線模型，兩個金屬之間的總電阻R_T可以表示為：

$$R_T = 2\frac{\sqrt{\rho_c \rho_s}}{W} + \rho_s \frac{L}{W} \tag{4.57}$$

其中，L係兩個金屬之間的距離。因此，根據(4.57)式，對於不同的距離，可以得到不同的總電阻，於是可以繪製出圖 4.19。利用圖 4.19 可以求出ρ_c、ρ_s和L_T。

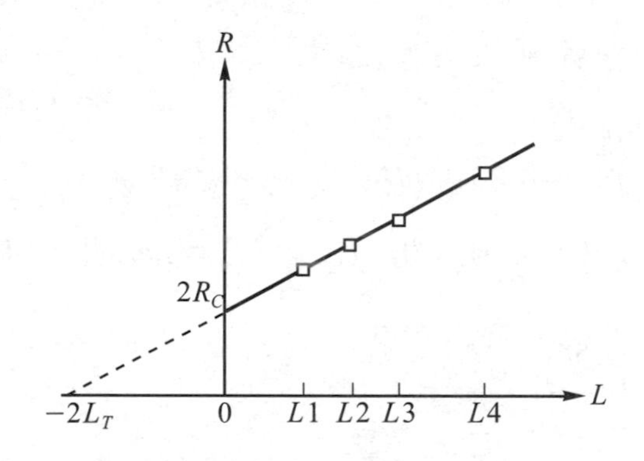

圖 4.19 傳輸線模型結構之不同接觸距離的電阻關係圖

另一方面，若$d \ll L_T$ (即短接觸)，則接觸電阻 RC 可以藉由展開(4.55)式雙曲線餘切函數簡化為：

$$R_C \cong \frac{L_T \rho_s}{W}\left(\frac{L_T}{d} + \frac{d}{3L_T} + \cdots\right) = \frac{\rho_c}{Wd} + \frac{1}{3}\rho_s \frac{d}{W} \tag{4.58}$$

因此，短接觸的總電阻等於接觸金屬和半導體之間的電阻(即：並接圖 4.17 中所有的r_c)，再加上三分之一在兩個接觸金屬下之半導體間的電阻(即：串接圖 4.17 中所有的r_s)。

範例 4.3 考慮 Ni/Au 和 p-GaN 的接觸電阻，在經過 500℃和 10 分鐘的合金之後，利用 RTLM，將不同電極圖案之間的間隙所量測的電阻值列於下表中，且繪製成圖 4.20，其中W爲 200μm，d爲 100μm。請計算特徵接觸電阻 (specific contact resistance)和傳輸線長度。

間隙 (cm)	電阻 (Ω)
5.00E−04	2187
1.00E−03	3217
1.50E−03	4142
2.00E−03	5092
3.00E−03	6998
4.00E−03	8982

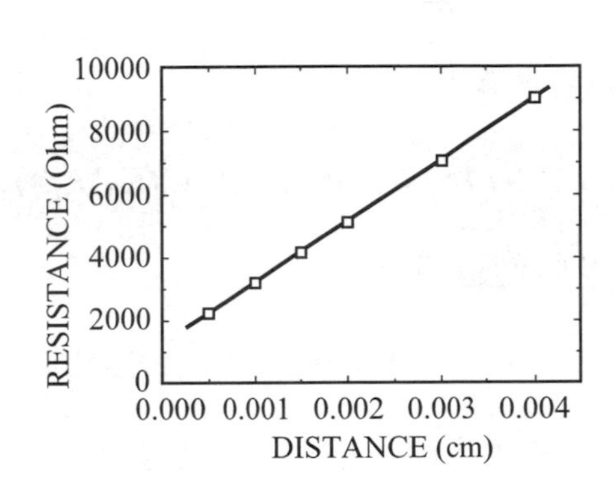

圖 4.20 Ni/Au 和 p-GaN 的接觸電阻

解 (1)當圖案間隙爲零時，藉由設定的直線：

$$2\frac{\sqrt{\rho_c\rho_s}}{W}=1209.5\ \Omega$$

(2)設定的直線之斜率：

$$\frac{\rho_s}{W}=1955000$$

$$\therefore \rho_s=200\times10^{-4}\times1955000=39100\ \Omega/\square$$

$$\rho_c=\frac{\left(\frac{1209.5\times(200\times10^{-4})}{2}\right)^2}{39100}=3.741\times10^{-3}\ \Omega\text{-cm}^2$$

$$L_T=\sqrt{\frac{\rho_c}{\rho_s}}=3.093\times10^{-4}\ \text{cm}$$

注意，$d\gg L_T$，所以ρ_s和ρ_c計算出的結果是可信的。

(B) 圓形傳輸線模型

由於在製作矩形傳輸線模型時，需要製作高台，以防止電流從金屬電極的側邊流走，影響計算的準確性，所以製程較複雜。目前較常用的傳輸線模型為圓形傳輸線模型。將(4.51)式轉換為極座標的形式：

$$r^2\frac{d^2I(r)}{dr^2}+r\frac{dI(r)}{dr}-L_T^2r^2I(r)=0 \tag{4.59}$$

(4.59)式的解為：

$$I(r)=C_1J_0(L_Tr)+C_2K_0(L_Tr) \tag{4.60}$$

考慮邊界值條件：

$$I(r=0)=0，I(r=d)=I_0$$

將(4.8)式代入(4.6)式，可以得到：

$$V(x)=I_0\frac{\rho_s}{2\pi}\left[\ln\left(\frac{r_1}{r_0}\right)+\frac{L_T}{r_0}\frac{J_0(r_0/L_T)}{J_1(r_0/L_T)}+\frac{L_TK_0(r_1/L_T)}{r_1K_1(r_1/L_T)}\right] \tag{4.61}$$

其中，J_0、J_1、K_0、K_1係修正貝索函數(modified Bessel function)，而r_0和r_1分別為圓形電極的內徑和外徑。

將(4.61)式除以(4.60)式，可以得到接觸電阻R_C：

$$R_C=\frac{V(0)}{I(0)}\cong\frac{\rho_s}{2\pi}\left[\ln\left(\frac{r_1}{r_1-L}\right)+L_T\left(\frac{1}{r_1}+\frac{1}{r_1-L}\right)\right] \tag{4.62}$$

若$r_1\gg L$，則接觸電阻可以簡化為：

$$R_C\cong\frac{\rho_s}{2\pi}\left[2\frac{L_T}{r_1}\right] \tag{4.63}$$

參考文獻

[1] D. A. Neamen, Semiconductor Physics and Devices, Richard D. Irwin, Boston,1992.

[2] L. C. Chen, M. S. Fu, I. L. Huang, Jpn. J. Appl. Lett. 43, 3353 (2004).

[3] L. C. Chen, F. R. Chen, J. J. Kai, L. Chang, J. K. Ho, C. S. Jong, C. C. Chiu, C.N. Huang, C. Y. Chen, K. K. Shih, J. Appl. Phys. 86, 3826 (1999).

[4] V. Ya. Niskov, G. A. Kubetskii, Sov. Phys. — Semiconductors 4, 1553 (1971).

[5] G. S. Marlow, M. B. Das, Solid-State Electron. 25, 91 (1982).

[6] A. Piotrowska, A. Guivarc'h , G. Pelous, Solid-State Electron. 26, 179 (1983).

[7] L. C. Chen, J. K. Ho, C. S. Jong, C. C. Chiu, K. K. Shih, F. R. Chen, J. J. Kai, L.Chang, Appl. Phys. Lett. 76, 3703 (2000).

Light Emitting Diode

CHAPTER 5

晶體成長與量測

發光二極體的全製程流程如圖 5.1 所示，圖 5.2 爲其圖解說明。本章將說明其中的晶體成長技術和晶圓(wafer)或可稱爲基板(substrate)的製程。

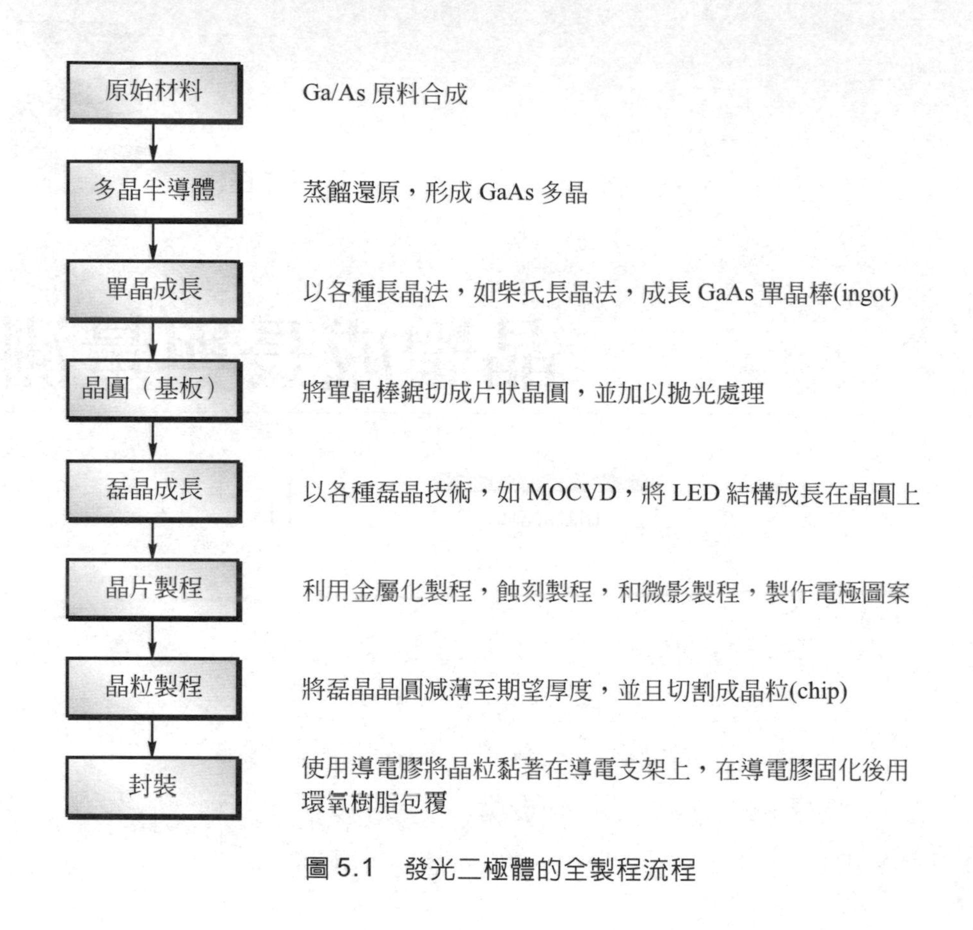

圖 5.1　發光二極體的全製程流程

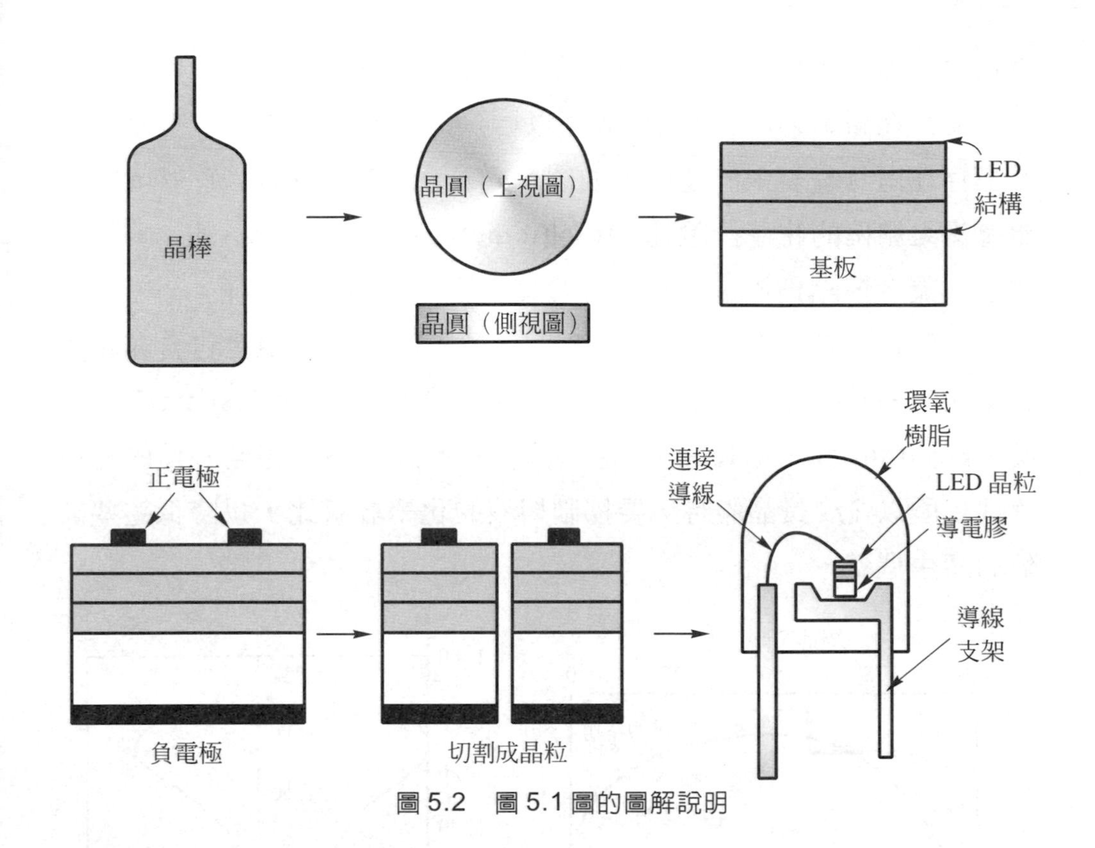

圖 5.2　圖 5.1 圖的圖解說明

5.1 單晶成長

5.1.1　相平衡

圖 5.3 圖之溫度-組成相圖，圖示一種二元 III-V 族化合物半導體 AB 之固體和液體的平衡。在圖 5.3 中，曲線以上表示液體。在曲線上的一點，如 a 點，表示在組成 X_A 之 AB 和 A 的混合溫度(T_a)，若從低溫開始加熱，其會從雙相混合物($AB + A$)變成單相的 $A + B$ 液體。換言之，在 T_a 溫度時，a 點為最後的固體熔解點。當熔液被降溫通過 T_a 溫度時，熔液就會開始成核(nucleation)，而出現固體。因此，在調合熔點之固體(調合熔點：congruent melting point，係指固體和液體具有相同組成之熔點)不需要具有 50 %的 A 原子和 50 %的 B 原子之理

想組成。而固相場的範圍稱爲存在區(existence region)。

雖然在圖 5.3 中之固相組成係以$x = 0.5$之垂直線表示，但是，實際上存在區具有有限的寬度，如圖 5.4 所示。以GaAs爲例，GaAs可能會偏離精確的化學計量比(stoichiometry)，在富含 As-和 Ga-側。注意，調合熔點稍微偏向化學計量比之組成的富含 Ga-側。

因爲存在區中的組成偏離 50 %之値，所以固體中會包含非化學計量比的晶體缺陷，如空缺(vacancies)，間隙缺陷(interstitials)，及反位缺陷(antisite defects)。這些都會影響到材料，甚至元件的光電特性。所以在成長晶體時，要控制熔液的化學計量比，以降低這些缺陷的產生機率。

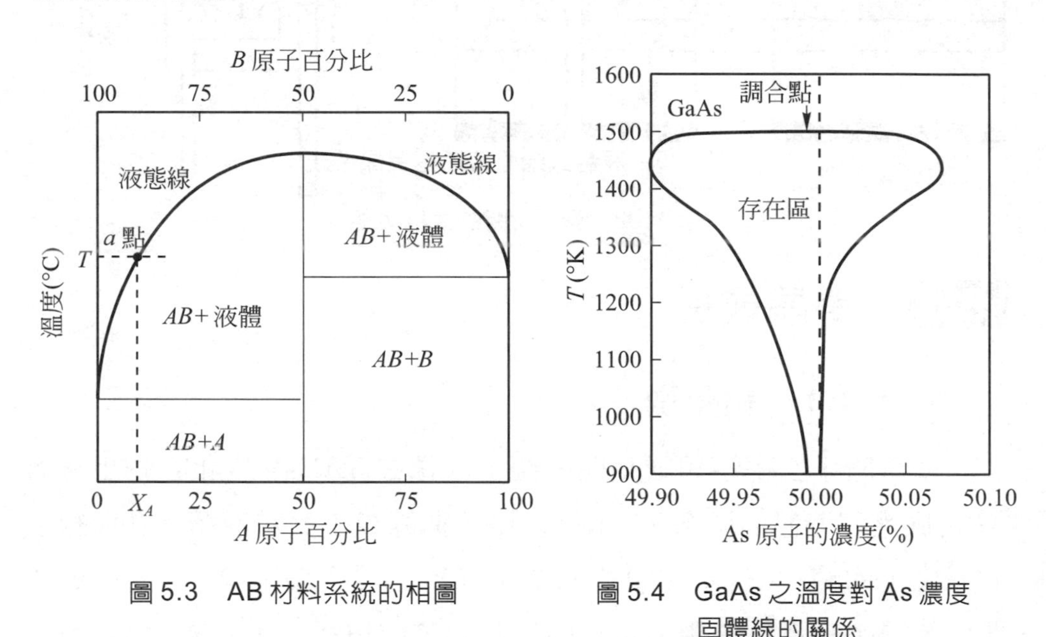

圖 5.3　AB 材料系統的相圖

圖 5.4　GaAs 之溫度對 As 濃度固體線的關係

5.1.2　柴可拉斯基(Czochralski)長晶法

成長單晶最重要的技術之一就是柴可拉斯基(Czochralski)在 1917 年提出的長晶法，稱爲柴可拉斯基長晶法。圖 5.5 爲柴可拉斯基長晶系統。此種長晶法包含下列步驟(為了方便說明，以成長GaP單晶為例)：

(1) 首先，將GaP多晶(polycrystalline)置入坩堝當中，並將晶種(seed)固定在拉晶棒上，如圖5.5所示。

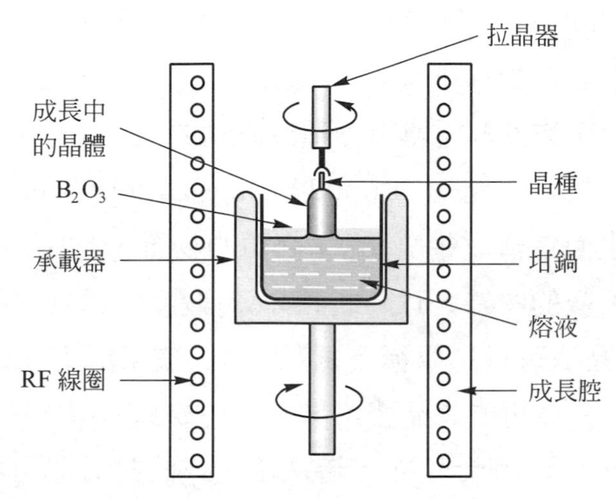

圖 5.5　液封式柴可拉斯基長晶系統

(2) 然後，通入約20～30atm之高壓氮氣，以防止磷(P)在高溫下揮發，造成Ga原子和P原子的組成比不對。

(3) 其次，升溫到約1500℃(GaP的熔點約為1740K)，以熔解GaP多晶成為GaP熔液，待GaP熔液均勻化之後，就可以開始進行單晶成長。

(4) 在開始進行單晶成長時，在柴可拉斯基長晶系統上方之拉晶棒開始以逆時針方向旋轉，而在柴可拉斯基長晶系統下方之坩堝開始以順時針方向旋轉。

(5) 緩慢下降GaP熔液的溫度，直到有少許的晶體材料凝固。

(6) 此時，將晶種伸入已有少許的GaP固體的GaP熔液當中，然後以約1到10mm／小時的速度自GaP熔液當中抽出。

(7) 此時，GaP 熔液的溫度持續緩慢下降，而且晶體的直徑會逐漸增加。當達到期望的直徑時，就停止降溫。晶體會以固定的直徑成長，直到成長到期望的長度。

當成長 GaP 或 GaAs 時，因爲 P 或 As 的蒸氣壓比較高，所以容易揮發，因此會影響GaP或GaAs晶體的化學計量比。爲了要改善這種情形，目前產業界普遍使用一種改良式的柴可拉斯基長晶法，稱爲液封式柴可拉斯基 3 長晶法(Liquid Encapsulation Czochralski, LEC)，其係在熔液上面鋪蓋一些像 B_2O_3之類的物質，其係一種具有低蒸氣壓、低黏滯系數的物質，以防止P或As揮發。其長晶系統和圖 5.5 類似。LEC 長晶法可以用兩種方式執行：一是兩階段長晶法，先分別製備化合物，然後再成長晶體；另一是在成長晶體之前，先在系統原處合成化合物。利用柴可拉斯基長晶法或液封式柴可拉斯基長晶法(LEC)所長出之晶棒(ingot)如圖 5.6 所示。

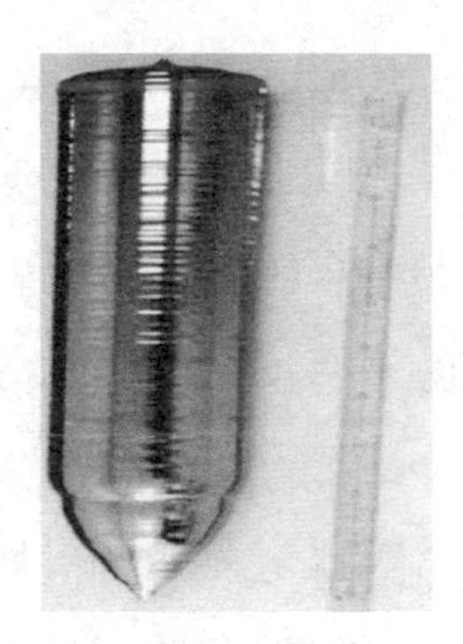

(http//www.komatsu.com/research)

圖 5.6 GaAs 單晶棒

5.1.3 布吉曼(Bridgman)長晶法

爲了方便說明，以砷化鎵的長晶爲例。其長晶系統如圖 5.7 所示。此種長晶法包含下列步驟：

(1) 在石英舟中放入塡充物(即GaAs多晶)和GaAs單晶晶種(seed)。

(2) 將裝塡好GaAs多晶的石英舟放入石英管中，並放入一些多餘的As粉末，以補償As因高溫的揮發，然後將石英管抽眞空到約1×10^{-6} Torr，並用氫氧燄或類似的方法將石英管的管口封死。

(3) 長晶系統的爐管有兩個溫區，分別升溫到約 600℃(稱爲低溫區)和約 1270℃(稱爲高溫區)。

(4) 等待溫度穩定且GaAs多晶完全熔化之後，將高溫區的溫度降低到 1238℃(GaAs 的熔點)，此時 GaAs 單晶晶種的邊緣爲固體-液體界面。

(5) 將石英管緩緩向低溫區方向移動，固體-液體界面也會緩緩向低溫區方向移動，同時，以GaAs單晶晶種爲起始點的固體區域會愈來愈大，相反地，液體區域會愈來愈小，當石英舟完全移出高溫區時，熔液完全固化，液體區域完全消失。

如圖 5.7 所示，由於爐管和熔液是水平的，所以稱爲水平式布吉曼長晶法(horizontal Bridgman method, HB)。對於水平式的長晶技術，晶體的形狀會受限於石英舟的舟壁，所以晶體典型爲D形，而且不用像柴可拉斯基長晶法一樣還要控制晶體的直徑。一般而言，此種長晶法的溫度梯度很小，所以熔液中的熱對流很少，因此，相較於柴可拉斯基長晶法，其熱應力非常小。結果，由熱對流引發的雜質應力條紋(impurity striation)明顯減少很多。此外，在長晶過程中，As的補償也使得差排密度(dislocation density)減少很多。在以水平式布吉曼長晶法成長的D形晶體中，典型的差排密度爲3000到5000cm^{-2}。

如果將爐管豎起，以垂直的方式移動爐管或石英管成長晶體，則此種方法稱爲垂直式布吉曼長晶法(vertical Bridgman method, VB)。

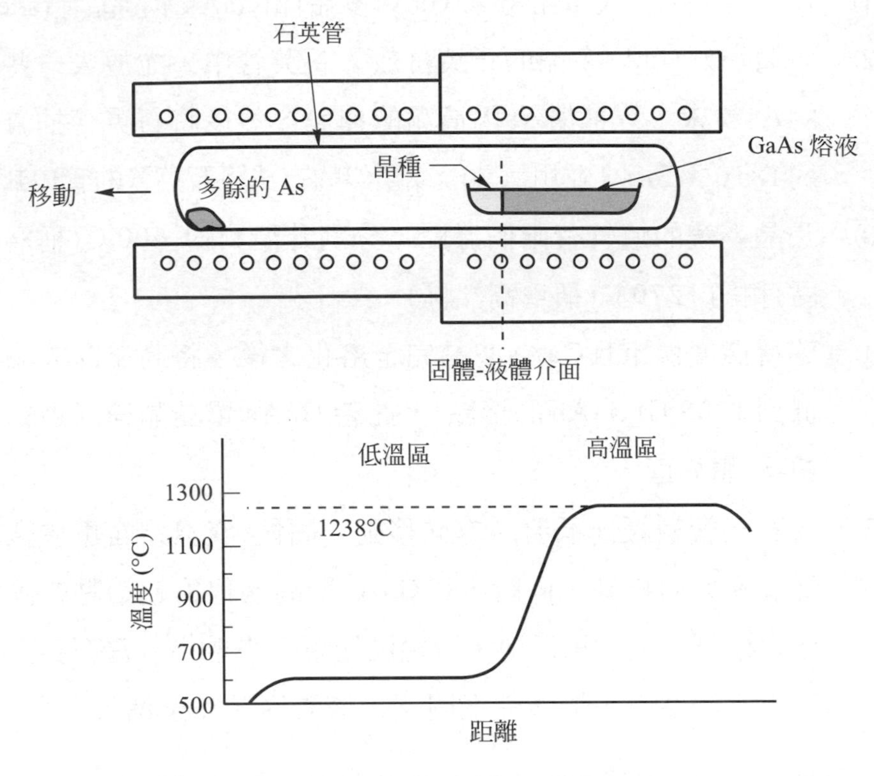

圖 5.7　水平式布吉曼(Bridgman)長晶系統

5.1.4　垂直梯度冷卻式 (vertical gradient freeze, VGF)長晶法

此種長晶法係產業界要成長高品質晶體時最常用的一種長晶法。在1980年代初期，由AT&T貝爾實驗室發展出來，並在1980年代晚期，由 AXT 公司商品化。其系統如圖5.8圖所示。在此系統中，爐管和裝填多晶塊材之坩堝都是靜止不動的，而成長係藉由以適當溫度梯度慢慢冷卻熔液完成。此種長晶法包含下列步驟：

(1)　將晶種放在坩堝的底部。

(2)　接著裝填多晶塊材。

(3) 將爐管升溫，爐管依溫度曲線a分佈。

(4) 依溫度曲線慢慢降溫，如溫度曲線b，固體-液體界面會緩緩向上移動。

(5) 以晶種爲起始點的固體區域會愈來愈大，相反地，液體區域會愈來愈小，直到液體區域完全消失。

VGF 長晶法主要的優點之一是明顯降低了軸向的和輻射向的溫度梯度，因此伴隨著熱對流和熱應力降低的優點。以 VGF 長晶法所成長的晶體，典型的差排密度爲≦100 到 $3000cm^{-2}$。表 5.1 爲三種長晶法的比較。

表 5.1 三種長晶法的比較

	VGF	HB	LEC
晶體缺陷	非常少	少	高
應力	低	中等	高
均勻性	好	差	劣
尺寸可增加性	好	差	好

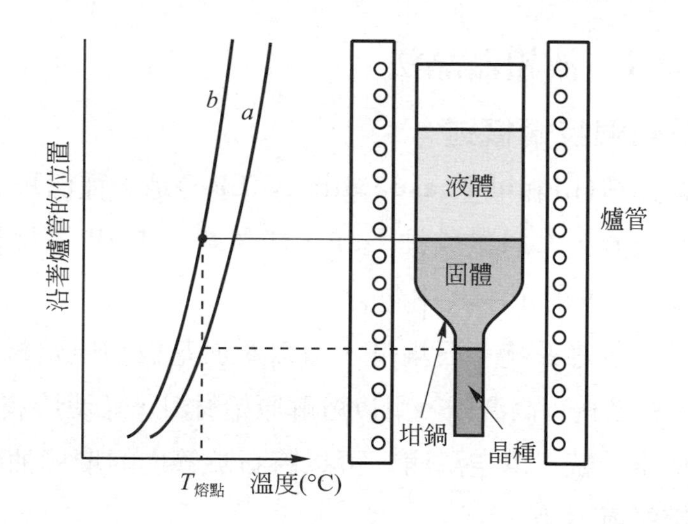

圖 5.8 垂直梯度冷卻式(vertical gradient freeze, VGF)長晶系統

5.2 磊晶成長

磊晶一詞源自於希臘文的epi(在上)和 taxis(有秩序的排列)，其意思乃是有秩序的排列在其上。所謂磊晶，其英文(Epi-taxy)的本義即是將不同的東西堆疊在一起。在半導體的應用，則是指在某一晶格上成長另一完整排列的晶格。爲了使某一晶格可以有秩序的排列在另一晶格之上，磊晶系統通常包含四個主要部份：(1)材料供應系統，(2)加熱系統，(3)眞空系統，(4)氣體供應系統，和成長反應腔。近年來比較昂貴的磊晶系統，幾乎都有加裝膜厚即時監視系統，以精確控制膜厚。目前常見的磊晶技術包含：

(1) 液相磊晶法 (Liquid Phase Epitoxy，LPE)。

(2) 氣相磊晶法 (Vapor Phase Epitoxy，VPE)。

(3) 有機金屬化學氣相沉積法(Metal-Organic Chemical Vapor Deposition, MOCVD)。

(4) 分子束磊晶法 (Molecular Beam Epitoxy，MBE)。

下面將分別說明這四種磊晶技術的晶體成長方式。

5.2.1 液相磊晶法

(A) 系統與技術概述

液相磊晶法(Liquid-Phase Epitaxy, LPE)是一種簡單且價格低廉的單晶成長技術，常用以成長 GaP，GaAs，InGaP 等材料系統。其系統架構如圖 5.9 所示，其中包含：

(1) 材料供應系統：石墨舟，用以承放基板和原始材料。

(2) 加熱系統：高溫爐，用以熔解原始材料，並使熔液混合均勻。

(3) 眞空系統：眞空幫浦，可以將石英管內的環境抽乾淨，以免被氧氣污染。

(4) 氣體供應系統：供應環境氣體，例如，氫氣，氬氣，和氮氣，典型是氫氣。

(5) 成長腔：石英管，放置石墨舟，並提供原始材料成長在基板上之空間。

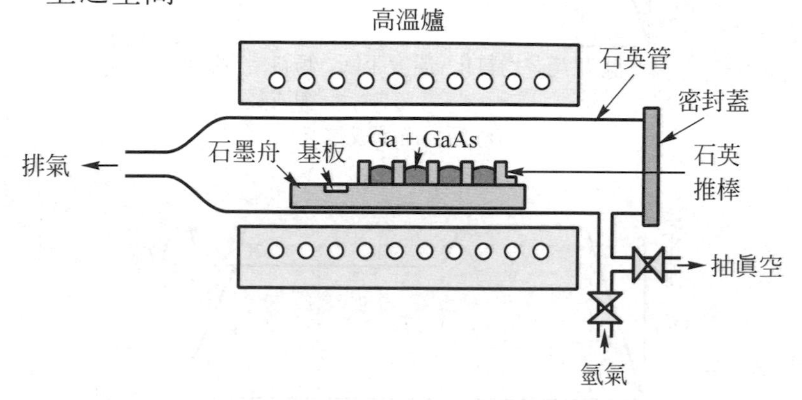

圖 5.9 典型的 LPE 磊晶成長系統

(B) 晶體成長過程

爲了方便，以砷化鎵(GaAs)磊晶成長在砷化鎵基板之上爲例。其成長步驟如下：

(1) 分別將適當重量的 GaAs 多晶和砷化鎵基板清洗乾淨。

(2) 將適當重量的鎵(Ga)(當作溶劑)和已清洗乾淨的 GaAs 多晶(當作溶質)放入石墨舟的熔液槽中，而兩者的重量比例可由相圖計算。

(3) 將已清洗乾淨的 GaAs 基板放置在基板槽中。

(4) 將密封的石英管抽眞空到約 1×10^{-3} Torr，然後通入高純度氫氣至 1 大氣壓。

(5) 依圖 5.10(a)之溫度曲線，先升溫到約T_l(液相溫度)＋20℃，使GaAs多晶完全溶解在Ga之中，然後維持約 1 小時，使熔液均質化。

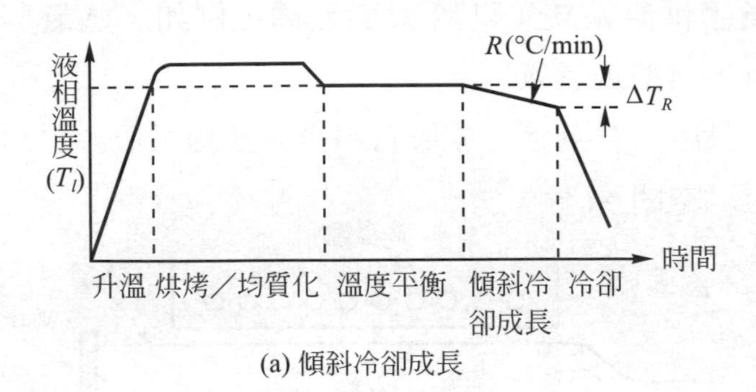

(a) 傾斜冷卻成長

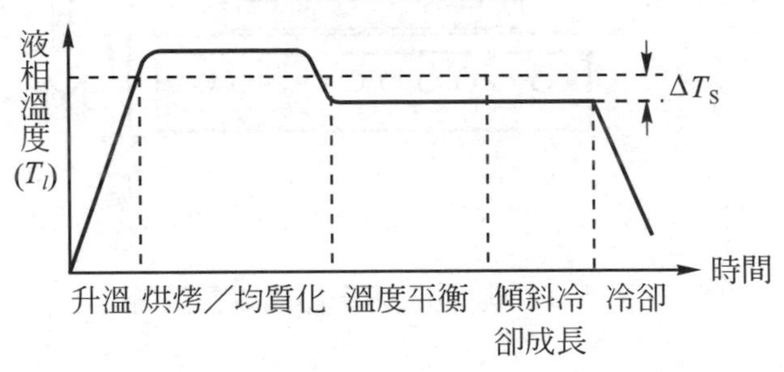

(b) 步級冷卻成長

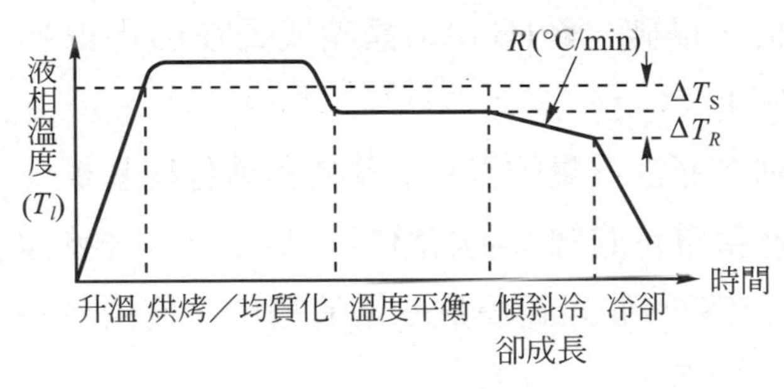

(c) 超級冷卻成長

圖 5.10　各種不同成長方式的溫度曲線

(6) 將溫度降到液相溫度，等溫度穩定之後，使用石英推棒使Ga＋GaAs熔液和GaAs基板接觸，如圖 5.11 所示，在此同時，溫度以降溫速率R降溫，因此，在 GaAs ＋ Ga 熔液中所析出的 GaAs 固體就會沉積在基板上。

(7) 等經過期望時間之後，再使用石英推棒使 Ga + GaAs 熔液和GaAs基板分離，完成GaAs的磊晶成長。

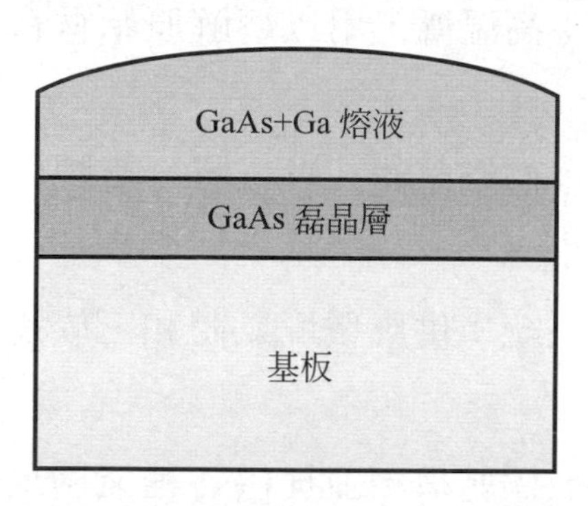

圖 5.11 Ga + GaAs 熔液和 GaAs 基板接觸時的情形

以上這種方法稱爲傾斜冷卻成長(ramp growth)法；而當 Ga + GaAs 熔液和 GaAs 基板接觸時，爐體溫度已降爲$T_l-\Delta T_s$，在此同時，溫度保持不變，這種方法稱爲步級冷卻成長(step-cool growth)法，圖5.10(b)所示；而當 Ga + GaAs 熔液和 GaAs 基板接觸時，爐體溫度已降爲$T_l-\Delta T_s$，在此同時，溫度以降溫速率R降溫，這種方法稱爲超級冷卻成長(super cooled growth)法，圖5.10(c)所示。

5.2.2 氣相磊晶法

(A) 系統與技術概述

氣相磊晶法(Vapor Phase Epitaxy)通常係用以成長 GaP 和 GaN 等厚膜(> 10μm)，其大至上可以分成兩種：(1)三氯化物氣相磊晶法(Trichliride Vapor Phase Epitaxy)和(2)氫化物氣相磊晶法(Hydride Vapor Phase Epitaxy)，兩者主要的差別爲五價元素的材料源，例如：前者使用 PCl_3和 $AsCl_3$，而後者使用 PH_3和 AsH_3。但是，三氯化物氣相磊晶法有一個主要的缺點：很難形成III-V族合金的氯化物。氣相磊晶法的系統架構如圖5.12所示，其中包含：

(1) 材料供應系統：金屬舟和五族氣體源，用以承放原始材料和供應五族氣體源。

(2) 加熱系統：高溫爐，用以熔解原始材料，並使反應氣體與之反應。

(3) 真空系統：真空幫浦，可以將反應腔內的環境抽乾淨，以免被氧氣污染。

(4) 氣體供應系統：供應環境氣體和三族反應氣體，例如：氫氣＋HCl。

(5) 反應腔：放置基板，並提供各種氣體反應的空間，使反應物沉積在基板上。

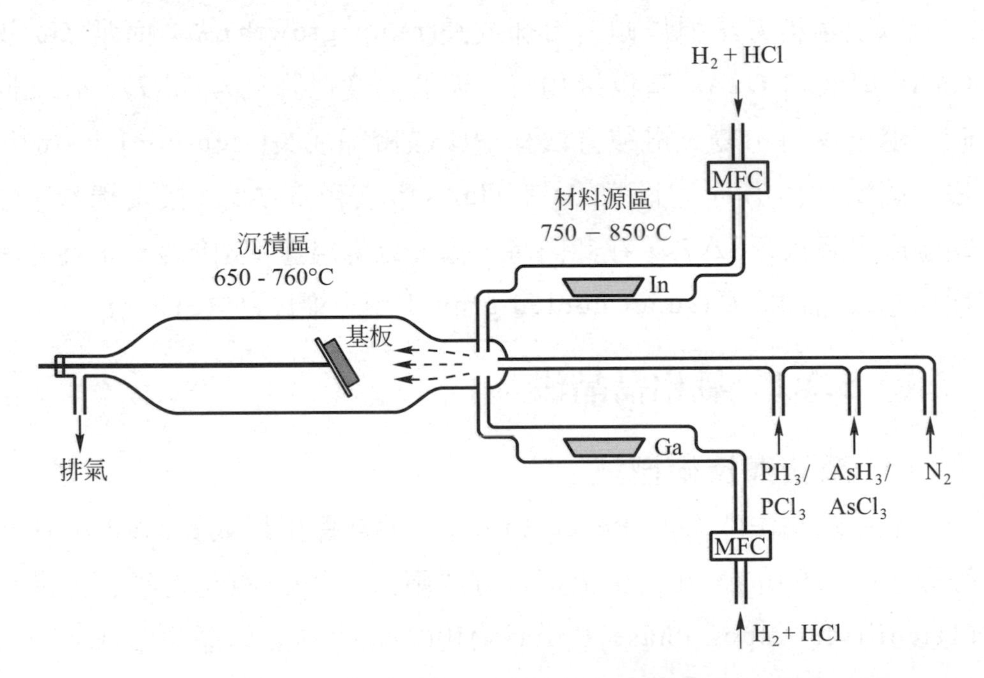

圖 5.12　典型的 VPE 磊晶成長系統

對於使用三氯化物氣相磊晶法成長GaAs的情形而言，其反應式爲：

$$2Ga + 2HCl \xrightarrow{T_{High}} 2GaCl + H_2 \tag{5.1}$$

$$GaCl + AsCl_3 + 2H_2 \xrightarrow{T_{Low}} GaAs + 4HCl \tag{5.2}$$

另一方面，對於使用氫化物氣相磊晶法成長GaAs的情形而言，其反應式爲：

$$2Ga + 2HCl \xrightarrow{T_{High}} 2GaCl + H_2 \tag{5.3}$$

$$3GaCl + 3AsH_3 \xrightarrow{T_{Low}} 3GaAs + 3HCl + 3H_2 \tag{5.4}$$

(B) 晶體成長過程

爲了方便，以氫化物氣相磊晶法磊晶成長磷化鎵(GaP)爲例。其成長步驟如下：

(1) 將磷化鎵(GaP)基板放入反應腔，抽眞空到約 1×10^{-3} Torr，然後通入高純度氫氣至1大氣壓。

(2) 在高溫的材料源區通入HCl，使之產生氯化鎵，在此同時，也通入 PH_3。

(3) 上述的這兩種氣體在沉積區起反應，固體生成物爲 GaP，其沉積在基板上，而氣體生成物爲H_2和HCl，被排出到腔體之外。

(4) 待成長到期望厚度之後，將供應的氣體切換成 N_2，同時降溫，當溫度降到室溫時取出磊晶片。

5.2.3 有機金屬氣相沉積法

(A) 系統與技術概述

有機金屬化學氣相沉積法(Metal-Organic Chemical Vapor Deposition, MOCVD)是最常用的磊晶技術之一，通常係用以成長Al-

GaInP、InGaAsP和GaN等薄膜，其係一種熱分解反應的磊晶技術。常用的III族金屬源表列於表5.2。如圖5.13爲其系統架構的示意圖，其中包含：

(1) 材料供應系統：金屬舟和五族氣體源，用以承放原始材料和供應五族氣體源。

(2) 加熱系統：高溫爐，用以熔解原始材料，並使反應氣體與之反應。

表 5.2　常用的 III 族金屬源

III 族金屬源	縮寫	溶點(°C)	1 大氣壓時的沸點(°C)	蒸氣壓(Torr)
三甲基鎵	TMGa	−15.8	55.7	64.5 (@ 0°C)
三乙基鎵	TEGa	−82.3	143	18 (@ 48°C)
三甲基鋁	TMAl	15.4	126	8.4 (@ 20°C)
三甲基銦	TMIn	88.4	134	1.7 (@ 20°C)
三乙基鎵	TEIn	−32	184	3 (@ 53°C)

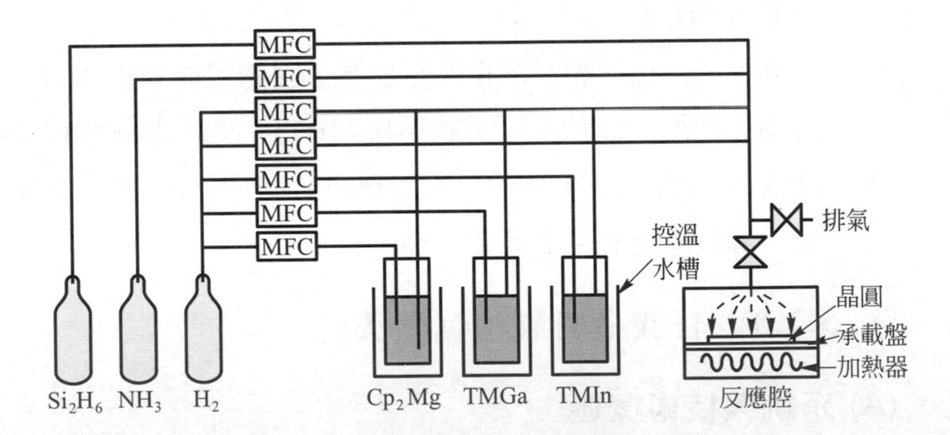

圖 5.13　典型的 MOCVD 磊晶成長系統

(3) 真空系統：真空幫浦，可以將反應腔內的環境抽乾淨，以免被氧氣污染。

(4) 氣體供應系統：供應環境氣體和三族反應氣體，例如，氫氣＋HCl。

(5) 反應腔：放置基板，並提供各種氣體反應的空間，使反應物沉積在基板上。

爲了方便說明，以$In_xGa_{1-x}N$的成長爲例，$In_xGa_{1-x}N$的成長反應式可表示爲：

$$y[(CH_3)_3In]+(1-y)[(CH_3)_3Ga] + NH_3 \xrightarrow{\sim 1050^\circ C} In_xGa_{1-x}N + 3CH_4 \qquad (5.5)$$

其中x和y爲比例常數，會因成長溫度、氣體流量和反應腔型式的不同而改變。

根據這樣的成長反應式，將成長步驟說明如下：

(1) 將基板放置在反應腔中。

(2) 將反應腔的壓力抽到期望壓力，例如：1mbar。

(3) 通入 H_2，並將反應腔升溫到1050℃，反應腔的壓力保持在低壓，例如：3mbar。

(4) 利用H_2當作載運氣體，通入$(CH_3)_3In$、$(CH_3)_3Ga$和NH_3。

(5) $(CH_3)_3In$、$(CH_3)_3Ga$和NH_3會在高溫的反應腔中裂解反應，而產生InGaN和CH_4，InGaN是固體會沉積在基板上，CH_4是氣體會被排出反應腔。

(6) 至成長到期望厚度之後，停止成長並降溫到室溫，然後在氮氣環境下取出磊晶片。

5.2.4 分子束磊晶法

(A) 系統與技術概述

分子束磊晶法(Molecular Beam Epitaxy, MBE)基本上是一種眞空蒸鍍技術，其原理是利用在超高眞空下，蒸鍍物質的平均自由路徑大於蒸鍍源至基板之間的距離，使蒸鍍物質以分子束形式到達基板進行磊晶成長，是最早和最容易的固體薄膜沉積技術之一。早在 1958 年，Gunther [6] 就已提出用以成長 III-V 族化合物半導體的 MBE 技術，通常係用以成長 AlGaAs，InGaAs，和 AlGaSb 等薄膜。但是，分子束磊晶法被廣泛用以成長高品質的半導體材料則是在超高眞空技術出現以後。典型的MBE磊晶成長系統如圖 5.14(a)所示，其中包含：

(1) 材料供應系統：K型噴著室(Knudsen type effusion cells)，用以承放原始材料，例如：Al、Ga和As。
(2) 加熱系統：加熱板，用以加熱基板。
(3) 眞空系統：眞空幫浦，可以將反應腔和載入腔內的環境抽乾淨，以免被氧氣污染。
(4) 反應腔：放置基板，並提供各種原始材料解附和吸附的空間，使原子堆積在基板上。

其中，分子束係在溫度可以精密控制在±1℃的K型噴著室(Knudsen type effusion cells)中產生。對於一個理想的K型噴著室而言，假設噴著室的孔徑小於蒸氣分子的平均自由徑，則通量密度J(分子數／cm^2-sec)可以表示爲：

$$J=\frac{A}{\pi L^2}\frac{p}{(2\pi mkT)^{1/2}}\cos\theta \tag{5.6}$$

其中，p爲噴著室內的平衡蒸氣壓，T爲溫度，m爲噴著物的質量，k爲波茲曼常數，A爲孔口的面積，L爲噴著室和基板之間的距離，及θ爲分子束和基板法線之間的角度。

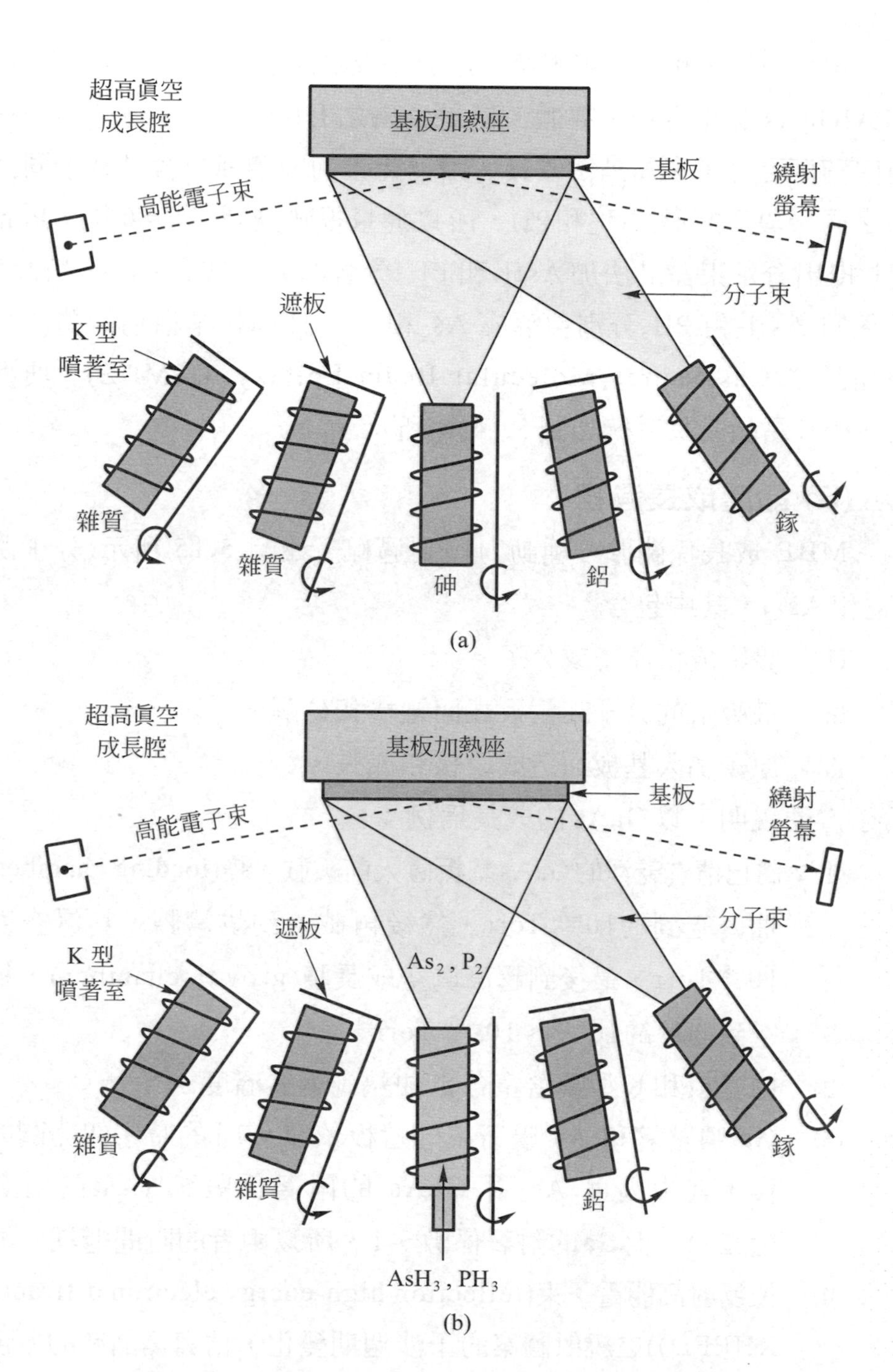

圖 5.14 典型的(a)MBE 和(b)GSMBE 磊晶成長系統

另一方面，雖然使用固體源之分子束磊晶法已成功用於成長GaAs和AlGaAs等化合物半導體，但是含磷之III-V族化合物半導體很難用固體源之分子束磊晶法成長。因爲元素的固體磷包含具有不同蒸氣壓之同素異形的形式(P_2和P_4)，所以通量很難控制。1980年，Panish [7] 提出分子束磊晶法加AsH_3和PH_3分解的方法成長GaAs和InP。其係將AsH_3和PH_3分別裂解成As_2和P_2。此種技術稱爲氣體源分子束磊晶法(Gas Source Molecular Beam Epitaxy, GSMBE)。典型的GSMBE磊晶成長系統如圖5.14(b)所示。

(B) 晶體成長過程

MBE 成長係關於一種動力控制過程，如圖 5.15 所示(分子源爲As_2和As_4)，其中包含：

(1) 吸附成份原子或分子。

(2) 被吸附的分子在基板表面遷移和分解。

(3) 原子加入基板而造成成核和成長。

爲了方便說明，以GaAs的成長爲例：

(1) 將已清洗乾淨的GaAs基板置入前級載入腔(loading chamber)，抽眞空到約10^{-6} Torr，然後再載入到烘烤腔，其眞空度約10^{-8} Torr，最後到超高眞空成長腔(growth chamber)，抽眞空到高於約10^{-10}～10^{-11} Torr。

(2) 將基板和K型噴著室各自加熱到適當溫度。

(3) Ga噴著室和As噴著室的遮板依圖5.16的時序作開關的動作，其中因爲As_2對GaAs的附著係數≦1(As_4的附著係數≦1)，而Ga的附著係數～1，所以兩者的時間週期不同。

(4) 依反射高能電子束(reflection high-energy electron diffraction, RHEED))之繞射圖案的干涉週期變化，估算磊晶層的厚度，成長到期望厚度之後就停止成長，然後取出磊晶片。

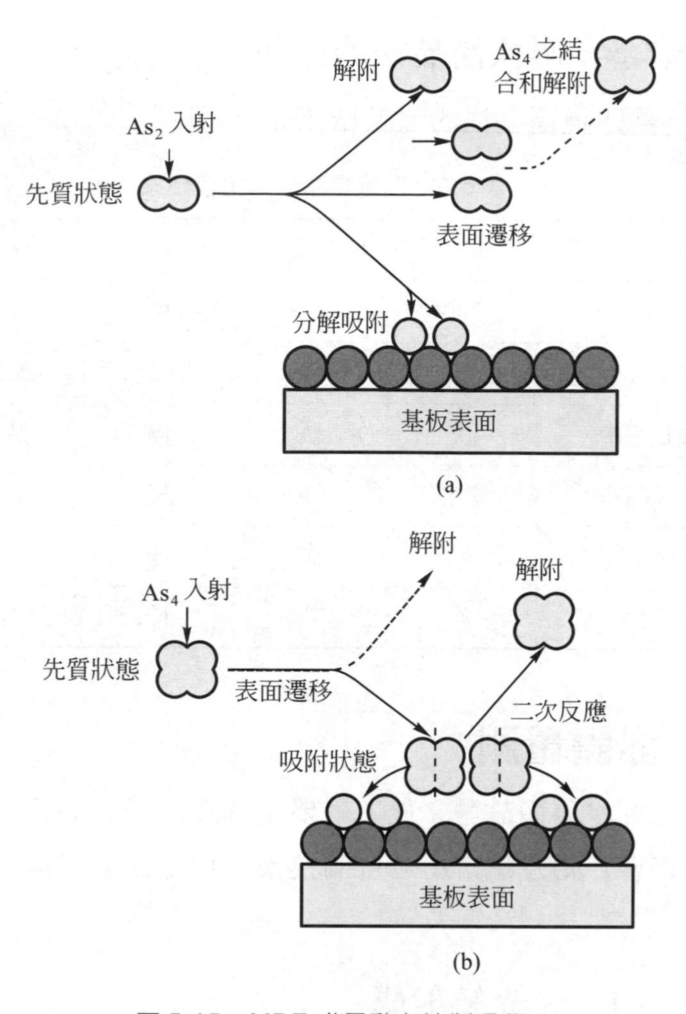

圖 5.15　MBE 成長動力控制過程

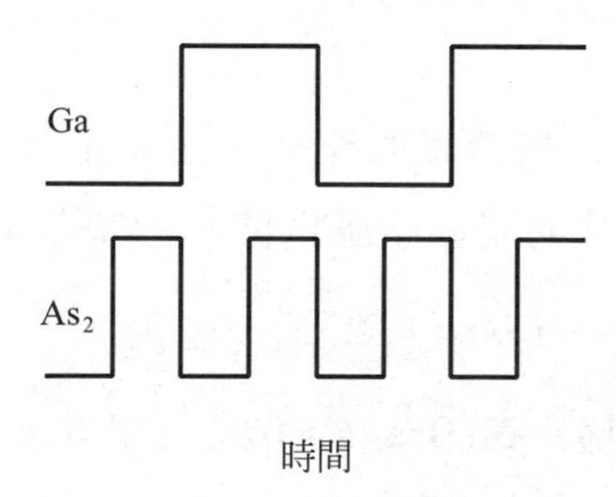

圖 5.16　Ga 噴著室和 As 噴著室的遮板開關動作週期

5.2.5 四種磊晶法的比較

表 5.3 爲四種磊晶法的比較結果。

表 5.3 四種磊晶法的比較結果

	LPE	VPE	MOCVD	MBE
眞空(Torr)	760	760	10^{-2}	$\leqq 10^{-9}$
成本	低	貴	昂貴	昂貴
成長速率	快	快	慢	很慢
磊晶品質	很好	好	很好	很好
表面形態	差	佳	佳	佳
應用性	差	差	佳	佳

5.3 晶體量測

當成長好半導體晶體之後，就要了解該晶體的品質和材料特性。因此，本節會介紹幾項常用之量測技術，以定性或定量方式分析晶體的性質。

5.3.1 X 光繞射學

(A) 原理

如圖 5.17 所示，根據繞射理論，當 X 光(a，b，c)入射半導體晶體的表面時，反射線的路徑差應爲波長的整數倍，即：

$$2d\sin\theta = m\lambda，m = 1, 2, 3, \cdots \tag{5.7}$$

此關係式稱爲布拉格定律(Bragg's low)。若半導體晶體爲鑽石結構或閃鋅礦結構(zincblende)，則：

$$\frac{1}{d^2}=\frac{(h^2+k^2+l^2)}{a^2} \tag{5.8}$$

若半導體晶體爲纖維鋅礦(wurtzite structure)結構，則：

$$\frac{1}{d^2}=\frac{4}{3}\left(\frac{h^2+hk+k^2}{a^2}\right)+\frac{l^2}{c^2} \tag{5.9}$$

其中，a和c分別爲a軸和c軸的晶格常數，而h、k、l則爲米勒指數(Miller index)。

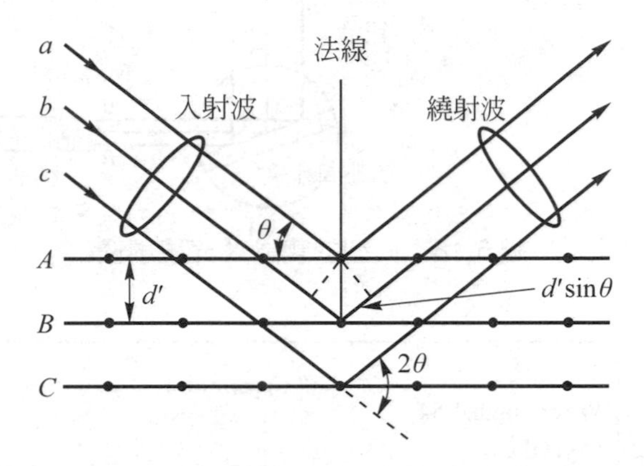

圖 5.17 X 光入射半導體晶體，然後產生繞射束的情形

(B) 量測系統與量測步驟

圖 5.18 爲典型的雙晶 X 光繞射儀，可以用以量測磊晶層的晶格常數，磊晶層和基板之間的晶格差配，及磊晶層的品質。

以成長在藍寶石(sapphire, Al_2O_3)基板上之氮化銦(InN)爲例：

(1) 載入待測晶圓。

(2) 優化待測晶圓的Z軸高度。

(3) 旋轉待測晶圓，量測繞射強度對角度的關係曲線，如圖 5.19 所示。

(4) (0002)InN 的$2\theta=$ 30.64℃，根據(5.9)式，可以計算出晶格常數c爲 5.828Å。

⑸ 再根據第一章的(1.12)式，就可以計算出氮化銦和藍寶石之間的晶格差配。

$$\frac{\Delta a}{a_{\text{epi}}}=\frac{a_{\text{epi}}-a_{\text{sub}}}{a_{\text{epi}}}=1-\frac{\sin\theta_{\text{epi}}}{\sin\theta_{\text{sub}}}=1-\frac{\sin 15.32}{\sin 20.76}=25.46\ \%$$

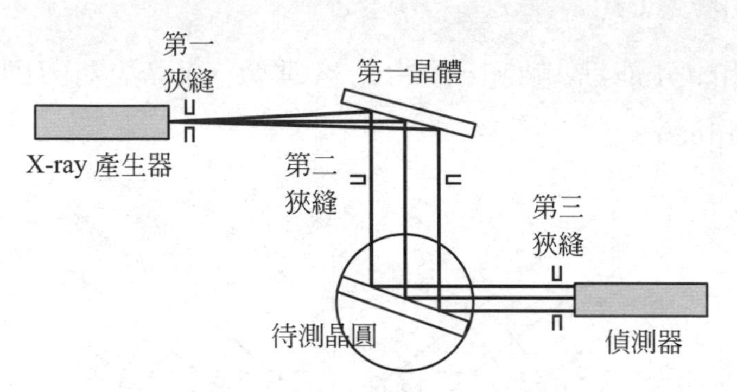

圖 5.18　典型的雙晶 X 光繞射儀

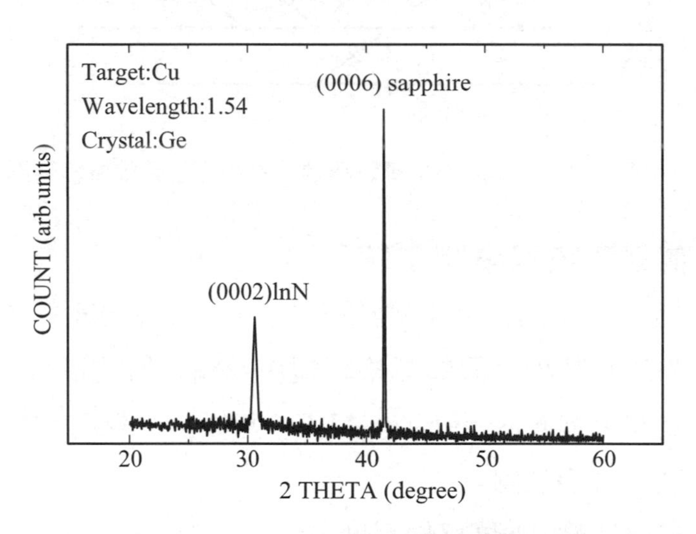

圖 5.19　InN 的 X 光繞射圖案

5.3.2 光吸收光譜

(A) 原理

圖 5.20 圖爲半導體材料中的幾種基本遷移。當半導體被光照射之後，如果光子的能量等於能隙的能量，即$h\nu = E_g$，則該半導體會吸引光子而產生電子-電洞對，如圖 5.20 中的過程(a)。如果$h\nu > E_g$，則除了會產生電子-電洞對之外，多餘的能量，即$h\nu - E_g$，則會以熱的形式散射，如圖 5.20 中的過程(b)。如果$h\nu < E_g$，則光會穿透過該半導體，若在該半導體的能隙中存在摻雜質能階，換言之，在半導體材料中存在缺陷(defect)，則光子會被雜質能階(或缺陷)吸收，如圖 5.20 中的過程(c)。過程(a)和過程(b)稱爲本質遷移(intrinsic transition)，過程(c)稱爲外質遷移(extrinsic transition)。

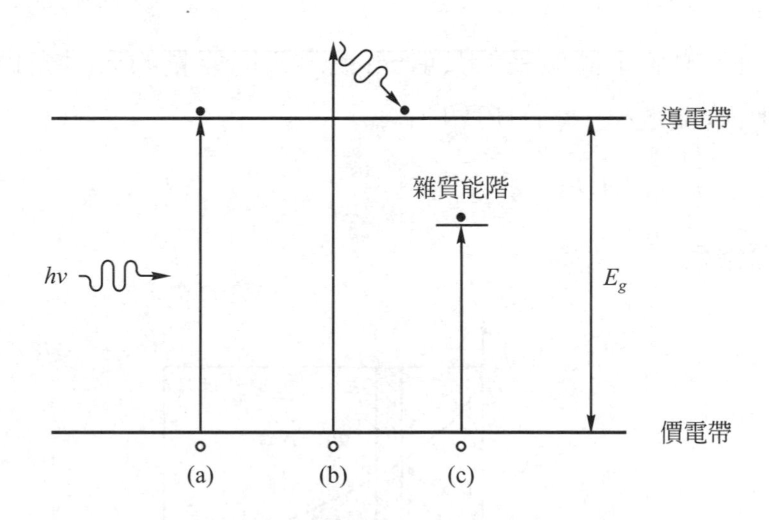

圖 5.20 半導體材料中的幾種基本遷移

當以一個具有$h\nu$光子能量($h\nu > E_g$)和Φ_0光子通量(單位面積每秒通過的光子數)之光源照射半導體時，光子吸收的情形可以藉由光子通量的連續性方程式描述。如圖 5.21 所示，考慮半導體材料內的增量距離Δx，在通過增量距離Δx之後，減少的光子數等於被吸收的光子數：

$$\Phi(x)-\Phi(x+\Delta x)=\alpha\Phi(x)\Delta x \tag{5.10}$$

或 $$\frac{d\Phi(x)}{dx}=-\alpha\Phi(x) \tag{5.11}$$

其中α爲半導體材料的吸收係數(absorption coefficient)，負號表示由於吸收作用，導致光子通量減少。若代入邊界值條件：$\Phi(x=0)=\Phi_0$，則(5.11)式的解爲：

$$\Phi(x)=\Phi_0 e^{-\alpha x} \tag{5.12}$$

所以，對於厚度爲d之半導體材料，其光穿透率(transmittance)T爲：

$$T\equiv\frac{\Phi(d)}{\Phi_0}=e^{-\alpha d} \tag{5.13}$$

另一方面，對於不同波長的入射光(或說不同能量的入射光)，半導體材料的吸收係數α也會有所不同：

$$\alpha(h\nu)=A(h\nu-E_g)^{1/2} \tag{5.14}$$

其中A爲常數。

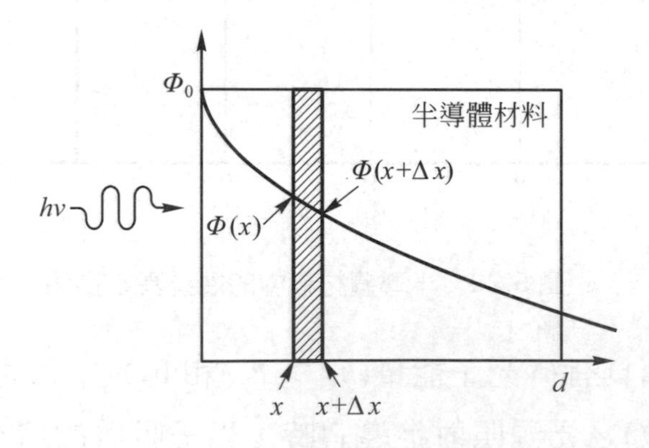

圖 5.21　在不同深度時光的吸收

(B) 量測系統與量測步驟

量測系統如圖 5.22 所示。其量測步驟如下：

(1) 將試片放置在試片室中，使試片垂直入射光。

(2) 控制分光儀所分出的光，使入射光具有各種不同的波長。

(3) 在某一波長的入射光下，量取量測值和參考值的光通量或光強度。

(4) 將量測值除以參考值即爲該波長的光穿透率T。

(5) 藉由光穿透率T，就可求出吸收係數α和吸收邊緣。

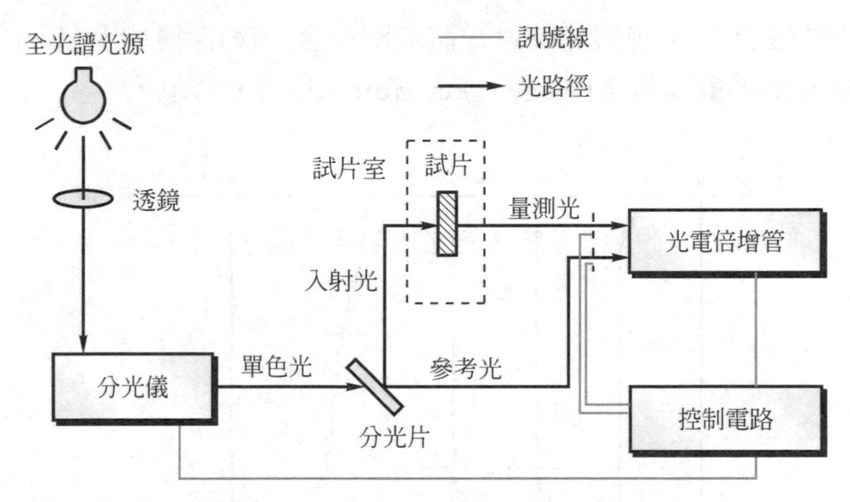

圖 5.22　光吸收／穿透光譜量測系統

5.3.3　光激發光譜

(A) 原理

光激發光譜(photoluminescence, PL)已被廣泛應用在 III-V 族化合物半導體，用以量測其材料特性和結晶品質。這是因爲光激發光譜是一種簡單的非破壞性量測技術，其可以用最簡單的設備和最短的時間，提供有價值的材料資訊。

當半導體在非平衡狀態下時，會發生輻射複合。換言之，材料可以藉由外部激勵而產生多出電子-電洞對(excess electron-hole pairs)，然後藉由多出載子的複合，使材料回復到平衡狀態。當激勵係藉由光學方式達成時，造成之輻射複合即爲光激發光譜。當然，多出載子的複合也有可能會發生非輻射複合，此由複合動力學決定。對於光電元件而言，輻射複合發生的機率越高越好，而非輻射複合則是發生的機率越低越好。

如圖 5.23 所示，多出載子密度可以藉由幾種方式其中之一的複合減少：(a)帶對帶複合；(b)施體能階對價電帶複合；(c)導電帶對受體能階複合；(d)施體能階對受體能階複合；(e)深層能階(deep level)複合；和(f)歐傑複合(Auger recombination)，其中：

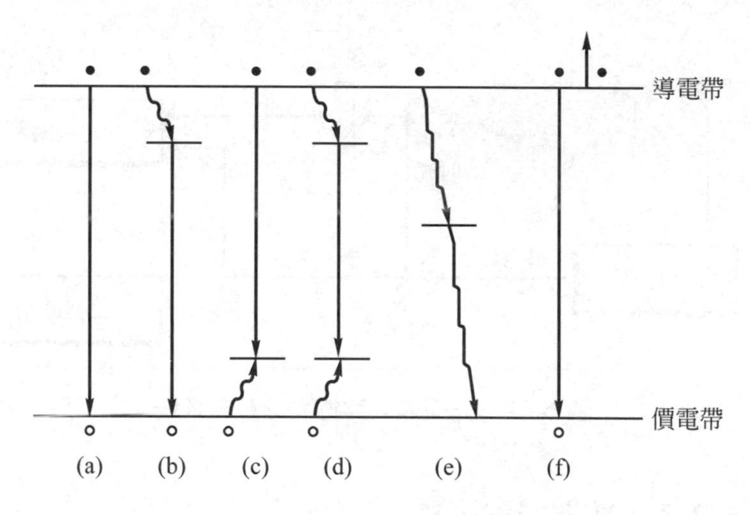

圖 5.23　各種電子-電洞複合路徑之能帶圖

1. 帶對帶複合(band-to-band recombination, B-B)：在 75 到 300K 的溫度下，通常可以在GaAs等半導體材料中，觀察到導電帶中的電子與價電帶中的電洞複合之過程。在具有$\alpha(\nu)\sim(h\nu-E_g)^{1/2}$之直接能隙半導體中，發光光譜將呈現具有$\exp(-h\nu/kT)$特性之高能尾，和在$h\nu=E_g$處之陡峭的低能截止，如圖 5.24 所示。另一方面，在低溫下，例如：在接近液態氦的溫度時，和在低激勵強度時，注入的電子和電洞會組合而形成自由激子(free excitons, FE)，或電子-電洞對會被雜質束縛而形成束縛激子(bound excitons, BE)。然後藉由這些激子的消滅而進行複合。圖 5.25 為自由激子和束縛激子的示意圖。

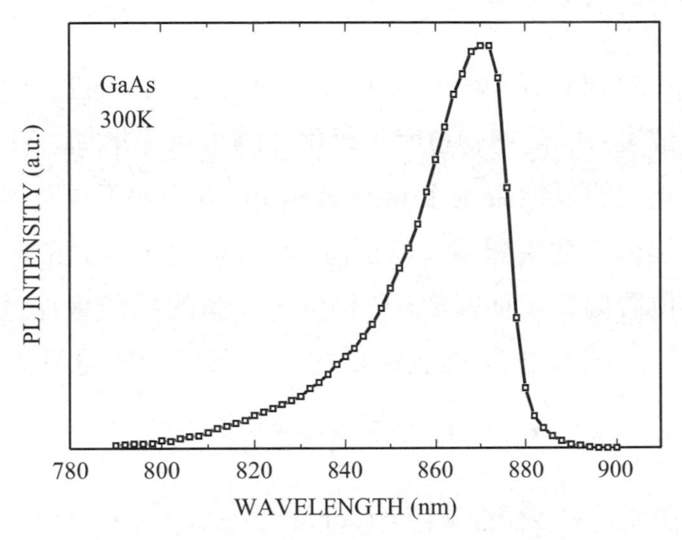

圖 5.24 GaAs 在室溫下之光激發光譜

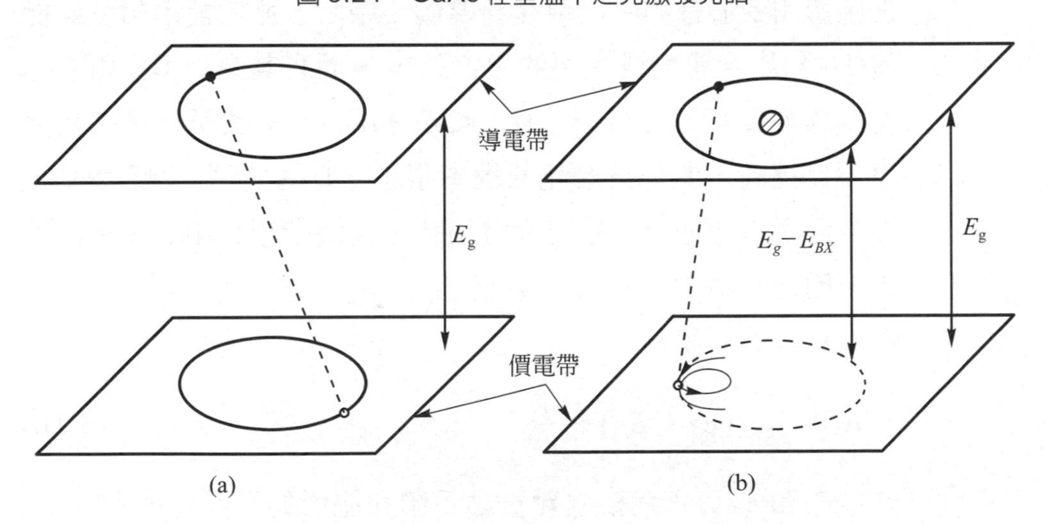

圖 5.25 (a)自由激子和(b)束縛激子的示意圖

2. 施體能階對價電帶複合(donor-to-valence band, D-V) 和(c)導電帶對受體能階複合(conduction band-to-acceptor, C-A)：離化的施體和受體分別對於光激勵電子和電洞具有較大的捕捉橫截面，若被捕捉的電子與價電帶中的自由電洞複合，因而會發生 D-V 複合。同樣地，被捕捉的電洞與導電帶中的自由電子複合，因而會發生 C-A 複合。D-V 和 C-A 遷移兩者都被稱爲自由對束縛(free-to-bound, F-B)。當摻雜的程度增加時，帶對帶複合的陡峭就會發生變化。隨著摻雜增加：(1)示於圖 5.24 之陡峭的低能截止(low-energy cut off)就不復見了，因此光譜看起來就會更對稱；(2)對於 n 型材料，光譜的峰值會往高能量位置偏移，而對於p型材料，光譜的峰值會往低能量位置偏移；(3)光譜的半高寬會增加。其遷移的能量可以表示爲：

$$hv = E_g - E_A(\text{or} \quad E_D) + \frac{1}{2}kT \tag{5.15}$$

3. 施體能階對受體能階複合(donor-to-acceptor pair recombination)：當施體和受體都同時出現在半導體之中時，施體能階對受體能階(D-A)複合會變成主要的複合路徑，而且其會與 BE 和 C-A 複合強烈競爭。在低溫下($kT < E_D$和E_A)，當載子一旦被複合中心捕捉時，其熱游離化的機率很低，D-A 複合會超過 C-A 複合而占主要地位。當溫度增加時，淺能階複合中心會被游離化，因此 C-A 複合的遷移會增加。
C-A 複合的能量爲：

$$hv = E_g - (E_A + E_D) + \frac{q^2}{\varepsilon r} \tag{5.16}$$

其中E_A和E_D分別爲孤立雜質之受體和施體的游離化能量，r爲受體和施體的分隔距離。

(B) 量測系統與量測步驟

量測系統如圖 5.26 所示，而量測步驟如下：

(1) 將待測試片置放在試片室中，然後抽眞空到約 1 mTorr (以免在低溫下發生結露現象)。

(2) 將試片室降溫到期望溫度(如 10K)，打開雷射光源(雷射光的能量要大於待測試片的能隙)，並將雷射光聚焦在試片上。

(3) 將激發光收集到分光儀，並繪製出如圖 5.24 所示之光譜圖。

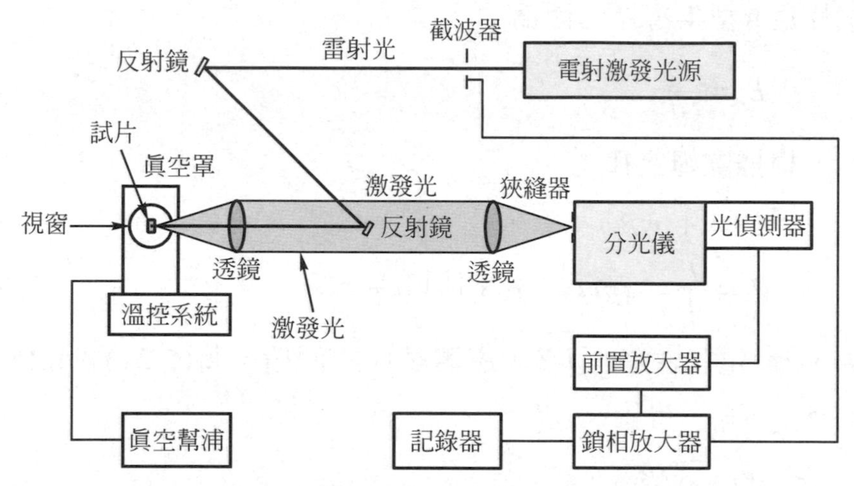

圖 5.26　光激發光譜(photoluminescence, PL) 量測系統

5.3.4　霍爾量測

(A) 原理

直接量測半導體的載子濃度最常使用的方法係霍爾效應(Hall effect)量測法，霍爾效應係由Hall於 1879 年提出。如圖 5.27 所示，在x方向外加一個電壓V，並在z方向外加一個磁場B_z。由於磁場作用，所以會在$-y$方向產生一個勞倫茲力(Lorentz force)：

$$q\vec{v}\times\vec{B}=-\vec{a}_y q v_x B_z \tag{5.17}$$

此現象稱爲霍爾效應(Hall effect)。勞倫茲力會使得在半導體試片中運動的載子在試片的上方累積，因此會在半導體試片的上下面方面(即，y方向)產生一個電場E_y，最後，電場E_y所產生的電力會和勞倫茲力達成平衡，即：

$$qE_y = + qv_xB_z \tag{5.18}$$

或

$$E_y = + v_xB_z \tag{5.19}$$

其中，正號代表 p 型半導體，若在y方向量到負電壓，則表示該半導體試片爲 n 型半導體。因爲：

$$E_y = \frac{V_H}{d} \tag{5.20}$$

而且，根據歐姆定律：

$$E_y = + v_xB_z \tag{5.21}$$

$$J = \frac{I}{A} = qpv_x \tag{5.22}$$

其中，J爲電流密度，A爲半導體試片的面積。將(5.21)式和(5.22)式代入(5.20)式，得：

$$\frac{V_H}{d} = \frac{IB_z}{qpA} \tag{5.23}$$

或

$$p = \frac{dIB_z}{qAV_H} \tag{5.24}$$

所以只要量出霍爾電壓V_H，就可以計算出半導體試片的載子濃度p(或n)。

對於 p 型半導體而言，電阻率爲：

$$\rho = \frac{1}{qp\mu_n} \tag{5.25}$$

由載子濃度p和電阻率ρ，可以計算出電子移動率μ_p(此時稱爲霍爾移動率，通常標示爲μ_H)。

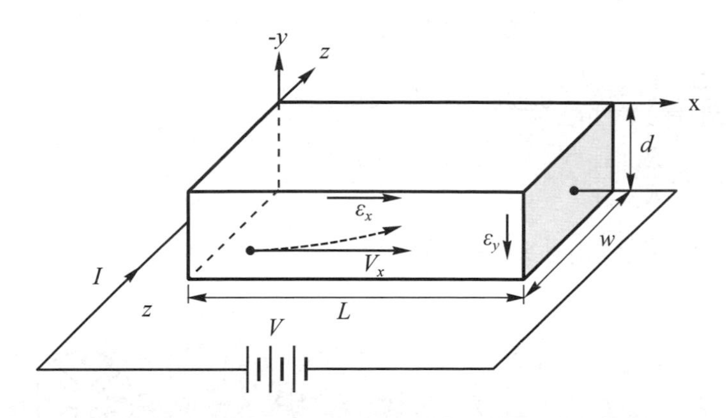

圖 5.27　利用霍爾效應量測載子濃度的示意圖

但是，在實際應用時會遇到一些困難。因為通常待測的半導體試片都很薄，尤其磊晶層的厚度只有約 1～2μm，所以無法從半導體試片的側面加入電場，而且在準備霍爾量測試片時，切取的形狀通常都是不規則的。此時，都會採用一種很方便的方法，稱為van der Pauw法。

如圖 5.28 所示，可應用於各種形狀的霍爾量測試片之理論基礎由 van der Pauw 於 1958 年提出。若要正確求得霍爾量測試片的載子濃度、電阻率和霍爾移動率，則要附和下列四個條件：

⑴　接觸點(圖 5.28 中的 1、2、3 和 4)在試片的周圍。

⑵　接觸點的面積要夠小。

⑶　試片的厚度要很均勻。

⑷　試片表面沒有孔洞。

於是，電阻率為：

$$\rho = \frac{\pi d}{\ln 2}\frac{(R_{12,34} + R_{23,41})}{2}F \tag{5.26}$$

其中d為試片厚度，$R_{12,34} = V_{34}/I_{12}$。電流$I$從接觸點 1 流入，從接觸點 2 流出，此時量測接觸點 3 和 4 之間的電壓差，$R_{23,41}$也是以相同方式定義，$V_{34}=V_4-V_3$。F爲形狀校正因子，滿足下列之方程式：

$$\frac{R_r-1}{R_r+1}=\frac{F}{\ln 2}\cosh^{-1}\left[\frac{\exp(\ln 2/F)}{2}\right] \tag{5.27}$$

其中
$$R_r=\frac{R_{12,34}}{R_{23,41}} \tag{5.28}$$

F和R_r之間的關係如圖 5.29 所示。

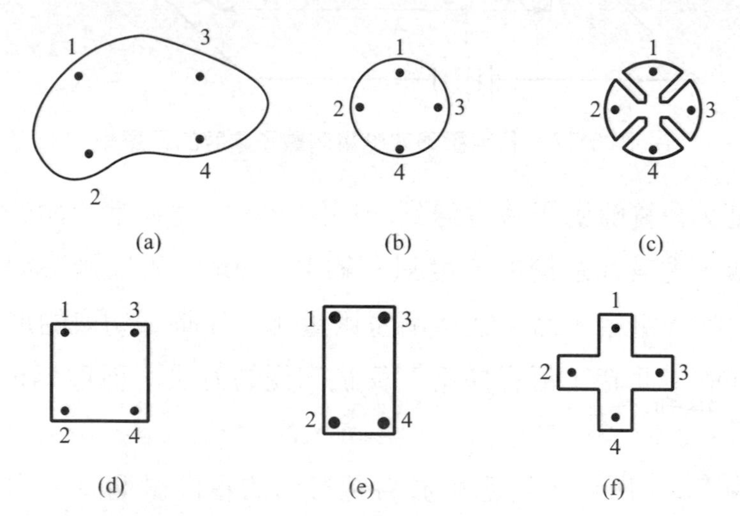

圖 5.28 各種形狀之 van der Pauw 霍爾量測試片：(a)不規則形，(b)圓形，(c)四葉形，(d)方形，(e)矩形，和(f)十字形

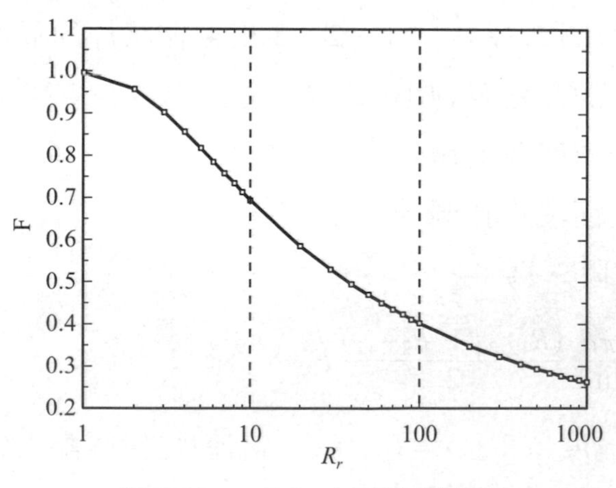

圖 5.29 F 和 R_r之關係曲線圖

(B) 量測系統與量測步驟

霍爾量測系統如圖 5.30(a)所示，而量測步驟如下：

⑴ 切取試片，其形狀儘量爲方形，如圖 5.30(b)所示，注意：磊晶層應爲單層，且須成長在絕緣或半絕緣基板上。

⑵ 分別在試片的位置 1、2、3、4 形成歐姆接觸點。

⑶ 將試片放置在承載座(或電路板)上，利用探針座或導線分別將位置 1、2、 3、4 連接到電流-電壓計。

⑷ 在位置 1 和位置 2 送電流，量測位置 3 和位置 4 之間的電壓，得到：

$$R_{12,34}=\frac{V_{34}}{I_{12}} \tag{5.29}$$

⑸ 在位置 2 和位置 3 送電流，量測位置 4 和位置 1 之間的電壓，得到：

$$R_{23,41}=\frac{V_{41}}{I_{23}} \tag{5.30}$$

⑹ $R_r = R_{12,34}/R_{23,41}$，再根據$R_r$和圖 5.29 得到修正因子$F$。

⑺ 根據(5.26)式，求出電阻係數ρ。

⑻ 在位置 1 和位置 3 送電流，量測位置 2 和位置 4 之間的電壓，同時加入正磁場，得到：

$$R_{B1(13,24)}=\frac{V_{B1(24)}}{I_{B1(13)}} \tag{5.31}$$

⑼ 在位置 1 和位置 3 送電流，量測位置 2 和位置 4 之間的電壓，同時加入負磁場，得到：

$$R_{B2(13,24)}=\frac{V_{B2(24)}}{I_{B2(13)}} \tag{5.32}$$

⑽ R_H(霍爾係數)＝

$$\left(\frac{R_{B2(13,24)}-R_{B1(13,24)}}{B}\right)\times d \tag{5.33}$$

⑾ μ(移動率)＝

$$\frac{R_H}{\rho} \tag{5.34}$$

⑿ p(載子濃度)＝

$$\frac{1}{qR_H} \tag{5.35}$$

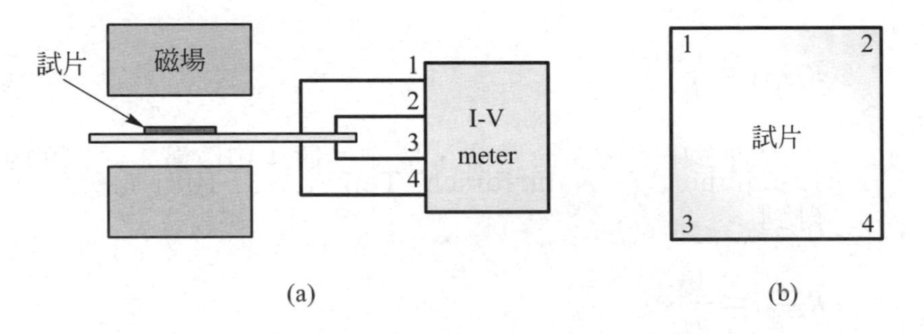

圖 5.30 (a)霍爾量測系統和(b)試片上視圖

參考文獻

[1] J. R. Arthur, J. Phys. Chem. Solids 28, 2257 (1967).

[2] V. Swaminathan, A. T. Macrander, Materials Aspects of GaAs and InP Based Structures, Prentice Hall International, Inc. New Jersey, 1991.

[3] M. G. Astles, Liquid-Phase Epitaxial Growth of III-V Compound Semiconductor Materials and their Device Applications, Adam Hilger, New York, 1990.

[4] D. T. J. Hurle, Handbook of Crystal Growth 3, Elsevier Science B. V.,Netherlands, 1994.

[5] C. T. Foxon, B. A. Joyce, Surf. Sci. 50, 293 (1977).

[6] K. G. Gunther, Z. Naturforsch, Teil A. 13, 1081 (1958).

[7] M. B. Panish, J. Electrochem. Soc. 127, 2729 (1980).

[8] A. Y. Cho, J. Vac. Sci. Technol. 8, S31 (1971).

[9] B. D. Cullity, Elements of X-Ray Diffraction, 2nd Ed., Addison-Wesley Publishing Company, Inc. Menlo Park, California, 1978.

[10] J. Pankove, Optical Process in Semiconductors, Dover Publication, Inc. New York, 1971.

[11] D. K. Schroder, Semiconductor Material and Device Characterization, 2nd edition, John Wiley & Sons, Inc. New York, 1998.

[12] L. J. van der Pauw, A Method of Measuring the Resistivity and Hall Effect of Discs of Arbitrary Shape, Phil. Res. Rep. 13, 1 (1958).

[13] http://www.komatsu.com/research.

Light Emitting Diode

CHAPTER 6

發光二極體之製程技術

半導體元件製程所使用的製程有很多種，設備也很複雜，本章將介紹發光二極體所常用之製程技術的概念和方法。

6.1 金屬化製程

常見的金屬化製程技術有下列三種：

(A) 熱阻式蒸鍍技術

此種金屬化技術通常只適用於較低熔點的金屬，如：鋁(Al)、金(Au)、鎳(Ni)等。其系統圖示於圖 6.1。在製程期間，熱阻式蒸鍍系統被抽真空到約 10^{-6} Torr 的高真空下，然後將大電流流過盛加金屬之鎢舟或陶瓷坩堝，因其電阻很大，所以溫度會很高，連帶使得在鎢舟或陶瓷坩堝內的金屬被加熱而蒸發，因此可以使金屬蒸鍍在晶圓上。注意，鎳(Ni)很容易和鎢(W)形成共金(eutectic)，鋁(Al)在加熱熔化之後很容易包覆鎢舟，這些都會影響鎢舟的使用率。

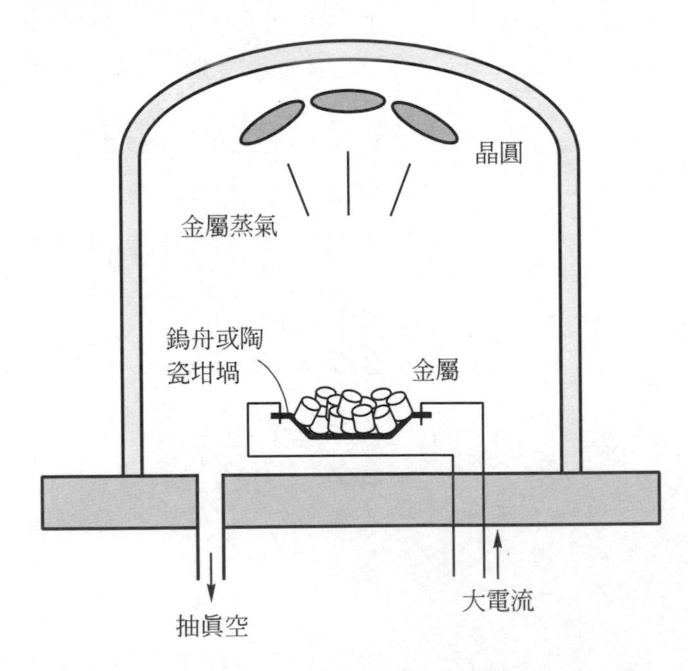

圖 6.1　熱阻式蒸鍍系統

(B) 電子槍蒸鍍技術

此種金屬化技術係目前發光二極體製程當中最普遍被採用的蒸鍍技術。其系統圖示於圖 6.2。在製程期間，電子槍蒸鍍系統被抽真空到約10^{-6} Torr 的高真空下，然後將電子束加速、引導去撞擊坩堝內的金屬，在坩堝內的金屬因電子束的撞擊被加熱而蒸發，因此可以使金屬蒸著在晶圓上。

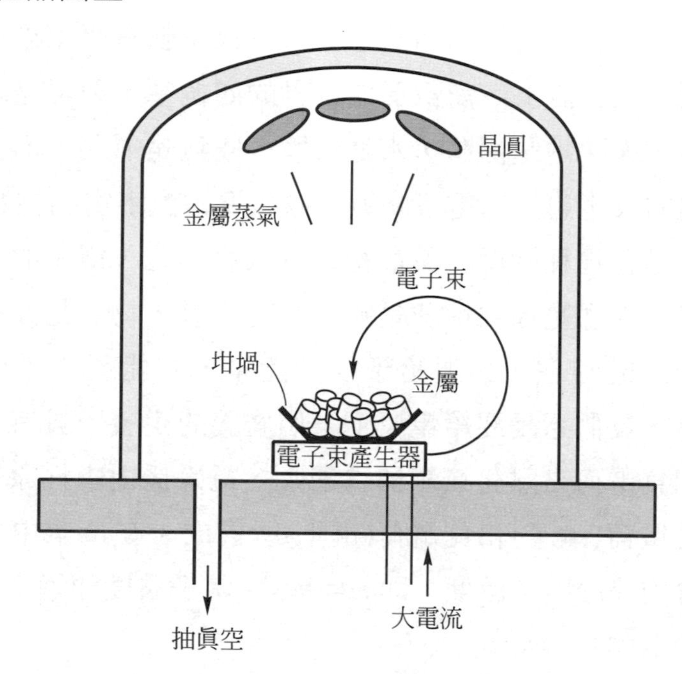

圖 6.2　電子槍蒸鍍系統

(C) 電漿濺鍍技術

電漿製程已被廣泛應用在半導體製程當中，例如：電漿輔助式化學氣相沉積法(plasma enhanced chemical vapor deposition, PECVD)，感應耦合電漿式反應離子蝕刻法(inductively coupled plasma - reactive ion etching, ICP-RIE)，及物理氣相沉積法。前兩項會在後面介紹，而本節將介紹應用電漿製程之物理氣相沉積法，此種方法稱爲電漿濺鍍技術。

1. 電漿原理

電漿一詞起源於希臘文plasma(意思是：成形的東西)，1928年Langmuir研究眞空放電時，將所產生的電離氣體稱爲plasma。此種電離氣體與一般氣體性質不同，有人將之比喻爲「物質的第四種狀態」。古代希臘哲學家恩培多克勒主張「四元說」，認爲形成世界的四個基本要素是地、水、空氣、火。地是固體，水是液體，空氣是氣體，而目前知道高溫的火炎也是呈電漿狀態。據報導指出宇宙間物質有99.9％是處在這種狀態。與最初三個狀態相比，電漿的發現要慢了很多，那是因爲地球是顆冷卻的行星，物質是以高密度的結合狀態存在，必須給予很大能量，才能產生電漿狀態。但是，我們還是要給電漿下一個廣義的定義：具有等量正電荷和負電荷之離化氣體稱爲電漿。電漿係由中性原子或分子，正電荷(離子)和負電荷(電子)所構成。在電漿中，電子濃度會約等於離子濃度，即$n_e = n_{\text{ion}}$。電子濃度和總濃度的比率定義爲離化率R_I：

$$R_I = n_e/(n_e + n_{\text{neu}}) \tag{6.1}$$

其中，n_{neu}爲中性濃度。離化率主要由電子能量決定，但是也跟氣體種類有關，因爲不同的氣體需要不同的離化能量。

2. 電漿的產生

如圖 6.3 所示，在兩相對應的金屬電極板上施加高壓電場，若二電極板之間的氣體分子濃度再在某一特定區間，則電極板表面因離子轟擊(ion bombardment)而產生的二次電子

(secondary electrons)。由於在二電極板施加電場之下，氣體中存在極微量的游離電子獲足夠能量，促使了氣體分子及原子產生解離、離子化、激發等反應。經解離後所產生電子，被電場加速並引發出其它的離子化過程，此時氣體解離又產生更多的離子與電子，如此一連串效應造成在低壓氣體中產生大量的電漿。因此，圖 6.3 的系統被稱爲電容耦合式電漿源(capacitively coupled plasma source)系統。

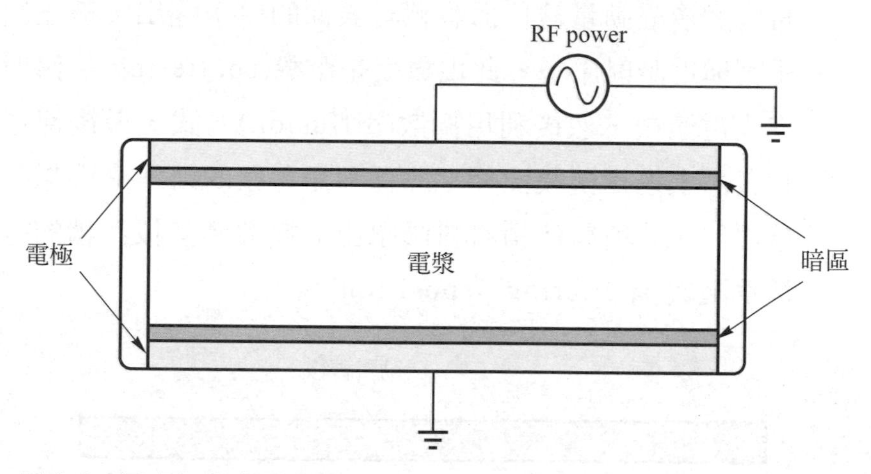

圖 6.3　電容耦合式電漿源(capacitively coupled plasma source)系統

最常用於濺射的惰性氣體是氬氣(Ar)，隨著轟擊粒子的入射角度變的越來越偏，濺射產出可增長 2～3 倍，直到轟擊粒子入射角度太高而轉化的動量太少，此後濺射所產生將漸少。通常在濺射表面有氧化或氮化物表層，這些化合物的化學鍵結能強於所需組成之材料，在這層沒被移走之前，初始濺射是有一段時間會產生很慢的。此外，若活性氣體存在，它會在靶面材料表面形成化合物，進而地附著於靶材表面，使濺射產出很低。當真空壓力降低時，會降低離子化碰撞並使電流降低；若眞空壓力提高時，會提高濺鍍原子與氣體的碰撞機率造成濺射原子散射。

3. 濺鍍過程

圖 6.4 爲濺鍍過程的示意圖。當電場應用在兩個電極之間時，自由電子會因獲得能量而被加速，高能量的電子和惰性氣體相互碰撞產生能量轉移效果，並讓惰性氣體分子，如氬氣，離子化，氣體離子最後經外加電場作用撞擊固體靶材，然後經動量轉移而將靶材表面的原子逐出，被逐出的原子謂稱爲濺射原子，此現象就是濺擊(sputtering)。濺射原子進入電漿中，然後利用擴散(diffusion)方式，最後傳遞到基材表面上進行薄膜沈積。此種利用電漿的離子轟擊以動量轉移原理，將所需沈積材料濺擊出並擴散到基板沈積的過程，稱爲濺鍍(sputtering deposition)。

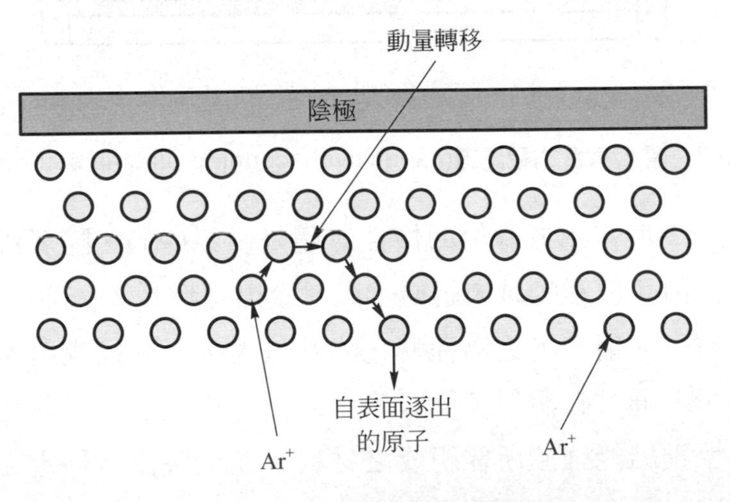

圖 6.4 濺鍍過程的示意圖

6.2 微影製程

微影製程(photolithography)係利用光罩photomask)上的幾何圖案，將圖案轉移在感光材料(一般稱爲光阻)上的一種製程，例如，這些圖案可能是歐姆接觸電極、焊接墊、或發光區。本節將分兩個部分討論：曝光系統和製程步驟。

6.2.1 曝光系統

(A) 投影曝光法

如圖 6.5 所示，將塗佈有光阻的基板載入系統中，並使其與光罩緊密接觸，然後使紫外光從光罩背面照射光阻一段預定的時間，使被紫外光照射到的光阻化學鍵斷裂(正光阻)或鍊結(負光阻)。於是，在經過顯影之後，就可以將光罩上的圖案複製在光阻上。

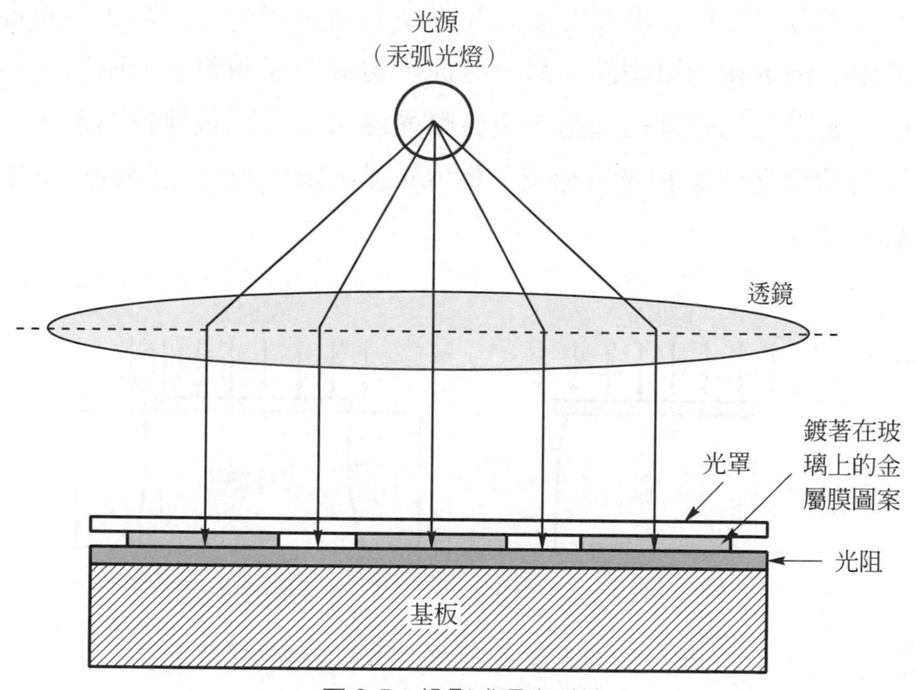

圖 6.5　投影式曝光系統

此種方法的主要缺點爲：晶片上的塵粒會對光罩造成損傷，而優點則是解析度較高。

(B) 光罩

在微影製程中，通常使用光罩定義薄膜的圖案。其製作方式如下：

(1) 在玻璃(或石英)上依序沉積一層鉻(chromiun)和電子光阻。

(2) 利用電子束在整個表面上製作期望的圖案。

(3) 利用製作圖案的電子光阻當作遮罩，使用鉻蝕刻液去除不要的鉻膜。

(4) 去除電子光阻，於是形成具有期望圖案之微影製程用光罩。

(C) 光阻

光阻係一種輻射光敏化合物，依其對輻射光的反應，可以分爲兩種：正光阻和負光阻。當輻射光照射正光阻時，曝光區域之光阻的化學鍵結被打斷，使得曝光區域之光阻很容易被溶解並去除，於是最後所遺留之圖案和光罩相同。另一方面，當輻射光照射負光阻時，曝光區域之光阻的化學鍵結鍊結，使得曝光區域之光阻很難被溶解，於是最後所遺留之圖案和光罩相反。圖 6.6 圖示顯影後之光阻的典型影像橫截面圖。

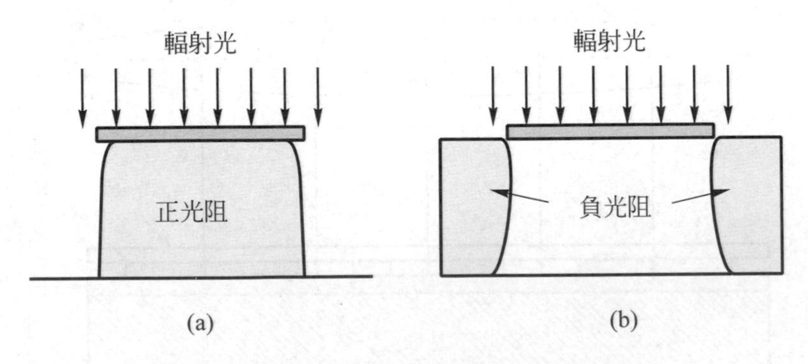

圖 6.6 顯影後之光阻的典型影像橫截面圖

6.2.2 製程步驟

在發光二極體的製程當中，目前大部分都是採用光學微影製程，而光阻塗佈的方式則採用旋佈法(spin coating)，旋佈法包含下列幾項步驟：

(1) 參考圖 6.7(a)，以乳頭吸管吸取適量的光阻，將光阻滴在晶圓中央的位置上，使其覆蓋晶圓大部分的面積。

(2) 參考圖 6.7(b)，打開眞空幫浦，在確定晶圓已被吸附在承載盤(chuck)上之後，使晶圓約以 2000rpm 之轉速旋轉約 10 秒，讓光阻可以覆蓋整片晶圓。

(3) 再使晶圓約以 4000rpm 之轉速旋轉約 20 秒，讓光阻可以很均勻地覆蓋整片晶圓。

(4) 關掉眞空幫浦，取出晶圓

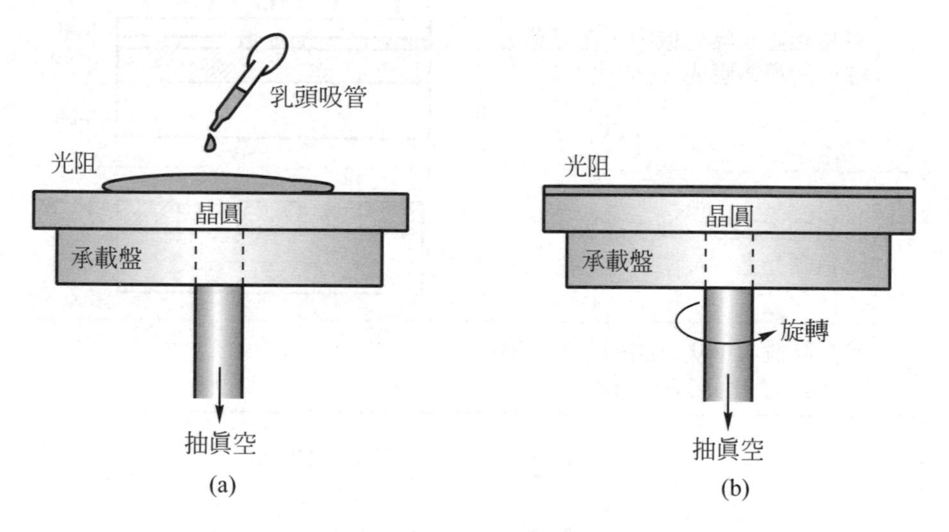

圖 6.7 旋佈法

光學微影製程依所使用的光阻型式，可分爲正光阻法和負光阻法。下面將詳細說明這兩種方法的執行步驟。

(A) 正光阻法

正光阻包含感光化合物和有機溶劑。在曝光前，感光化合物並不會溶解於顯影液中，在曝光後，曝光區的感光化合物吸收輻射，而改變本身的化學結構，而變得可以溶解於顯影液中。在顯影的步驟中，正光阻的曝光區會被移除。其詳細步驟如圖 6.8 所示。

步驟	說明	圖解
1	以旋佈法將正光阻均勻地塗佈在晶圓上。	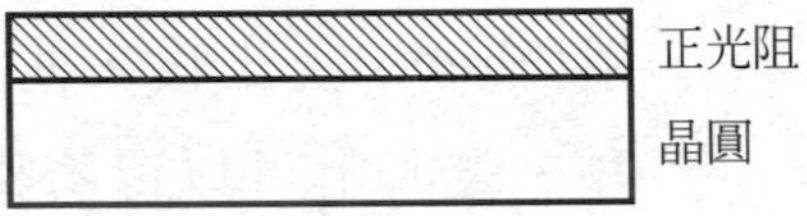 正光阻 晶圓
2	將晶圓置入 90℃之烤箱中，烘烤(或稱為預烤)約 10 分鐘。	
3	將晶圓置入曝光機中，在光罩的圖形對準後曝光。	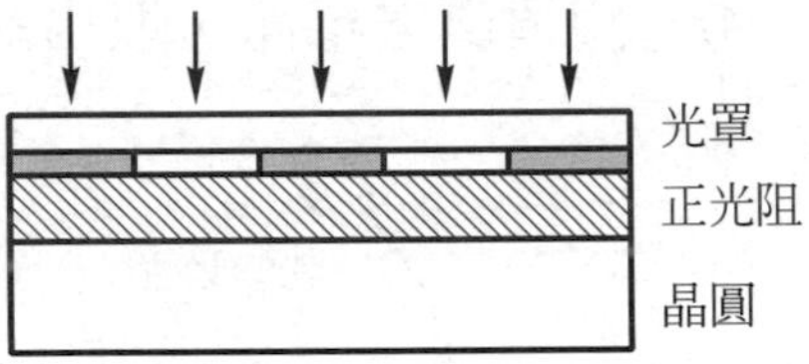 光罩 正光阻 晶圓
4	將晶圓置入顯影液中顯影，以移除在曝光區的光阻。	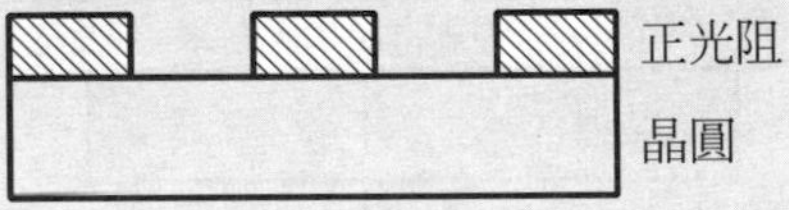 正光阻 晶圓
5	將晶圓置入 110℃之烤箱中，烘烤(或稱為硬烤)約 20 分鐘。	

圖 6.8 正光阻微影製程步驟

(B) 負光阻法

負光阻係由聚合物和感光化合物所構成。在曝光之後，感光化合物吸收光能量並將其轉換成化學能，以引起聚合物連結反應(polymer linking)，此反應使得聚合物分子交互連結(cross-link)。因此，此交互連結的聚合物分子有較大的分子量，而變得較難溶解於顯影液中。在顯影的步驟中，負光阻的未曝光區會被移除。其詳細步驟如圖 6.9 所示。

步驟	說明	圖解
1	以旋佈法將負光阻均勻地塗佈在晶圓上。	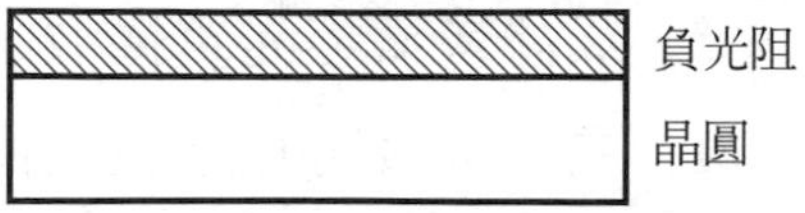 負光阻 晶圓
2	將晶圓置入 90℃之烤箱中，烘烤(或稱爲預烤)約 10 分鐘。	
3	將晶圓置入曝光機中，在光罩的圖形對準後曝光。	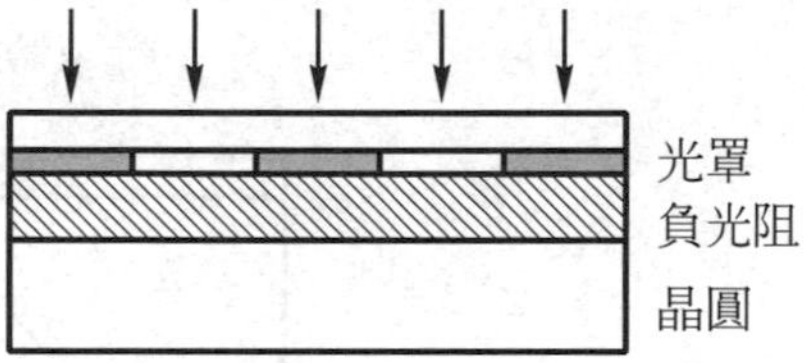 光罩 負光阻 晶圓
4	將晶圓置入 110℃之烤箱中，烘烤(或稱爲曝光後烘烤，PEB)約 10 分鐘。	
5	將晶圓置入顯影液中顯影，以移除在曝光區的光阻，注意：負光阻的形狀要和右圖一樣。	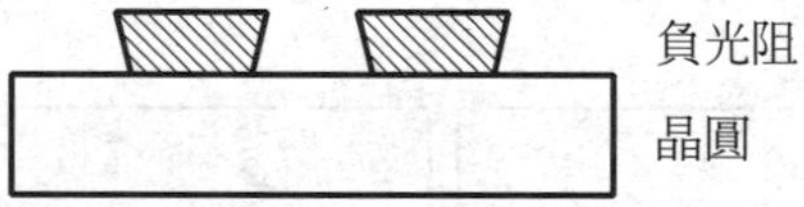 負光阻 晶圓
6	將晶圓置入 110℃之烤箱中，烘烤(或稱爲硬烤)約 10 分鐘。	

圖 6.9 負光阻微影製程步驟

負光阻的一項重要缺點爲：在顯影的步驟中，負光阻會吸收顯影液而造成腫脹，因此限制負光阻的解析度。

6.3 化學氣相沉積製程

參考圖 6.10 和圖 6.11，化學氣相沉積(chemical vapor deposition, CVD)係一種包含下列幾項步驟之製程：

(1) 將氣體或氣相先質(precursors)通入反應腔。

(2) 氣體或氣相先質擴散越過邊界層，然後到達基板表面。

(3) 先質被吸附在基板表面上。

(4) 在基板表面上開始發生化學反應。

(5) 固體生成物成核(nucleate)在基板表面上。

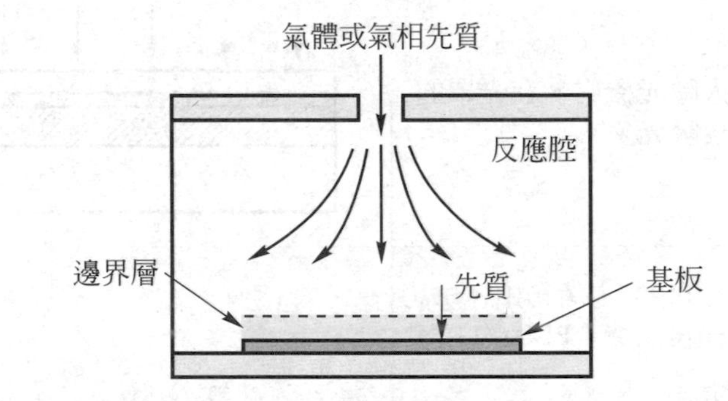

圖 6.10 說明 CVD 在基板表面上的化學反應

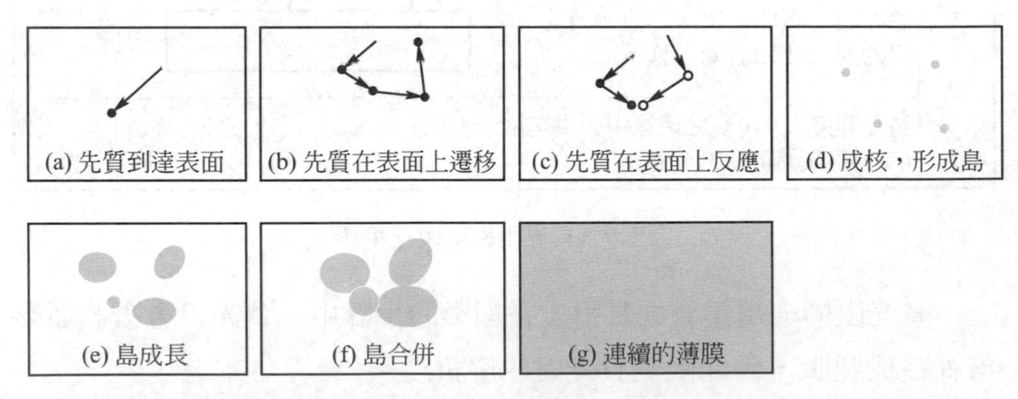

圖 6.11 薄膜形成的過程。[ref. 1]

(6) 核子成長為島，再由島合併成連續的薄膜。

(7) 氣體生成物自基板表面解附，然後擴散越過邊界層。

(8) 最後將氣體生成物引出反應腔。

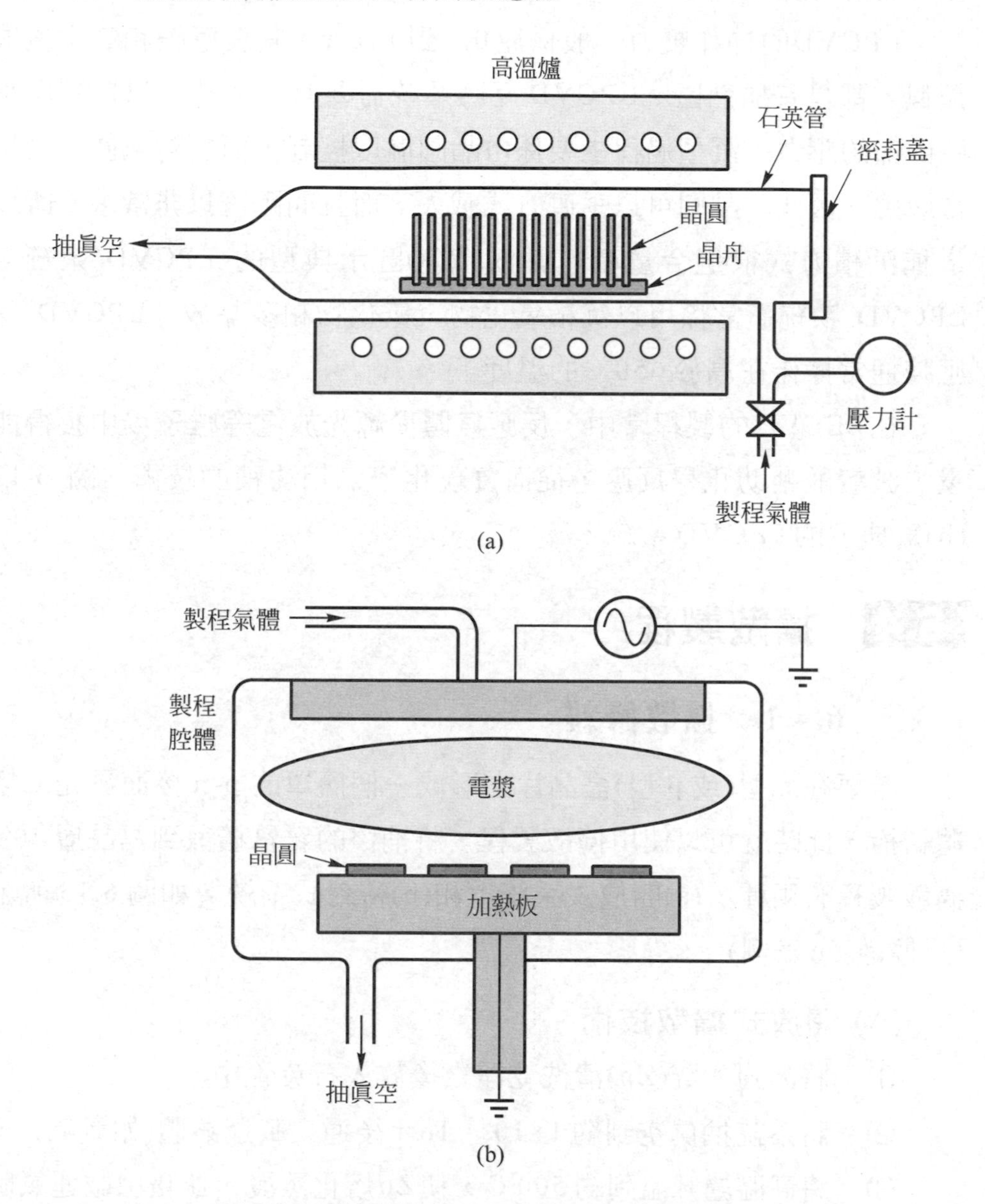

圖 6.12 典型的(a)LPCVD 和(b)PECVD 系統

目前有兩種常用的沉積方式沉積介電質薄膜：低壓化學氣相沉積法(low-pressure chemical vapor deposition, LPCVD)和電漿輔助式化學氣相沉積法(plasma-enhanced chemical vapor deposition, PECVD)。

LPCVD的操作壓力一般係從0.1到1Torr。其反應腔和氧化爐很類似，都具有加熱區。LPCVD反應系統需要眞空系統，以控制反應腔內部的壓力。沉積過程主要係由晶圓溫度控制，而且對氣體流量相當敏感。因此，晶圓可以垂直方式載入，而且間距可以非常小。所以這種沉積方式很適合量產。圖 6.12(a)圖示典型的 LPCVD 系統。LPCVD 系統通常係用以沉積氧化物、氮化物和多晶矽。LPCVD 反應腔通常操作在高於650℃的溫度下。

在PECVD的製程當中，反應氣體從輝光放電等離子場中獲得能量，激發並輔助化學反應，從而實現化學氣相沈積的技術。圖 6.12(b)爲典型的PECVD系統。

6.4 擴散製程

6.4.1 擴散摻雜

若要在n型(或p型)磊晶片上形成一個簡單的p-n接面發光二極體結構，此時就可以使用擴散製程，將補償的雜質擴散到磊晶層中。擴散製程有兩種：(a)開放式系統；和(b)密封式系統，如圖6.13所示(以擴散Zn爲例)。

(A) 開放式擴散技術

(1) 將晶圓和鋅(Zn)清洗乾淨之後放入石英管中。

(2) 將系統抽眞空到約 1×10^{-3} Torr後通入載運氣體(如氫氣)。

(3) 將高溫爐升溫到約500℃，使Zn熔化蒸發，並藉由載運氣體將Zn蒸氣運送到晶圓表面附近。

(4) 藉由高溫將Zn原子驅入晶圓，並持續進行一段期望的時間。

(5) 降溫，改通入惰性氣體(如氮氣)，然後取出晶圓。

(B) 密封式擴散技術

(1) 將晶圓和鋅(Zn)清洗乾淨之後放入石英管中。

(2) 將系統抽眞空到約 1×10^{-6} Torr後，用氫氧燄將石英管密封。

(3) 將高溫爐升溫到約 500℃，使 Zn 熔化蒸發，藉由高溫將 Zn 原子驅入晶圓，並持續進行一段期望的時間。

(4) 降溫，取出石英管，並緩慢地切開，然後取出晶圓。

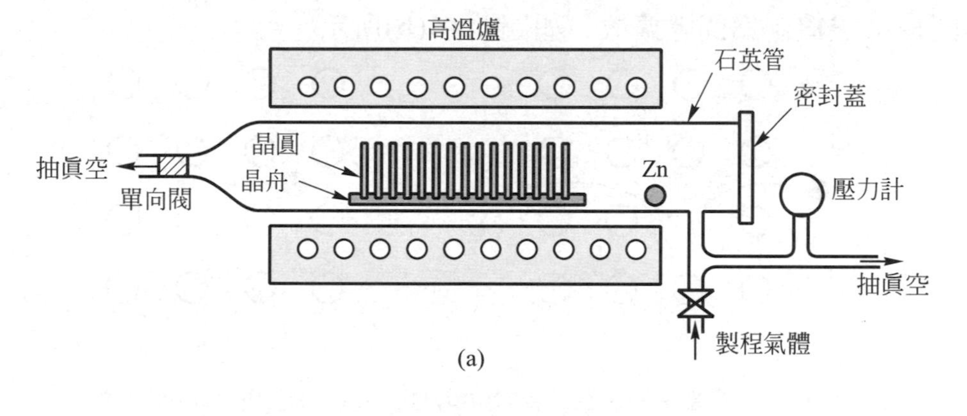

(a)

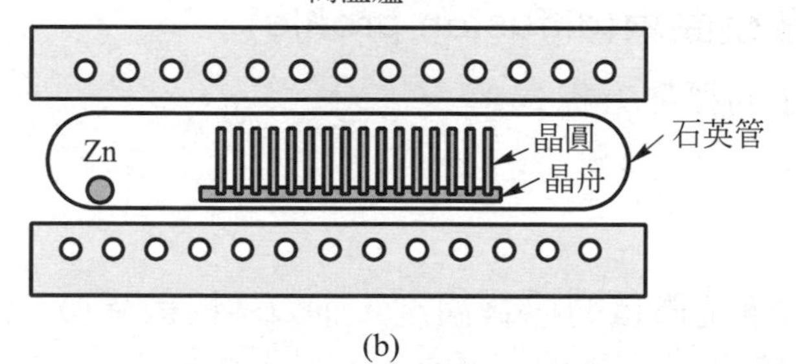

(b)

圖 6.13　擴散製程之(a)開放式系統；(b)密封式系統

6.4.2 擴散理論

(A) 擴散機制

擴散的機制有兩種：空位(vacancy)擴散和間隙(interstitial)擴散，其中圓圈代表主體原子(host atom)，藍點代表雜質原子。首先，當環境溫度升高時，主體原子因獲得熱能而離開晶格的位置，成爲間隙原子，同時，在原來的位置會產生一個空位。然後，在該空位附近的雜質原子就會移入該空位，這種機制稱爲空位擴散，如圖 6.14(a)所示。另一方面，若雜質原子沒有佔據空位而在主體原子之間移動，則稱這種機制爲間隙擴散，如圖 6.14(b)所示。

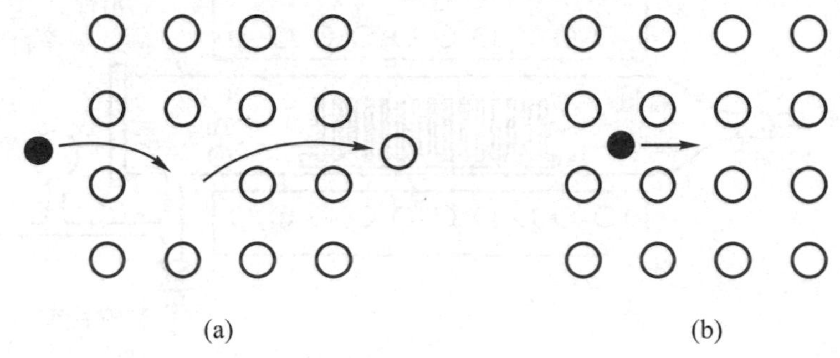

圖 6.14　擴散機制：空位(vacancy)擴散和間隙(interstitial)擴散

(B) 擴散縱曲線(diffusion profile)

考慮一維的擴散方程式：

$$\frac{\partial C}{\partial t} = D\frac{\partial^2 C}{\partial x^2} \tag{6.2}$$

其中，C爲每單位體積的摻雜濃度，而D爲擴散係數。在典型的發光二極體擴散製程中，雜質原子係經由氣態源傳遞到磊晶片表面，然後再擴散進入磊晶層。因此，在擴散製程期間，氣態源會維持固定的表面濃度，C_s，於是擴散方程式的起始條件爲：

$$C(x, t = 0) = 0 \tag{6.3}$$

而邊界值條件為：

$C(x=0，t)=$ C_\scale{1.3,1.3}s (6.4)

及 $$C(x=\infty，t)=0 \tag{6.5}$$

因此，擴散方程式的解為：

$$C(x，t)=C_s \mathrm{erfc}\left(\frac{x}{2\sqrt{Dt}}\right) \tag{6.6}$$

其中，erfc 為互補誤差函數(complementary error function)，而$\sqrt{Dt}$為擴散長度。圖 6.15 圖為根據(6.6)式所繪製之典型的擴散橫截面示意圖(圖 6.15(a))與擴散縱曲線(圖 6.15(b))。

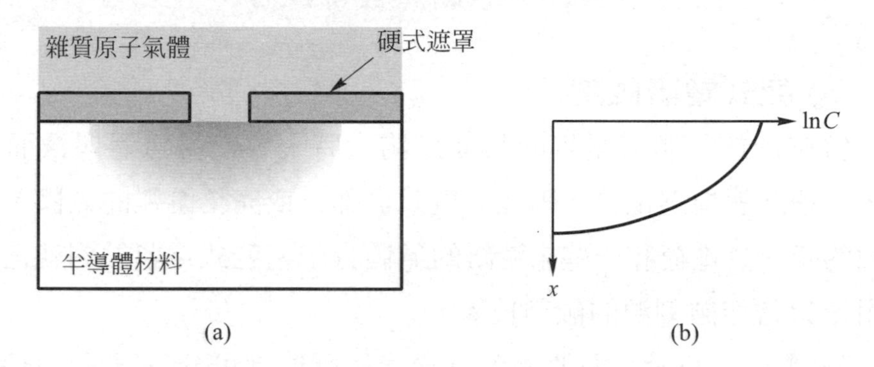

圖 6.15　典型的擴散橫截面示意圖與擴散縱曲線

6.5 蝕刻製程

蝕刻製程可分為濕式化學蝕刻和乾式電漿蝕刻。

(A) 濕式化學蝕刻

濕式化學蝕刻在各種半導體製程當中均被廣泛地使用。如圖 6.16 所示，濕式化學蝕刻的機制包含三個主要步驟：(a)反應物經由擴散方式到達反應表面；(b)在表面發生化學反應；及(c)反應生成物以擴散方式從表面移除。

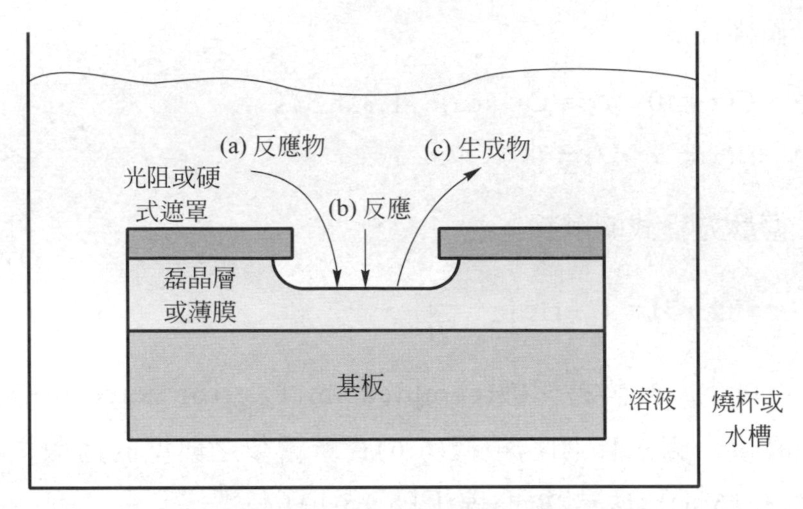

圖 6.16 濕式化學蝕刻的機制

(B) 乾式電漿蝕刻

當施加於氣體之電場的強度足夠大時，會使得氣體崩潰而游離化，這種狀態稱爲電漿。因此，電漿係部分或完全游離的氣體，包含等數的正、負電荷和一些未游離的氣體分子。乾式電漿蝕刻就是一種利用電漿當作蝕刻源的蝕刻技術。

如圖 6.17 所示，電漿蝕刻方式依反應機制可分爲三種：(a)物理離子轟擊蝕刻；(b)化學反應蝕刻；及(c)離子輔助反應蝕刻。[ref. 4]

1. 物理離子轟擊蝕刻

物理離子轟擊蝕刻係利用偏壓將電漿中帶正電的離子加速的往晶片表面撞擊，經部分離子能量的轉移而將蝕刻材料擊出。擊出的蝕刻物並在低壓下被真空抽氣系統抽離。此機制係物理上的能量轉移，因此對材料沒有選擇性，而蝕刻效果則和蝕刻材料原子間的化學鍵能有相當大的關係。由於缺乏材料蝕刻選擇性，而且高速離子的轟擊會使得蝕刻處的晶格受到損傷，因此在許多蝕刻應用上很少被使用。

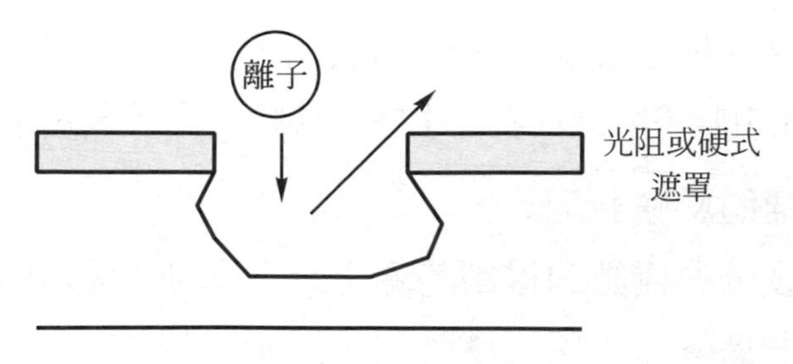

(a) 物理離子轟擊蝕刻

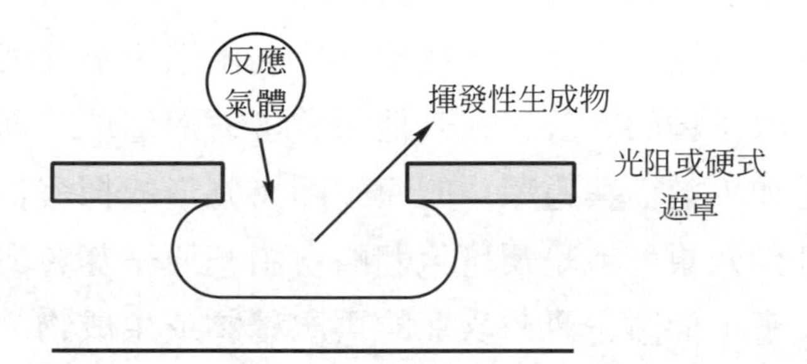

(b) 化學反應蝕刻

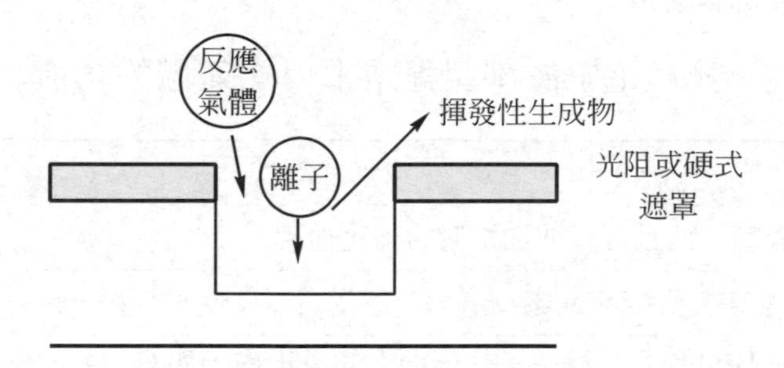

(c) 離子輔助反應蝕刻

圖 6.17　電漿蝕刻方式。[ref. 4]

2. 化學反應蝕刻

化學反應蝕刻則是利用電漿中的反應氣體與蝕刻表面原子進行反應，並形成易揮發性生成物而達蝕刻效果。在此反應機制中，反應氣體的組成主要是蝕刻氣體經電漿放電解離成的自由基原子團。原子團經擴散到達蝕刻表面而進行等向性蝕刻，所形成的高揮發性生成物可由幫浦抽離；至於低揮發性生成物則會沈積在蝕刻表面，阻礙蝕刻的進行，因此，在製程中若不將低揮發性生成物移除，則蝕刻速率會愈來愈慢。

3. 離子輔助反應蝕刻

最後一種蝕刻機制基本上是上述兩種機制的組合，即物理離子轟擊加化學反應蝕刻。此種蝕刻方式兼具非等向性和高蝕刻選擇比，目前最被廣泛地使用。在理想的離子輔助反應蝕刻機制中，當離子撞擊晶片表面造成晶片表面晶格的破壞、原子鍵的斷裂、或其他激發型態而造成表面原子的反應能增加，進而與電漿中的原子團反應形成揮發性生成物，達到蝕刻效果。或是反應氣體的自由基原子團會與晶片表面發生反應，而離子轟擊表面的再沈積物或生成物，使蝕刻表面能再與電漿氣體接觸反應。這種機制能夠產生高垂直度的蝕刻縱剖面。

下表爲電漿蝕刻製程中常用之氣體的功能：

氣體	功能
Ar	物理轟擊，而且可以增加電漿的穩定性。
Cl_2	容易與III族和IV族元素反應，而產生高揮發性氯化物，但是$InCl_3$除外。
BCl_3	容易與 H_2O 作用，移除晶片表面上的氧化物，如 Ga_2O_3，而且在相同的流量下，Cl 原子較 Cl_2少，所以可以增加電漿的穩定性。B 原子也可以增加轟擊效率。
H_2	單獨使用 H_2電漿很難得到良好的蝕刻速率和表面平整性。因此，大部分是用來清除晶片表面的氧化物，和蝕刻後表面所造成的碳化合物。
CH_4	與 III 族元素產生有機化合物，蝕刻速率低，但有較佳的非等向性蝕刻。對於 CH_4的加入含量必須控制，因爲 CH_4很容易在電漿中產生碳氫聚合體，若含量過高會造成蝕刻速率的驟降及不必要的污染。

目前最常見的電漿蝕刻系統係感應耦合式電漿反應離子蝕刻(ICP-RIE)系統，如圖 6.18 所示。一般而言，ICP-RIE 系統的工作壓力約爲 2-5mTorr。

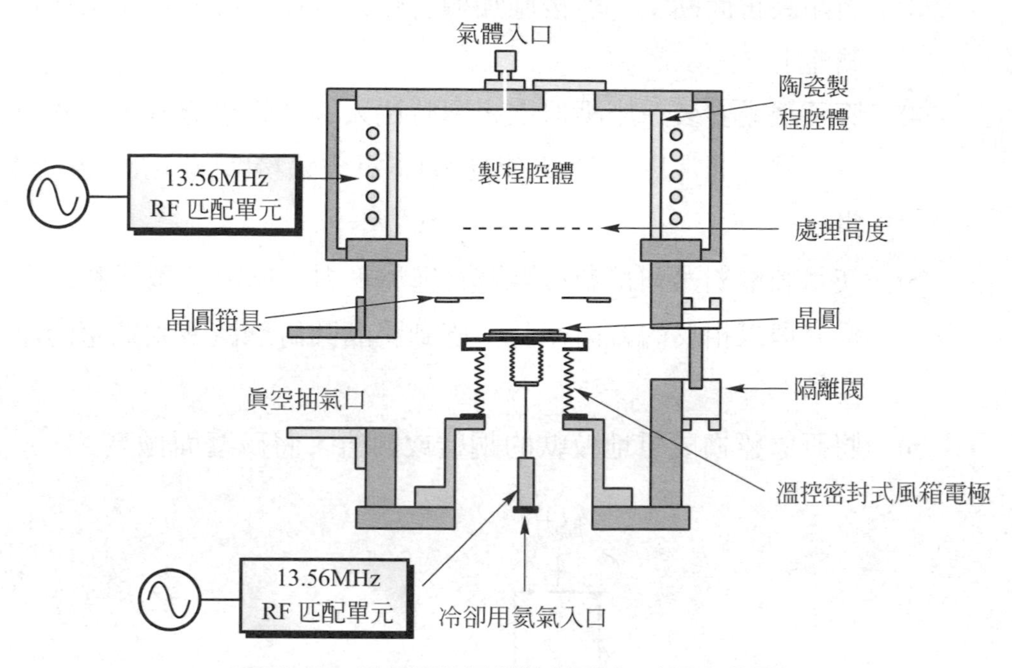

圖 6.18　ICP-RIE 電漿蝕刻系統。(STS 公司)

6.6 研磨製程

半導體基板或晶圓的厚度約為 350μm 或 430μm，在將已製作好晶粒圖案之製程晶圓切割成晶粒之前，為了方便切割或減少元件的串聯電阻，通常要將晶圓研磨減薄到 250μm(一般半導體基板)或 85μm (藍寶石基板)。目前的晶圓研磨技術大致上可分為兩種：研磨法 (lapping) 和切削法(grinding)。下面將概略介紹這兩種研磨方法。

(A) 研磨法

如圖 6.19 所示，其方法包含：

(1) 將承載盤加熱到約 120℃。

(2) 將蠟均勻塗抹在承載盤上。

⑶ 將晶圓正面貼上，然後施加適當壓力，使晶圓完全黏貼在承載盤上。

⑷ 將承載盤安裝在施壓器上，同時注入適量的研磨液，而研磨液的配方通常爲乙二醇(或純水)＋氧化鋁粉(或碳化矽粉，或鑽石粉)。

⑸ 使承載盤對著研磨盤(鑄鐵盤)施加壓力，同時承載盤和研磨盤分別以相反的方向轉動，直到將晶圓研磨減薄到期望的厚度。

⑹ 將研磨盤換成質地較軟的銅盤或錫盤，將研磨面拋亮。

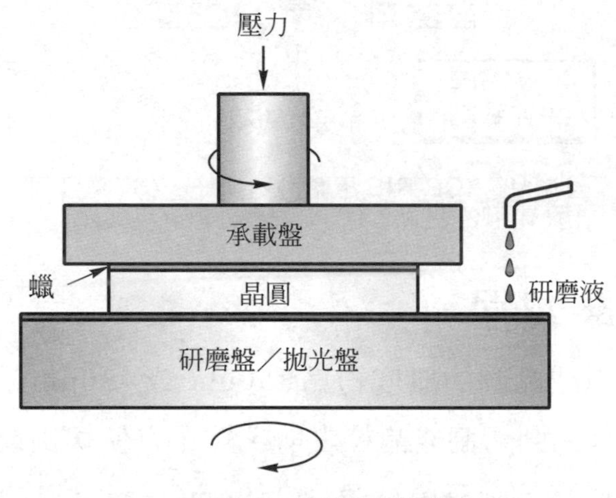

圖 6.19　研磨法示意圖

(B) 切削法

如圖 6.20 所示，其方法包含：

⑴ 將陶瓷板加熱到約 120℃。

⑵ 將蠟均勻塗抹在陶瓷板上。

⑶ 將晶圓正面貼上，然後施加適當壓力，使晶圓完全黏貼在陶瓷板上。

(4) 用切削輪使晶圓背面減薄，直到期望厚度爲止。

(5) 取下陶瓷板，然後安裝在圖 6.19 圖所示拋光盤上，將粗糙的背面拋亮。

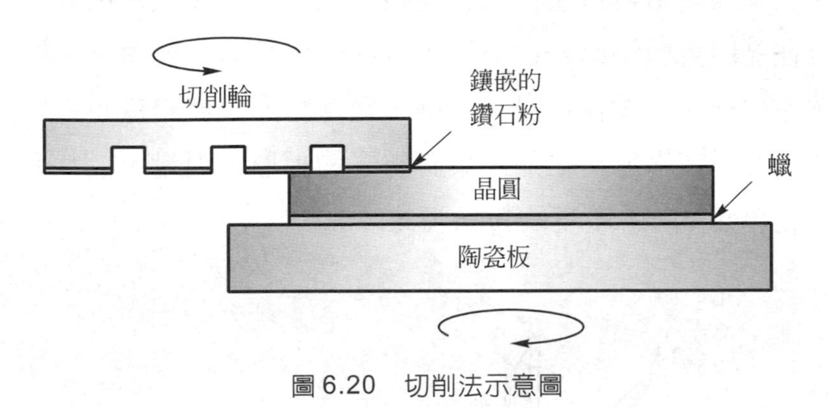

圖 6.20　切削法示意圖

6.7 切割製程

在磊晶片完成電極製作之後，要執行晶片切割，如圖 6.21 所示，目前切割晶粒的方式約有三種：(a)輪刀式；(b)鑽石式和(c)雷射式。

(A) 輪刀式切割法

將鑲嵌鑽石粉之輪刀片以高速旋轉切入晶圓，就可以將晶片分割。使用此種技術所得之晶片具有整齊的矩形。但是，鑲嵌鑽石粉之輪刀很難切割氮化鎵系發光二極體所採用的藍寶石基板。

(B) 鑽石式切割法

尖端鑲嵌特殊形狀的鑽石之工具，利用鑽石的稜線切過晶圓的正面，然後再在另一面施以適當壓力，就可以將晶片分割。此種技術早期使用於切割氮化鎵系發光二極體所採用的藍寶石基板。但是，使用此種技術所得之晶片邊緣並不整齊。

(C) 雷射式切割法

目前切割氮化鎵系發光二極體所採用的藍寶石基板係採用雷射式切割法，其係使用可以讓待切材料吸收之波長的聚焦雷射光束，雷射光束會在晶圓表面燒出一個小洞，若此時移動雷射光束或晶圓，就可以將洞連成線，然後再在另一面施以適當壓力，於是就可以將晶片分割。使用此種技術所得之晶片具有整齊的矩形。但是，晶片有時會被雷射灰化(aching)所產生的粉末污染。

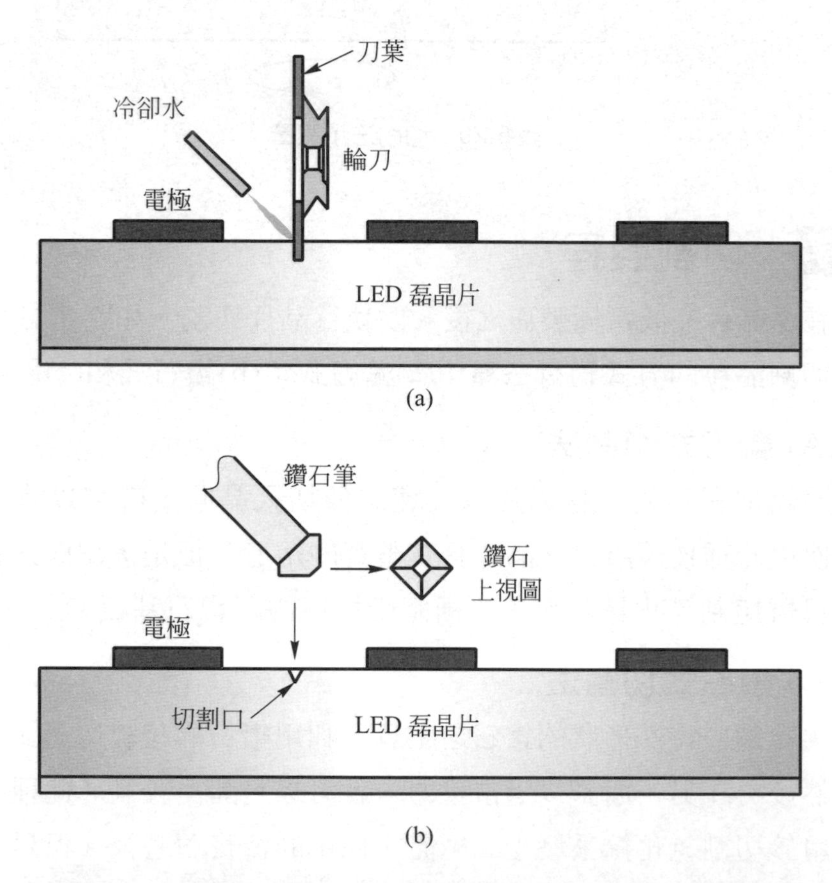

圖 6.21　三種晶片切割方式：(a)輪刀式；(b)鑽石式；(c)雷射式

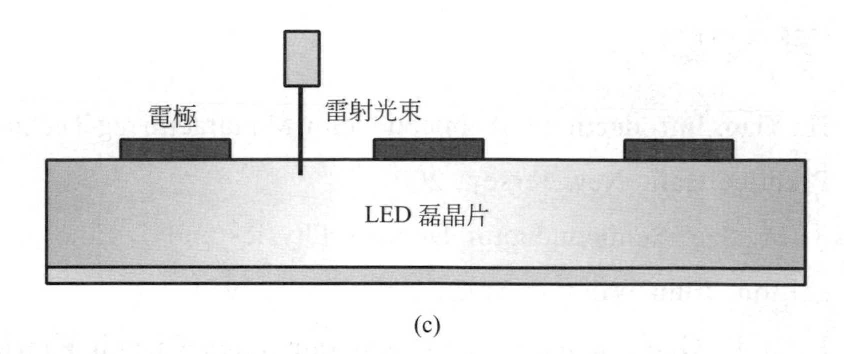

(c)

圖 6.21 三種晶片切割方式：(a)輪刀式；(b)鑽石式；(c)雷射式(續)

參考文獻

[1] H. Xiao, Introduction to Semiconductor Manufacturing Technology, Prentice Hall, New Jersey, 2001.

[2] S. M. Sze, Semiconductor Devices Physics and Technology, 2nd edition, John Wiley & Sons, New York, 1981.

[3] Peter E. Gise, Semiconductor and Integrated Circuit Fabrication Techniques,Prentice Hall, New Jersey, 1978.

[4] D. M. Manos, D. L. Flamm, Plasma Etching: An Introduction, Academic, New York , 1989.

CHAPTER 7

發光二極體之基本理論

在本章中，我們將討論發光二極體的光電特性，其中包含發光和發光效率，以及注入電流的擴散對發光二極體的特性所造成之影響。至於發光二極體的結構，會在第八章中討論。

7.1 輻射轉換

7.1.1 自發性放射

藉由固體材料，電子與光子之間的交互作用會發生四種情形：(a)穿透(transmission)，(b)光被吸收(absorption)，(c)自發性放射(spontaneous emission)，(d)誘發性放射(stimulated emission)，如圖 7.1 所示，其中E_1爲基態(ground state)或價電帶，E_2爲激態(exited state)或導電帶。

若入射光的能量$h\nu < E_1 - E_2$，則位在基態的電子無法被激勵到激態，此時入射光不會被吸收。因此，對於入射光而言，固體材料是透明的。電子與光子之間的交互作用，如圖 7.1(a)所示，什麼事都沒有發生。

若入射光的能量$h\nu > E_1 - E_2$，則位在基態的電子會吸收入射光而被激勵到激態。因此，對於入射光而言，固體材料是不透明的。電子與光子之間的交互作用，如圖 7.1(b)所示，電子從基態躍遷到激態，此爲光偵測元件和太陽能電池的基本原理。

如圖 7.1(c)所示，當電子從激態回到基態時，會釋放一個能量大小爲$E_1 - E_2$的光子，此交互作用的過程稱爲自發性放射，此爲發光二極體的基本原理。至於光子的波長λ可以藉由下式得到：

$$\lambda = \frac{c}{\nu} = \frac{hc}{h\nu} = \frac{1240}{E_2 - E_1} \tag{7.1}$$

其中c是光子在眞空中的速度，v是光的頻率，h是蒲朗克常數(Planck's constant)，hv是光子的能量，單位是電子伏特(eV)。

如圖 7.1(d)所示，若入射光的能量$hv = E_1 - E_2$，當入射光射入時，誘使電子從激態回到基態，同時會釋放一個能量大小爲$E_1 - E_2$的同相位光子，此交互作用的過程稱爲誘發性放射。誘發性放射所造成的輻射都是單色光(monochromatic)，也是同調光(coherent)，此爲雷射二極體的基本原理。

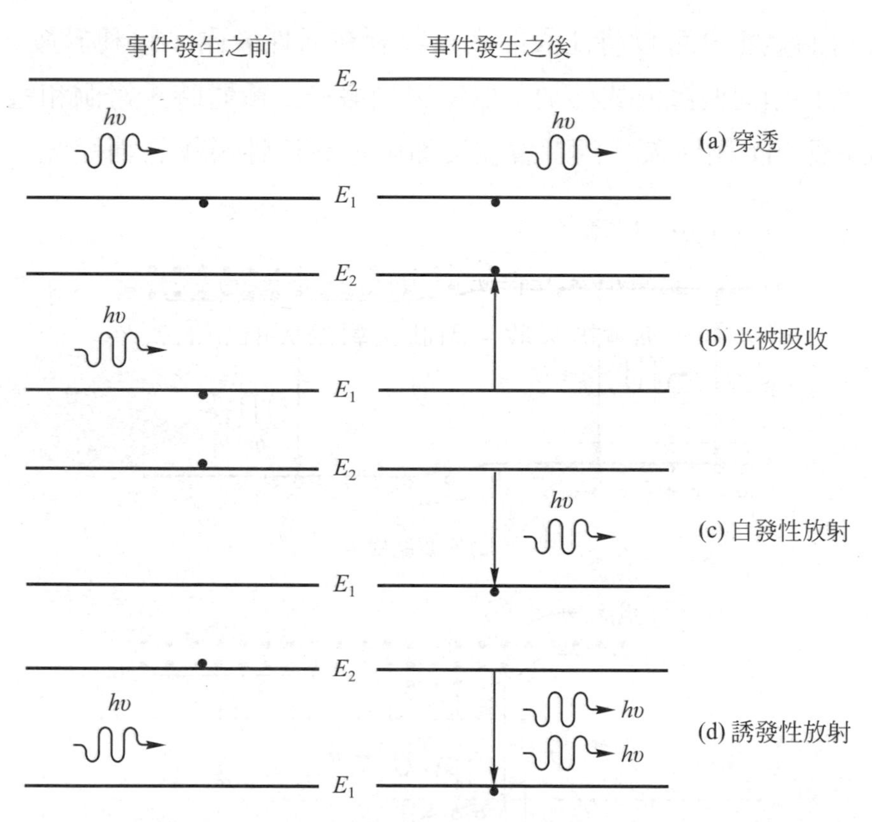

圖 7.1　電子與光子之間的交互作用：(a)穿透，(b)光被吸收，(c)自發性放射，(d)誘發性放射

7.1.2 放射光譜

發光二極體係一種兩端點的半導體元件。圖 7.2(a)係最簡單的p-n 同質結構(homostructure)式的發光二極體，即 p 側和 n 側都是由相同的半導體材料構成。圖 7.2(b)係目前常用的雙異質結構(double heterostructure, DH 結構)式的發光二極體，即 p 側和 n 側之間插入一個能隙較小的半導體材料，此中間層稱爲活性層(active layer)，兩側的半導體材料稱爲侷限層(confinement layer)或披覆層(cladding layer)，主要目的是希望可以將注入的載子限制在活性層內，以利於發光。

當以順向偏壓方式外加一個電場到發光二極體時，電洞和電子分別從 p 側和 n 側注入，兩者會在接面附近或活性層複合而發光。

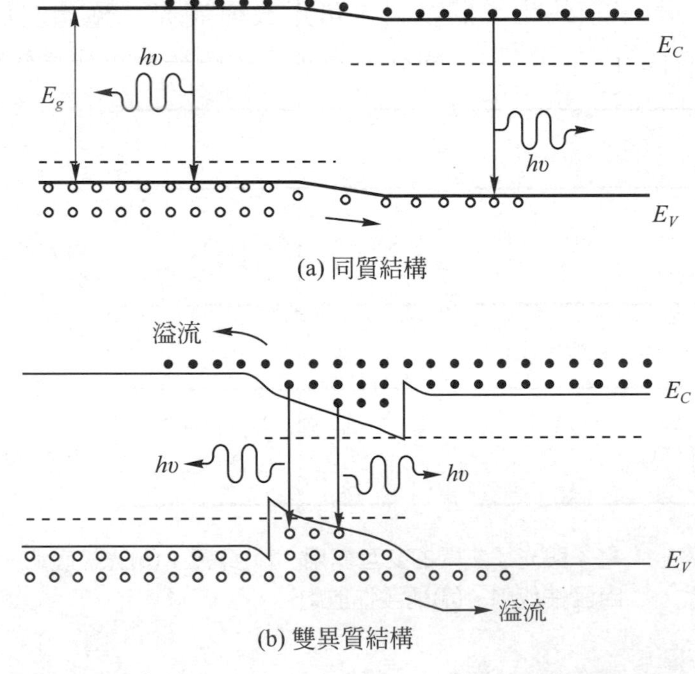

圖 7.2　在順向偏壓下的發光二極體：(a)同質結構式的發光二極體，(b)雙異質結構式的發光二極體

電洞和電子的複合過程如圖 7.3 所示。假設在導電帶的電子和在價電帶的電洞具有拋物線的分佈關係：

$$E_n = E_C + \frac{k^2 h^2}{2m_n} \text{ (電子)} \tag{7.2}$$

和

$$E_p = E_V - \frac{k^2 h^2}{2m_p} \text{ (電洞)} \tag{7.3}$$

其中m_n和m_p分別爲電子和電洞的有效質量，E_C和E_V分別爲導電帶和價電帶的邊緣，k爲載子的波數(wave number)，$\hbar$爲約化蒲朗克常數(reduced Planck's constant)。由於能量守恆的要求，使得光子的能量等於電子和電洞之間的能量差，即：

$$hv = E_n - E_p \cong E_g \tag{7.4}$$

若熱能遠小於能隙，即$kT \ll E_g$，則光子的能量約等於能隙。因此，藉由選擇不同能隙的半導體材料，可以改變發光二極體的發光波長。例如，GaN的能隙爲3.4eV，則GaN發光二極體的發光波長約爲362nm。

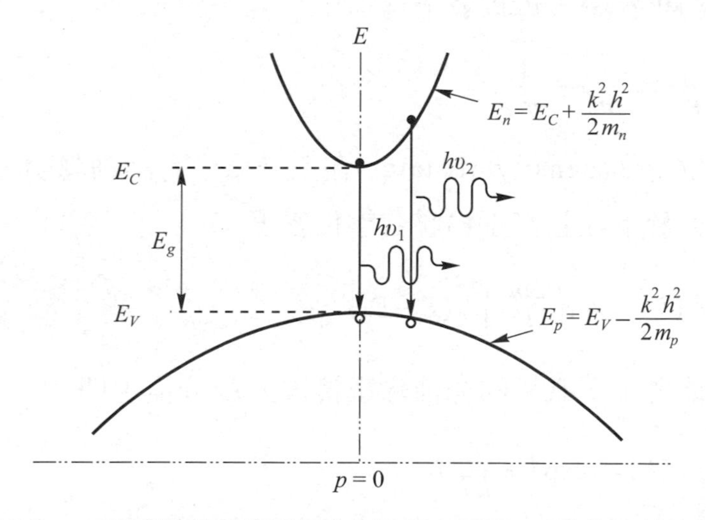

圖 7.3 具有拋物線分佈關係的電子和在電洞，垂直複合並放射光子。[ref. 2]

比較電子的動量和光子的動量，其中電子的動量可以表示爲：

$$p = m_n v = \sqrt{2m_n \cdot \frac{1}{2} m_n v^2} = \sqrt{2m_n kT} \tag{7.5}$$

其中m_n爲電子有效質量。光子的動量可以根據德布羅格利關係式(de Broglie relation)推得：

$$p = \frac{h}{2\pi} k = \frac{h\nu}{c} = \frac{E_g}{c} \tag{7.6}$$

因此，由(7.5)式和(7.6)式可以發現電子的動量遠大於光子的動量。因此，對於直接複合而言，電子在從導電帶遷移到價電帶時，其動量沒有太大的改變。

假設電子和電洞具有相同的動量，則光子的能量可以表示爲聯合分佈關係式(joint dispersion relation)：

$$h\nu = E_C + \frac{h^2 k^2}{2m_n} - E_V + \frac{h^2 k^2}{2m_p} = E_g + \frac{h^2 k^2}{2m_r} \tag{7.7}$$

其中m_r爲約化質量，可以表示爲：

$$\frac{1}{m_r} = \frac{1}{m_n} + \frac{1}{m_p} \tag{7.8}$$

電子的態位密度(density of states)在第一章中有詳細說明，但是爲了方便，重列於下並且修正爲聯合態位密度：

$$N(E) = 4\pi \left(\frac{2m_r}{h^2} \right)^{3/2} (E - E_g)^{1/2} \tag{7.9}$$

在允許的能帶中，載子的分佈係根據波茲曼分佈，即

$$F_B(E) = \exp\left(-\frac{E}{kT} \right) \tag{7.10}$$

因此，發光強度$I(E)$正比於(7.9)式和(7.10)式的乘積：

$$I(E) \propto (E-E_g)^{1/2} \exp\left(-\frac{E}{kT}\right) \tag{7.11}$$

而發光強度的最大值發生在：

$$E = E_g + \frac{1}{2}kT \tag{7.12}$$

光譜的半高寬(full width at half maximum, FWHM)爲：

$$\Delta E = 1.8kT \tag{7.13}$$

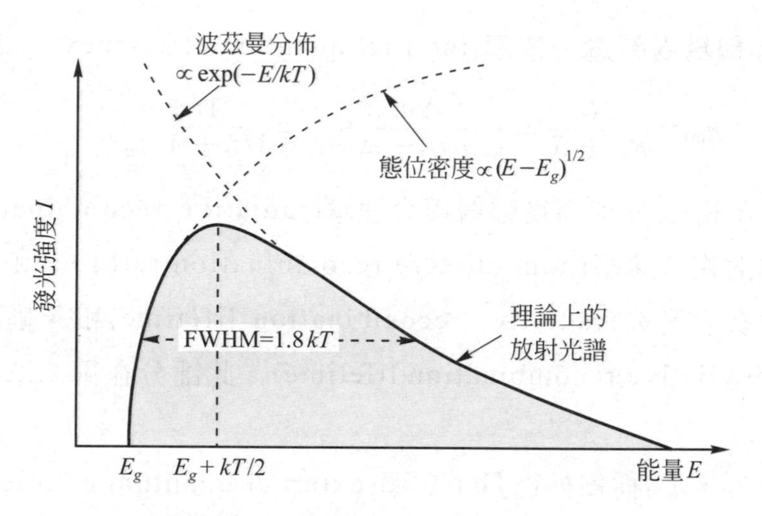

圖 7.4 發光二極體理論上的放射光譜。[ref. 2]

範例 7.1 試計算 GaAs 發光二極體的波長半高寬理論值。

解 GaAs 的能隙爲 1.42eV

藉由(7.12)式，求出光譜峰值

$$E = 1.42 + \frac{0.0259}{2} = 1.433 \text{ eV}$$

因此，$\Delta E = 1.8kT = 1.8 \times 0.0259 = 46.6$ meV

$$\Delta\lambda = \frac{1240}{1.433 - 0.0233} - \frac{1240}{1.433 + 0.0233} = 28.15 \text{ nm}$$

7.2 發光效率

7.2.1 定　義

影響發光二極體發光效率的因素很多，其中包含材料品質，元件結構和製程等，因此常用其來分析發光二極體的特性。至於發光效率的定義，目前學術界常使用量子效率(quantum efficiency)η：

$$\eta = \eta_{\text{int}}\eta_{\text{ext}} \tag{7.14}$$

其中η_{int}稱爲內部量子效率(internal quantum efficiency)，定義爲：

$$\eta_{\text{int}} = \frac{R_r}{R_{nr} + R_r} = \frac{\Delta n/\tau_r}{\Delta n/\tau_{nr} + \Delta n/\tau_r} = \frac{1/\tau_r}{1/\tau_r + 1/\tau_{nr}} \tag{7.15}$$

其中，R_r和R_{nr}分別稱爲輻射複合速率(radiative recombination rate)和非輻射複合速率(nonradiative recombination rate)，τ_r和τ_{nr}分別稱爲輻射複合壽命(radiative recombination lifetime)和非輻射複合壽命(nonradiative recombination lifetime)。此部分在第二章中已詳細討論。

此外，η_{ext}稱爲外部量子效率(external quantum efficiency)，這是發光二極體最重要的參數之一，定義爲每秒發射之光子數與每秒注入之電子數的比值：

$$\eta_{\text{ext}} = \frac{P_L/(h\nu)}{I/q} = \frac{qP_L}{Ih\nu} \tag{7.16}$$

其中，P_L爲發光二極體的光輸出功率。最近，在產業界漸漸在使用的定義有兩種，一是取光效率(extraction efficiency)，一是功率效率(power efficiency)，又稱爲wallplug efficiency。

取光效率的定義爲在發光二極體內部所產生的光子數射出發光二極體的比例：

$$\eta_{\text{extracion}}=\frac{\eta_{\text{ext}}}{\eta_{\text{int}}} \tag{7.17}$$

功率效率的定義爲光輸出功率與外加電功率的比值：

$$\eta_{\text{power}}=\frac{P_L}{P_e}=\frac{P_L}{IV} \tag{7.18}$$

其中，P_L爲發光二極體的光輸出功率，P_e爲外加的電功率，等於注入電流和順向偏壓的乘積。

7.2.2 影響量子效率的因素

(A) 內部量子效率

由(7.15)式，可以知道影響內部量子效率的因素主要爲非輻射複合速率。非輻射複合速率正比於位在能隙之中的非輻射缺陷密度(N_T)。當N_T減少時，輻射效率就會增加。由於電子的移動率遠高於電洞，所以輻射複合速率主要正比於 p 型摻雜。當 p 型摻雜增加時，輻射複合速率就會增加。但是，當 p 型摻雜增加時，注入效率就會減少。因此，要優化摻雜條件才能得到最大的內部量子效率。

(B) 外部量子效率

影響外部量子效率的因素有三：

1. 弗萊斯涅爾損失(Fresnel loss)

發光二極體所發射的光子必須從半導體進入空氣，因此光子必須傳輸穿越兩者之間的界面。如圖 7.5(a)所示，有一部分的光會透射而進入空氣，有一部分的光會被反射回半導體。反射係數爲：

$$\Gamma=\left(\frac{n_2-n_1}{n_2+n_1}\right)^2 \tag{7.19}$$

其中n_2爲半導體的折射率，n_1爲空氣的折射率。反射係數Γ爲入射光被反射回半導體的比例。

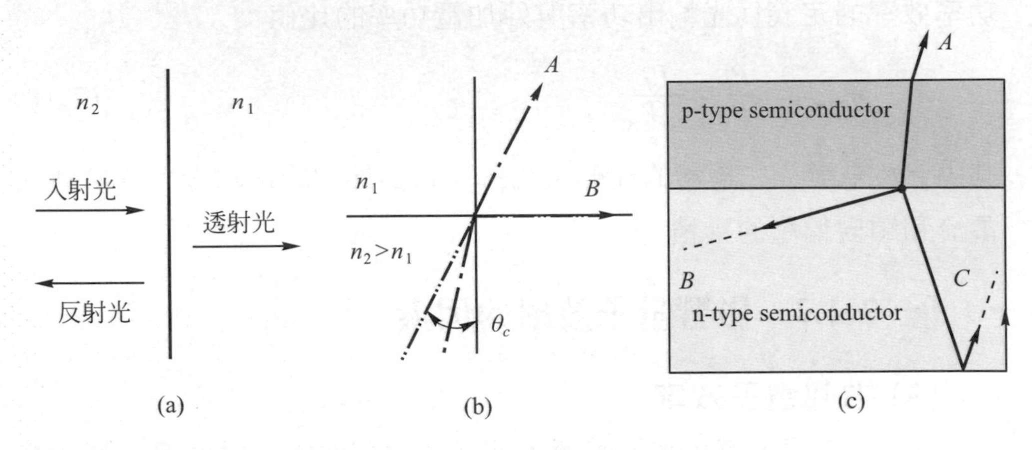

圖 7.5　影響外部量子效率的因素

2.　臨界角損失

考慮光子傾斜入射界面的情形，如圖 7.5(b)所示。當光子傾斜入射界面時，會發生折射，如光線A。但是，當入射角太大時，會發生全反射，如光線B，此時的入射角稱爲臨界角θ_c。其可以由斯涅爾定律(Snell's law)決定：

$$\theta_c = \sin^{-1}\left(\frac{n_1}{n_2}\right) \tag{7.20}$$

1999 年，Hewlett-Packard 的 Krames 等人[ref. 10] 針對臨界角損失的問題，提出一種斜截倒金字塔式(truncated inverted pyramid, TIP)的 AlInGaP 發光二極體結構，如圖 7.6(a)所示。其斜切的側面有助於光子的射出，如圖 7.6(b)所示。TIP AlInGaP 發光二極體的亮度約比傳統形狀的 AlInGaP 發光二極體亮 40 %，外部量子效率約爲 55 %。

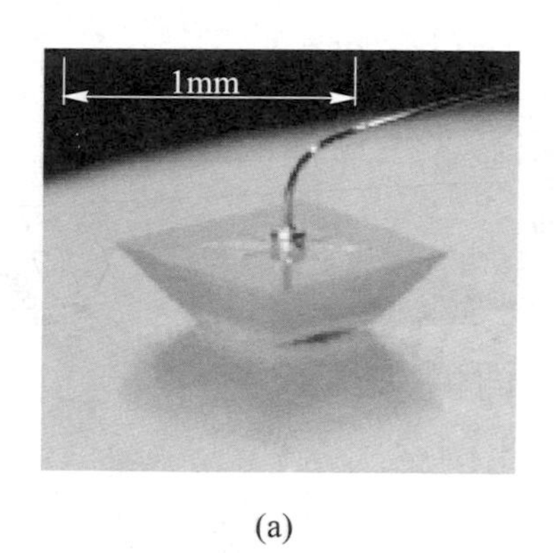

(a)

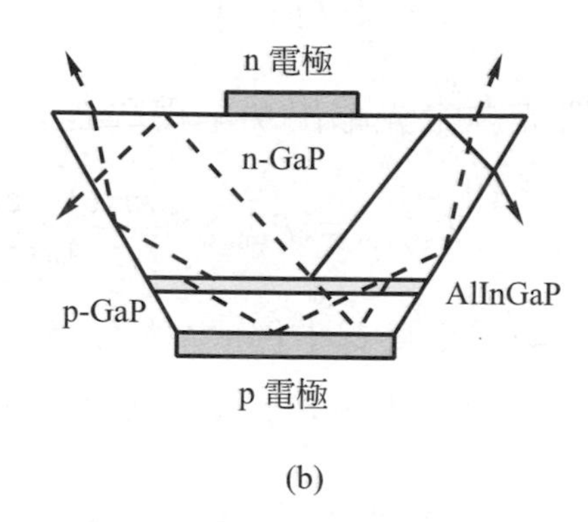

(b)

圖 7.6　TIP AlInGaP 發光二極體。[ref. 10]

3. 內部吸收

當發光二極體內部因電子和電洞複合而放射光子時，會向四面八方放射。一部分的光子會符合上述 1.和 2.的條件而進入空氣，如光線A。剩下的部分則會在半導體內部一直行進，直到被半導體材料吸收爲止，如光線B和C。

範例 7.2　試計算 GaN 與空氣之間的臨界角。($n_{\text{GaN}} = 2.5$)

解　GaN 的折射率爲 2.5

藉由(7.20)式，求出臨界角

$$\theta_c = \sin^{-1}\left(\frac{n_1}{n_2}\right) = \sin^{-1}\left(\frac{1}{2.5}\right) = 23.578°$$

7.2.3 光射出錐(light escape cone)

本節係根據上述之臨界角損失作更詳細的說明。如圖 7.7(a)所示，其爲臨界角的示意圖。入射角小於臨界角之所有入射光可以構成一個圓錐體。若發光點之光源(點光源)與射出界面之距離爲 r，藉由圖 7.7(b)，則光子射出半導體時所形成的球形體之表面積爲：

$$A = \int dA = \int_0^{\theta_c} 2\pi r\sin\theta \cdot r d\theta = 2\pi r^2(1-\cos\theta_c) \tag{7.21}$$

假設光源之光輸出功率爲P_{source}，則射出發光二極體的功率爲：

$$P_{\text{escape}} = P_{\text{source}} \frac{2\pi r^2(1-\cos\theta_c)}{4\pi r^2} \tag{7.22}$$

其中$4\pi r^2$爲具有半徑r之球形體的整個表面積。

因此，光子可以射出發光二極體的比例爲：

$$\frac{P_{\text{escape}}}{P_{\text{source}}} = \frac{1}{2}(1-\cos\theta_c) \tag{7.23}$$

對於具有高折射率之半導體材料而言，臨界角很小，所以可以將(7.23)式的餘弦項展開成冪級數，於是(7.23)式可以改寫成：

$$\frac{P_{\text{escape}}}{P_{\text{source}}} \cong \frac{1}{2}\left[1-\left(1-\frac{\theta_c^2}{2}\right)\right] = \frac{1}{4}\theta_c^2 \tag{7.24}$$

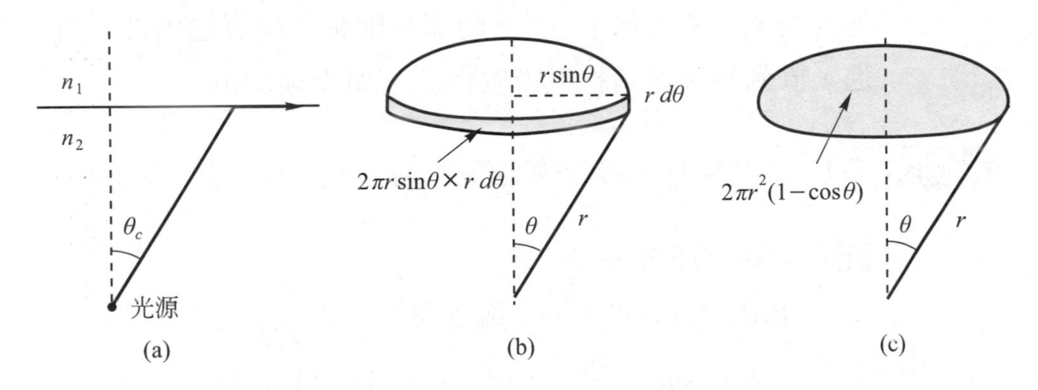

圖 7.7 (a)臨界角的示意圖，(b)圓形錐的面積元素，(c) 圓形錐。[ref. 2]

範例 7.3 試計算光子可以從 GaN 發光二極體正面射出到空氣的比例。($n_{\text{GaN}} = 2.5$)

解 藉由(7.24)式，

$$\frac{P_{\text{escape}}}{P_{\text{source}}} \cong \frac{1}{4}\theta_c^2 = \frac{1}{4} \times \left(\frac{23.6}{180} \times \pi\right)^2 = 4.24\ \%$$

7.3 電流-電壓特性的修正

二極體的電流-電壓特性方程式已在第三章中詳細推導。但是，由於高效率發光二極體的結構都堆疊很多半導體層，以增加載子的複合機率或光子射出機率，所以其電流-電壓特性通常不能用理想二極體方程式描述。本章將討論一些影響電流-電壓特性之因素。

7.3.1 電阻效應

爲了方便，將二極體方程式重寫於下：

$$I = I_s(e^{qV/nkT} - 1) \tag{7.25}$$

如上所述，發光二極體的內部往往會有不期望的串接電阻，串接電阻可能是由於金屬-半導體介面之接觸電阻，發光二極體內部的堆疊層之間的接觸電阻，或半導體材料本身的電阻所造成。如圖 7.8 所示，曲線(a)爲InGaN藍光發光二極體的典型電流-電壓特性曲線，曲線(b)爲理想的電流-電壓特性曲線。因此，將串接電阻項加入(7.25)式之中：

$$I = I_s(e^{q(V-IR_s)/nkT} - 1) \tag{7.26}$$

其中R_s爲內部串接電阻。在順向偏壓時，(7.26)式中的指數項遠大於 1。因此，(7.26)式可以改寫爲：

$$V = IR_s + \frac{nkT}{q}\ln\left(\frac{I}{I_s}\right) \tag{7.27}$$

將(7.27)式對電流I作一階微分，得：

$$\frac{dV}{dI} = R_s + \frac{nkT}{q}\frac{1}{I} \tag{7.28}$$

或是 $$I\frac{dV}{dI} = IR_s + \frac{nkT}{q} \tag{7.29}$$

於是，將IdV/dI對I作圖，其斜率爲串接電阻R_s。

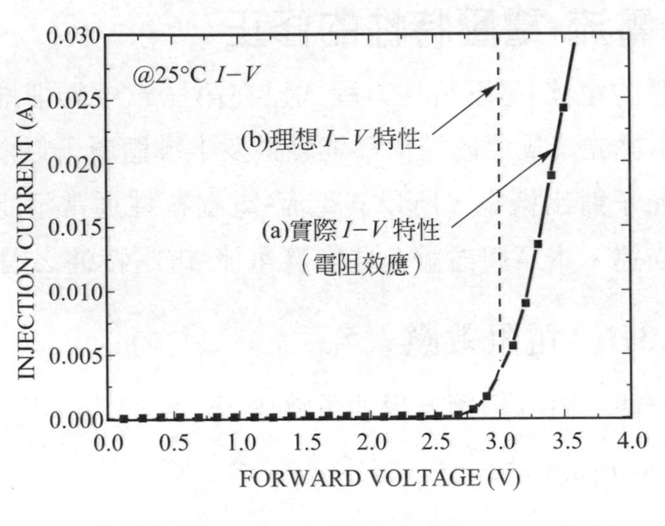

圖 7.8 串接電阻效應

7.3.2 異質接面對電特性的影響

串接電阻主要是由於金屬-半導體介面之接觸電阻，發光二極體內部的堆疊層之間的接觸電阻，或半導體材料本身的電阻所造成。其中第一項已在第四章中詳細說明，而第三項係材料特性，無法避免。本節就異質接面對電特性的影響作進一步的討論。

有兩個具有不同能隙但是分開的 n 型半導體，其能帶圖如圖 7.9 (a)所示。當兩個不同材料的n型半導體相接時，由於眞空能階是連續的，所以其能帶圖如圖 7.9(b)所示。電子若要從能隙較小的半導體傳輸到能隙較大的半導體，則電子會在介面處遇到一個障礙物(spike)，使得電子的運動受到影響。因此，常用的解決方法如圖 7.9(c)所示。在兩個半導體之間加入一個組成漸變層，以消除障礙物(spike)。例如：藉由MOCVD技術，在GaAs之上要成長AlGaAs時，會將TMAl (三甲基鋁)的流量漸漸增加，TMGa(三甲基鎵)的流量漸漸減少，然後才開始成長 AlGaAs。

到目前爲止，異質接面的型態有三種：

⑴ 圖 7.10(a)所示，兩種半導體的能隙差，分成在導電帶和價電帶的不連續差，ΔE_C和ΔE_V。此種型態稱爲分叉式(straddling)。

⑵ 圖 7.10(b)所示，小能隙半導體的導電帶低於大能隙半導體的導電帶，但是小能隙半導體的價電帶也低於大能隙半導體的價電帶。此種型態稱爲交錯式(staggered)。

⑶ 圖 7.10(c)所示，小能隙半導體的導電帶和價電帶都低於大能隙半導體的價電帶。此種型態稱爲能隙不連續式(broken gap)。

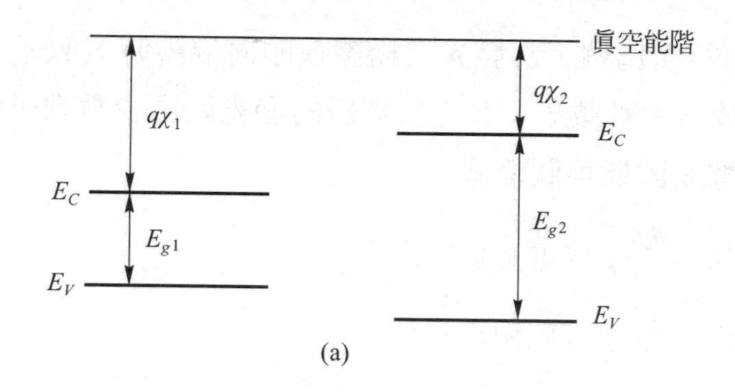

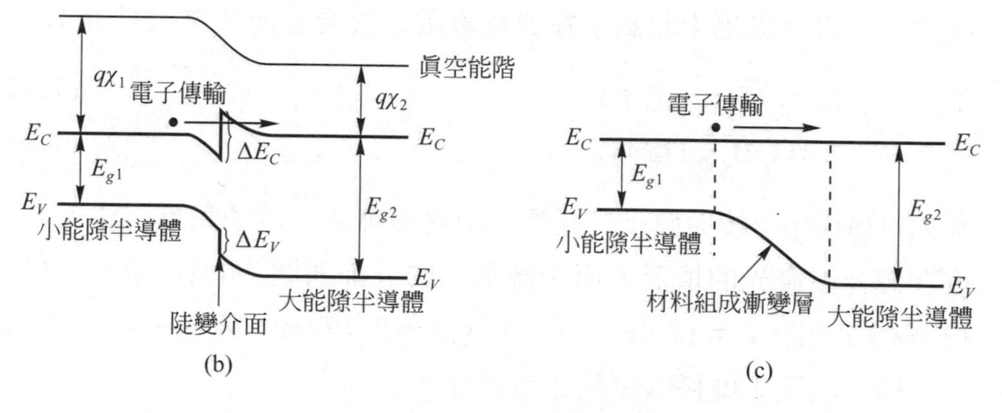

圖 7.9　兩個 n 型半導體的異質接面

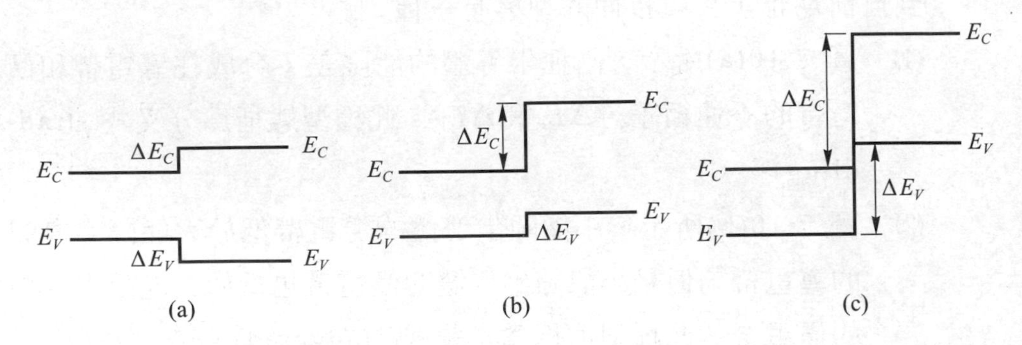

圖 7.10　幾種不同型式的異質接面

7.3.3　載子的侷限與分佈

以p-n接面爲例，當發光二極體在順向偏壓時，載子會擴散進入相對側而成爲少數載子。發光二極體的發光區由少數載子的擴散長度決定。根據愛因斯坦關係式：

$$D_n = \frac{kT}{q}\mu_n \text{ (電子)} \tag{7.30}$$

$$D_p = \frac{kT}{q}\mu_p \text{ (電洞)} \tag{7.31}$$

因此，可以計算出少數載子在與多數載子複合之前的擴散長度：

$$L_n = \sqrt{D_n \tau_n} \text{ (電子)} \tag{7.32}$$

$$L_p = \sqrt{D_p \tau_p} \text{ (電洞)} \tag{7.33}$$

圖 7.11(a)爲p-n接面發光二極體在順向偏壓時，電子和電洞注入，然後在發光區發光的情形。而少數載子的分佈如圖 7.11(b)所示。以 p 型 GaN 爲例，$L_n = (7.8\text{cm}^2/\text{s} \times 10^{-8}\text{s})^{1/2} \approx 2.79\mu\text{m}$。因此，p-n 接面發光二極體的發光區係兩側的擴散長度。

但是，現在的高亮度發光二極體結構，因爲載子的侷限效果不佳，所以都不是採用圖 7.11(a)所示之同質接面(homojunction)或稱爲同質結構(homostructure)，而是採用雙異質結構(double heterostructure, DH 結構)，如圖 7.2(b)所示。或是，採用多重量子井結構(multiple-quantum-wells structure, MQW 結構)，係將 DH 結構中的活性層從單一層改爲MQW結構。圖 7.12 爲侷限在活性層中之載子的分佈情形。

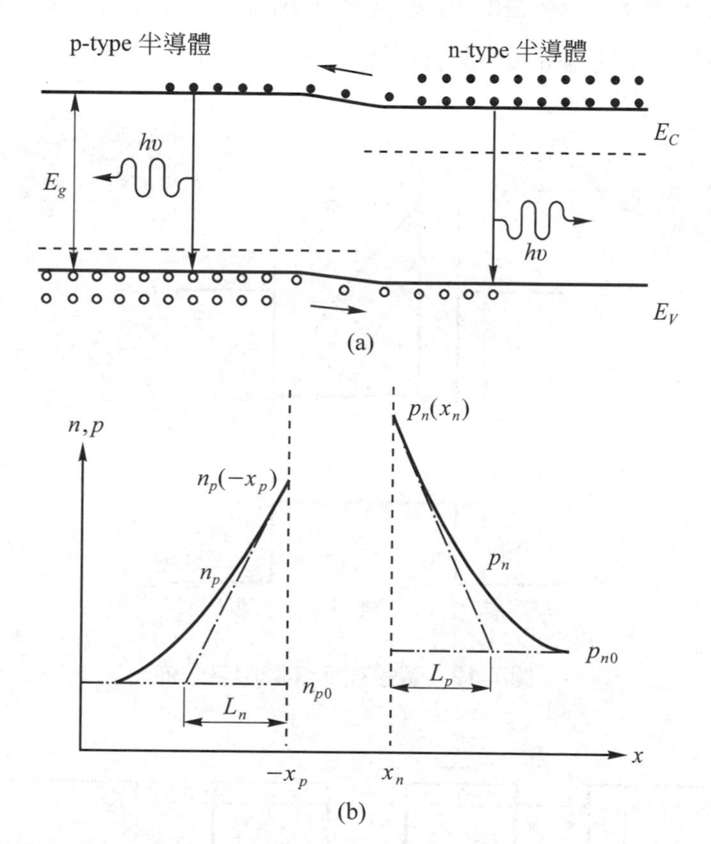

圖 7.11 p-n 接面發光二極體在順向偏壓時，(a)電子和電洞注入，然後在發光區發光的情形；(b)少數載子的分佈情形

理想狀況下，載子係被侷限在活性層中，用以複合發光。但是，如果侷限層和活性層之間的位能差太小，則載子會從活性層(或量子井)逃逸。因此，侷限層和活性層之間的位障能差應遠大於熱能，即 kT。參考圖 7.12，能量高於位障能差，會從活性層(或量子井)逃逸電

子濃度爲：

$$n_{\text{excape}} = \int_{\Delta E_c}^{\infty} N(E)F(E)dE \tag{7.34}$$

另一方面，當注入電流太大時，會造成載子的溢流現象，即使再增加注入電流，發光二極體的亮度也不會增加。也就是亮度發生飽和。MQW結構可以使溢流的載子再流入下一個井中，而改善亮度飽和現象，如圖 7.13 所示。

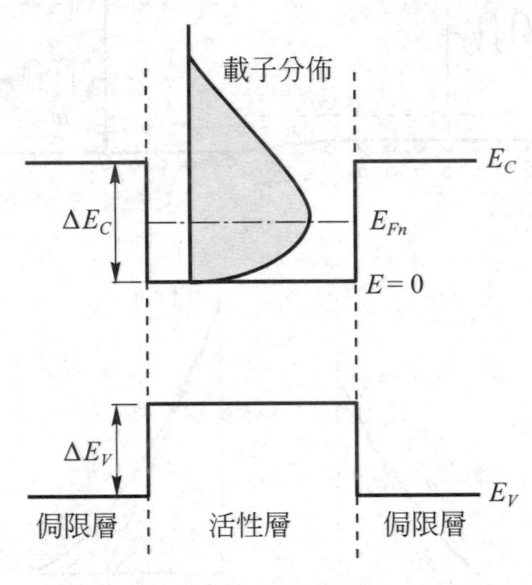

圖 7.12　載子在活性層中之分佈

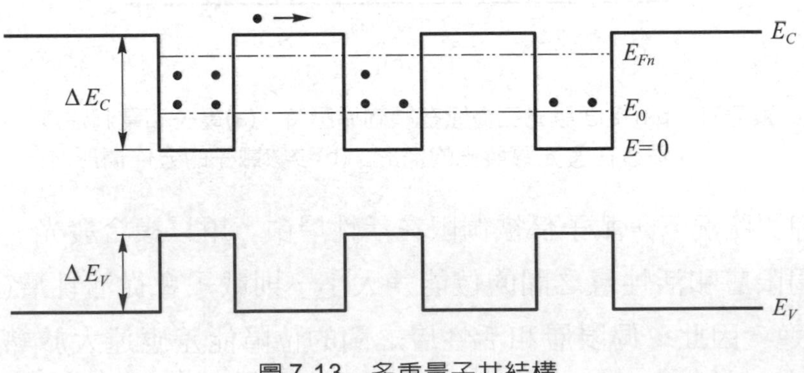

圖 7.13　多重量子井結構

7.4 電流擴散理論

發光二極體係將電能轉變成光能的半導體元件。因此，需要電流的注入，尤其是使注入電流很均勻的擴散在整個發光二極體。

7.4.1 矩形電極

Thompson 在 1980 年提出一種線性帶形幾何之電流擴散理論，如圖 7.14(a)所示。因其左右對稱，故只考慮右側。首先，假設金屬的電阻為零，即在金屬區有固定電壓和電流密度J_0。因此，從金屬接點離開之電流密度可以表示為：

$$J(x)=\frac{2J_0}{[(x-r_c)/L_s+\sqrt{2}]^2} \tag{7.35}$$

其中L_s為電流擴散長度，藉由下式可以得到：

$$L_s=\sqrt{\frac{tnkT}{\rho J_0 q}} \tag{7.36}$$

其中t為電流擴散層的厚度，ρ為電流擴散層的電阻率，n為二極體理想因子。

假設在擴散邊緣($x=r_c+L_s$)的電流等於金屬區電流的e^{-1}。因此，在擴散邊緣的電壓降為nkT/q。寬度為dy之電流擴散層的橫向電阻為：

$$R=\rho\frac{L_s}{tdy} \tag{7.37}$$

電流擴散層之縱向電流為：

$$I=J_0 L_s dy \tag{7.38}$$

藉由歐姆定律，得：

$$\rho\frac{L_s}{tdy}J_0 L_s dy=\frac{nkT}{q} \tag{7.39}$$

所以，可以解出電流擴散層的厚度t：

$$t = \rho L_s^2 J_0 \frac{q}{nkT} \tag{7.40}$$

藉由(7.40)式，可以計算出電流擴散層需要的厚度。

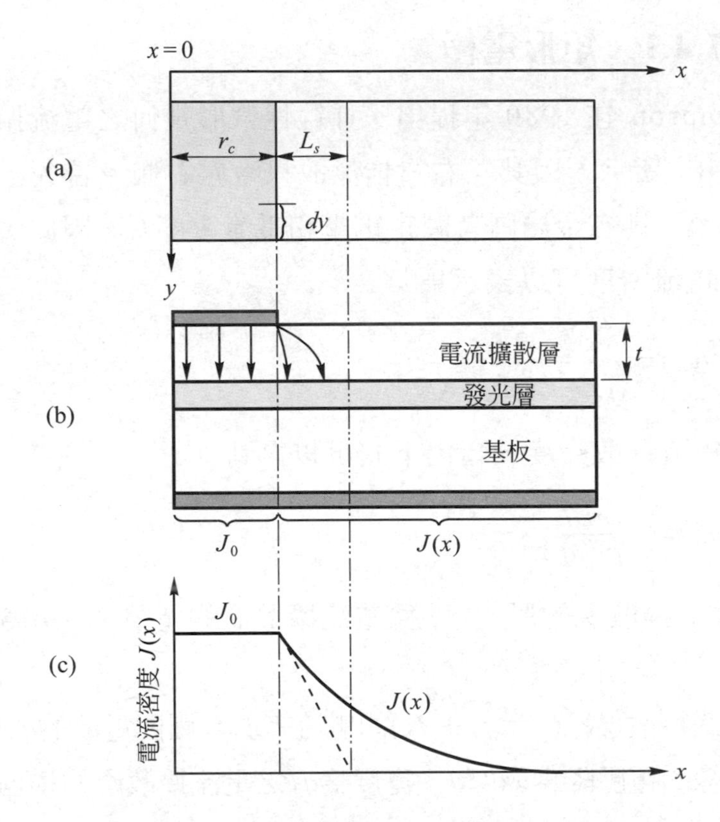

圖 7.14　線性帶形幾何之電流擴散。[ref. 7]

7.4.2　圓形電極

有時發光二極體的電極是作成圓形的，因此本節要藉由Thompson和7.4.1節的結果，推導圓形電極的理論。

如圖 7.15 圖所示，電流擴散層的橫向電阻為：

$$R = \int_{r_c}^{r_c + L_s} \rho \frac{1}{A} dr = \int_{r_c}^{r_c + L_s} \frac{\rho}{t \cdot 2\pi r} dr = \frac{\rho}{2\pi t} \ln\left(1 + \frac{L_s}{r_c}\right) \tag{7.41}$$

電流擴散層之縱向電流爲：

$$I = J_0[\pi(L_s + r_c)^2 - \pi r_c^2] = J_0 \pi L_s(L_s + 2r_c) \tag{7.42}$$

藉由歐姆定律，得：

$$\frac{\rho}{2\pi t}\ln\left(1+\frac{L_s}{r_c}\right)J_0\pi L_s(L_s+2r_c)=\frac{nkT}{q} \tag{7.43}$$

所以，可以解出電流擴散層的厚度t：

$$t=\rho L_s\left(r_c+\frac{L_s}{2}\right)\ln\left(1+\frac{L_s}{r_c}\right)\left(J_0\frac{q}{nkT}\right) \tag{7.44}$$

注意，當$r_c\to\infty$時，(7.44)式會等於(7.40)式。

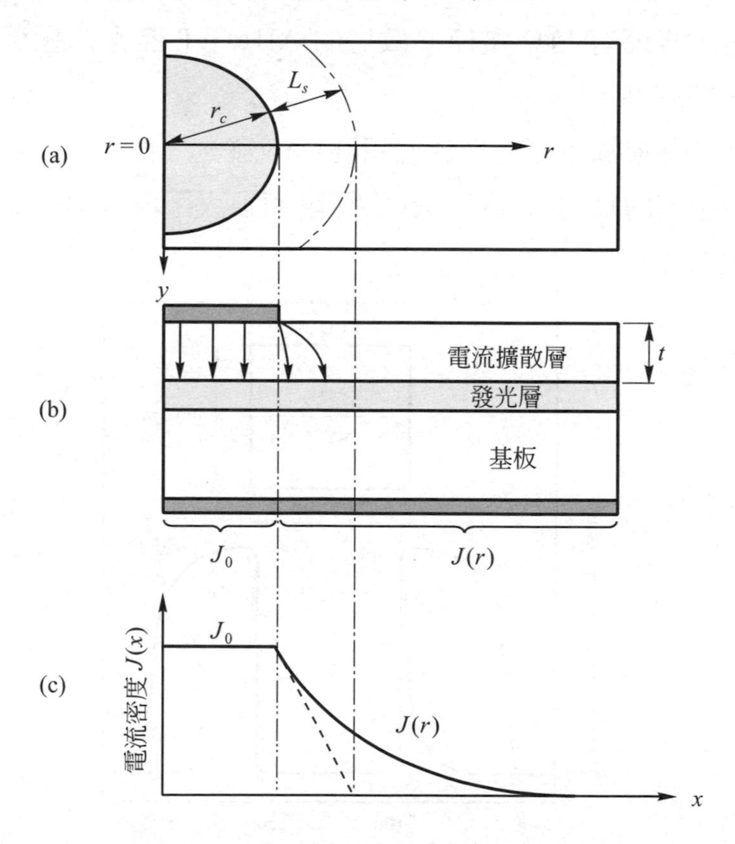

圖 7.15　圓形幾何之電流擴散。[ref. 2]

7.4.3 電流擴散層對亮度的影響

1991年，Hewlett-Packard的Fletcher等人[ref. 8]在AlInGaP發光二極體最上層成長一層厚度大於15μm的GaP，用以擴散電流。因爲GaP的能隙大於AlInGaP發光二極體所發射的光子能量，所以GaP層稱爲窗層(window layer)。

1994年，清華大學吳孟奇教授的研究團隊[ref. 9]將AlInGaP發光二極體的表面，鍍上一層厚度約爲600Å之透明導電氧化物-氧化銦錫(indium tin oxide, ITO)，用以擴散電流，結果如圖7.16所示。表面沒有ITO電流擴散層的AlInGaP發光二極體，只有在電極四周有亮。但是，表面有ITO電流擴散層的AlInGaP發光二極體，則幾乎整個表面都有亮。

現在，電流擴散層已廣泛使用在GaN發光二極體上。因爲p-GaN的電洞移動率約爲10 cm^2/V-sec，電阻值很大，所以需要電流擴散層幫助擴散電流。

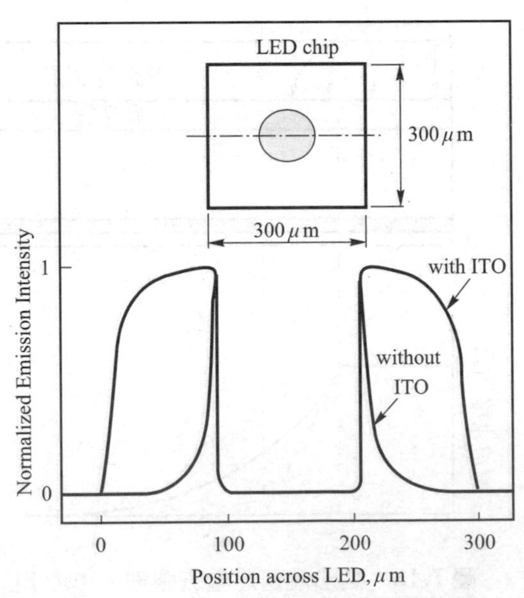

圖7.16 ITO電流擴散層對亮度的影響

参考文獻

[1] H. C. Casey, Jr., M. B. Panish, Heterostructure Lasers, Academic, New York,1978.

[2] E. Fred Schubert, Light-Emitting Diodes, Cambridge University Press, 2003.

[3] M. Sze, Semiconductor Device Physics and Technology, 2nd edition, John Wiley and Sons, 1981.

[4] Ben G. Streetman, Solid State Electronic Devices, 3rd, Prentice-Hall, Inc (1990).

[5] N. D. Neamen, Semiconductor Physics and Devices: Basic Principles, 3rd edition,McGraw-Hill, 2003.

[6] P. Bhattacharya, Semiconductor Optoelectronic Devices, 2nd edition, Prentice Hall, Inc (2002).

[7] G. H. B. Thompson, Physics of Semiconductor Laser Devices, John Wiley and Sons, New York, 1980.

[8] R. M. Fletcher, C. P. Kuo, T. D. Osentowski, K. H. Huang, M. G. Craford, J.Electronic Materials 20, 1125 (1991).

[9] J. F. Lin, M. C. Wu, M. J. Jou, C. M. Chang, B. J. Lee, Y. T. Tsai, Electronic Lett.30, 1793 (1994).

[10] M. R. Krames, M. Ochiai-Holcomb, G. E. Hofler, C. Carter-Coman, E. I. Chen,I.-H. Tan, P. Grillot, N. F. Gardner, H. C. Chui, J.-W. Huang, S. A. Stockman, F. A. Kish, M. G. Craford T. S. Tan, C. P. Kocot, and M. Hueschen J. Posselt, B. Loh, G. Sasser, D. Collins, Appl. Phys. Lett. 75, 2365 (1999).

Light Emitting Diode

CHAPTER 8

發光二極體之結構與應用

本章將介紹各種不同的發光二極體及其應用，如通訊和光源，此外，以圖解說明各種發光二極體的結構。

8.1 可見光發光二極體

目前常見之可見光發光二極體大約可歸納爲：(1)GaP/GaAsP系發光二極體；(2)AlGaAs系發光二極體；(3)AlInGaP系發光二極體；和(4)GaN系發光二極體。下面將詳細介紹這幾種發光二極體。

8.1.1 GaP/GaAsP系發光二極體

此系列之發光二極體有三種：GaP 680nm紅光發光二極體，GaP 570nm黃綠光發光二極體和GaAsP系發光二極體。

(A) 680nm 紅光發光二極體

其製作步驟爲：

⑴ 以液相磊晶(LPE)技術在GaP基板上，成長碲(Te)摻雜的n-GaP磊晶層。

⑵ 以液相磊晶(LPE)技術在碲(Te)摻雜的n-GaP磊晶層上，成長(Zn,O)摻雜的p-GaP磊晶層。

⑶ 利用研磨技術，將整片晶圓磨薄到剩下約220～250μm的厚度。

⑷ p-GaP磊晶層上，以電子槍蒸鍍技術或熱阻式蒸鍍技術蒸著AuBe或AuZn，然後，以微影製程製作出p電極圖案之後，在約450℃的爐管中合金約10分鐘，形成p歐姆接觸電極。

⑸ 在晶圓背面的基板上(即n-GaP基板)，以電子槍蒸鍍技術或熱阻式蒸鍍技術蒸著AuGeNi，然後，以微影製程製作出n電極圖案之後，在約380℃的爐管中合金約10分鐘，形成n歐姆接觸電極。

(6) 最後，以切割製程形成晶粒(chips)。

圖 8.1 爲其横截面圖。

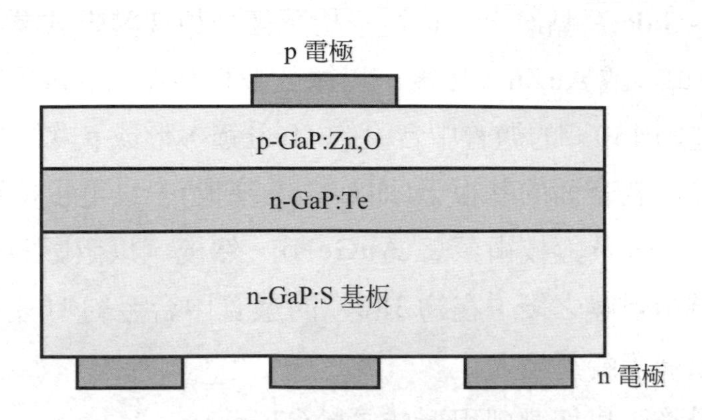

圖 8.1　GaP 紅光發光二極體的横截面圖

而其光電特性如下表所示：

參數	符號	條件	最小值	典型值	最大值	單位
順向電壓	V_f	I_f= 20mA	1.8	2.15	2.6	V
反向電流	I_r	V_f= 5V	---	---	10	μA
發光亮度	I_v	I_f= 20mA	---	550	---	mcd
主波長	λ_d	I_f= 20mA	---	680	---	nm

(B) 570nm 黃綠光發光二極體

其製作步驟爲：

(1) 以液相磊晶(LPE)技術在 GaP 基板上，成長(S,N)摻雜的 n-GaP 磊晶層。

(2) 以液相磊晶(LPE)技術在(S,N)摻雜的n-GaP磊晶層上，成長(Zn,N)摻雜的 p-GaP 磊晶層。

(3) 利用研磨技術，將整片晶圓磨薄到剩下約220～250μm的厚度。

(4) p-GaP 磊晶層上，以電子槍蒸鍍技術或熱阻式蒸鍍技術蒸著AuBe或AuZn，然後，以微影製程製作出p電極圖案之後，在約450℃的爐管中合金約10分鐘，形成p歐姆接觸電極。

(5) 在晶圓背面的基板上(即n-GaP基板)，以電子槍蒸鍍技術或熱阻式蒸鍍技術蒸著 AuGeNi，然後，以微影製程製作出n電極圖案之後，在約380℃的爐管中合金約10分鐘，形成n歐姆接觸電極。

(6) 最後，以切割製程形成晶粒(chips)。

圖8.2爲其橫截面圖。

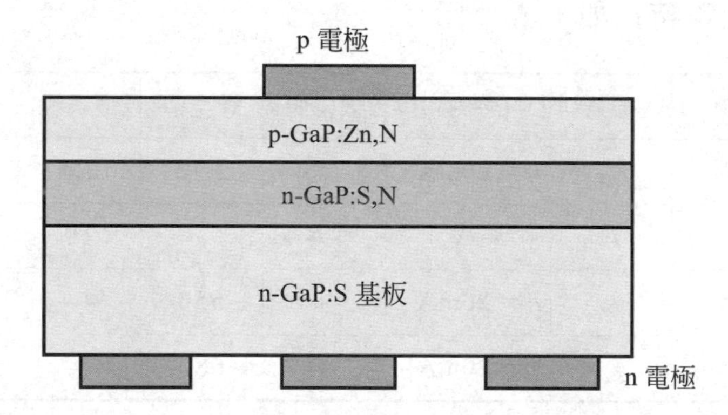

圖 8.2　GaP 黃綠光發光二極體的橫截面圖

而其光電特性如下表所示：

參數	符號	條件	最小值	典型值	最大值	單位
順向電壓	V_f	I_f= 20mA	1.8	2.15	2.6	V
反向電流	I_r	V_f= 5V	---	---	10	μA
發光亮度	I_v	I_f= 20mA	---	14000	---	mcd
主波長	λ_d	I_f= 20mA	---	570	---	nm

(C) GaAsP 系發光二極體

此系列之發光二極體包含：585nm 黃光、630nm 橘光和650nm 紅光發光二極體。其主要係以氣相磊晶技術(Vapor Phase Epitaxy, VPE)和Zn擴散製程製作。除了發光區之材料組成稍有不同之外，製作方法非常類似。

以585nm 黃光發光二極體之製作步驟為例：

(1) 在GaP基板上，以VPE技術成長厚約30μm之$GaAs_{1-x}P_x$組成漸變層，其中x從1漸變到0.85。

(2) 在$GaAs_{1-x}P_x$組成漸變層上，以VPE技術成長厚約40μm之(S，N)摻雜n-$GaAs_{0.15}P_{0.85}$磊晶層。

(3) 將成長好的GaAsP磊晶片之整片磊晶片和少許的擴散源Zn_3As_2一起放入半密封的石英管中，然後抽眞空到1×10^{-6}Torr。

(4) 利用氫氧燄將石英管的另一端密封，並將已完全密封之石英管置入約500～600℃的高溫爐中，執行擴散製程約10小時。

(5) 降溫，取出石英管，並且小心切開，就可以得到Zn擴散p-GaAsP磊晶層。

(6) 利用研磨技術，將整片晶圓磨薄到剩下約220～250μm的厚度。

(7) p-GaAsP磊晶層上，以電子槍蒸鍍技術或熱阻式蒸鍍技術蒸著AuBe或AuZn，然後，以微影製程製作出p電極圖案之後，在約450℃的爐管中合金約10分鐘，形成p歐姆接觸電極。

(8) 在晶圓背面的基板上(即n-GaP基板)，以電子槍蒸鍍技術或熱阻式蒸鍍技術蒸著AuGeNi，然後，以微影製程製作出n電極圖案之後，在約380℃的爐管中合金約10分鐘，形成n歐姆接觸電極。

⑼ 最後，以切割製程形成晶粒(chips)。

圖 8.3 爲其橫截面圖。

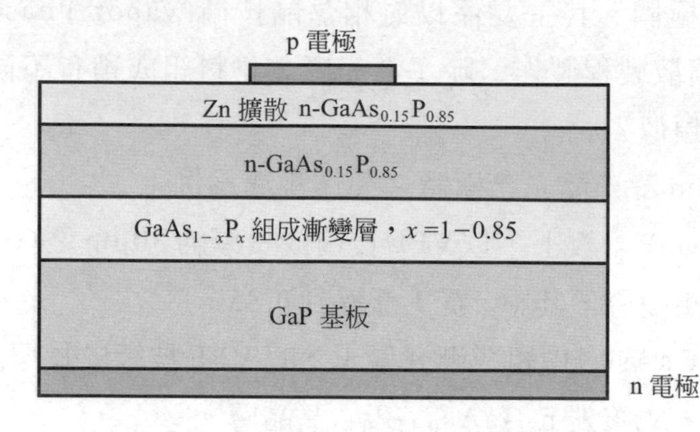

圖 8.3 GaAsP 黃光發光二極體的橫截面圖。

其光電特性如下表所示：

參數	符號	條件	最小值	典型值	最大值	單位
順向電壓	V_f	$I_f=$ 20mA	1.9	2.1	2.4	V
反向電流	I_r	$V_f=$ 5V	---	---	10	μA
發光亮度	I_v	$I_f=$ 20mA	---	15	---	mcd
主波長	λ_d	$I_f=$ 20mA	---	*	---	nm

(D) 等電子陷阱(isoelectronic trap)理論

本節之發光二極體所使用的 GaP 和 $GaAs_{1-x}P_x$ ($x>0.45$)半導體材料都是間接半導體，其發生輻射轉換的機率非常小。而發光的關鍵在於其所引入的雜質。GaP紅光發光二極體摻的是(Zn,O)，GaP黃綠光發光二極體和GaAsP系發光二極體摻的是氮(N)原子，此二者稱爲等電子中心或等電子陷阱。以 $GaAs_{1-x}P_x$爲例，當氮(N)原子被引入時，其會取代磷(P)原子的位置，並在能隙中形成一個雜質能階，如

圖 8.4(a)所示。氮(N)原子的雜質能階可以捕捉電子，如圖 8.4(b)所示。因爲氮(N)原子的陰電性比較強，所以被捕捉電子的運動空間較狹小。根據海森堡測不準原理(Heisenberg uncertainty principle)：

$$\Delta x \cdot \Delta p > \hbar \tag{8.1}$$

所以其動量值較大，如圖 8.4(c)所示。因此，部分的電子會和電洞具有相同的動量，與其複合而發光，如圖 8.4(d)所示。

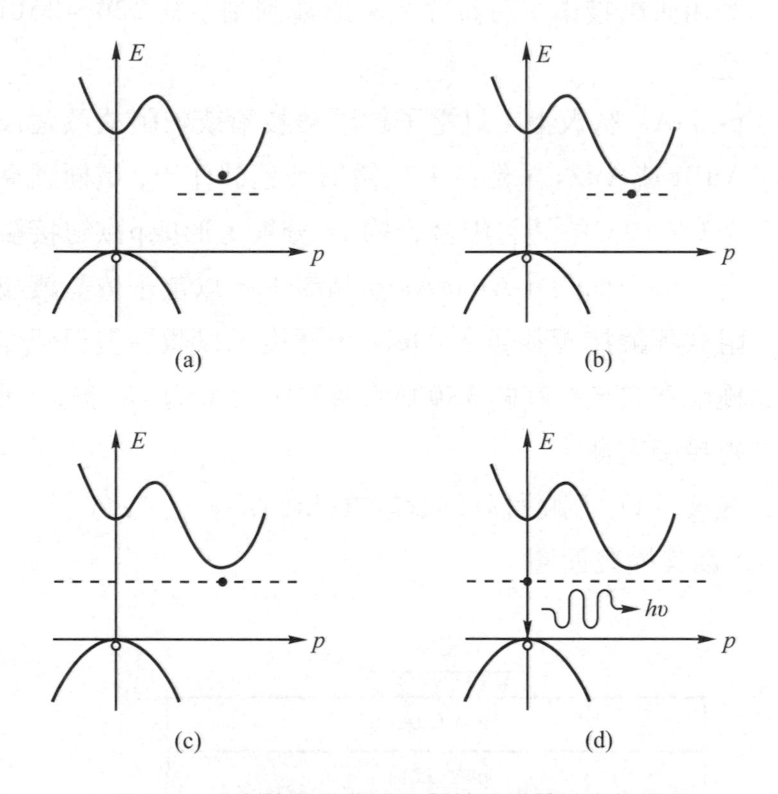

圖 8.4　具有等電子陷阱之間接半導體發光的過程

8.1.2　AlGaAs 系發光二極體

此系列之發光二極體發光波長爲 660nm 紅光，但是依結構可分爲三種：單異質結構(single heterostructure, SH)，雙異質結構(double heterostructure, DH)，雙行雙異質結構(double line-double heterostructure, DDH)。其主要係以液相磊晶技術(Liquid-Phase Epitaxy, LPE)成長。

(A) 單異質結構 AlGaAs 紅光發光二極體

其製作步驟爲：

⑴ 在 p-GaAs 基板上，成長 Zn 摻雜 p-AlGaAs 磊晶層。

⑵ 在 p-AlGaAs 磊晶層上，成長 Te 摻雜 n-AlGaAs 磊晶層。

⑶ 利用研磨技術，將整片晶圓磨薄到剩下約 220～250μm的厚度。

⑷ p-GaAs 基板上，以電子槍蒸鍍技術或熱阻式蒸鍍技術蒸著 AuBe或AuZn，然後，以微影製程製作出p電極圖案之後，在約 450℃的爐管中合金約 10 分鐘，形成p歐姆接觸電極。

⑸ 在晶圓正面的 n-AlGaAs 磊晶層上，以電子槍蒸鍍技術或熱阻式蒸鍍技術蒸著 AuGeNi，然後，以微影製程製作出 n 電極圖案之後，在約 380℃的爐管中合金約 10 分鐘，形成n歐姆接觸電極。

⑹ 最後，以切割製程形成晶粒(chips)。

圖 8.5 爲其橫截面圖。

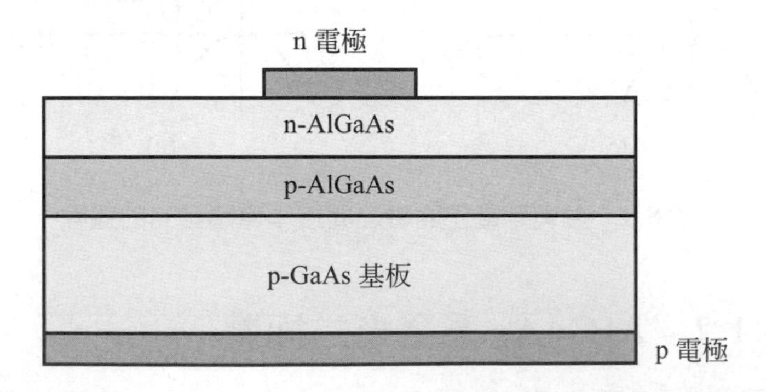

圖 8.5　SH 結構 AlGaAs 發光二極體的橫截面圖

其光電特性如下表所示：

參數	符號	條件	最小值	典型值	最大值	單位
順向電壓	V_f	I_f= 20mA	---	1.82	2.0	V
反向電流	I_r	V_f= 5V	---	---	10	μA
發光亮度	I_v	I_f= 20mA	---	20	---	mcd
主波長	λ_d	I_f= 20mA	---	660	---	nm

(B) 雙異質結構 AlGaAs 紅光發光二極體

其製作步驟為：

(1) 在 p-GaAs 基板上，成長 Zn 摻雜 p-AlGaAs 磊晶層，當作 p 侷限層(confinement layer)。

(2) 在p-AlGaAs磊晶層上，成長AlGaAs活性層(active layer)。

(3) 在 AlGaAs 活性層上，成長 Te 摻雜 n-AlGaAs 磊晶層，當作 n 侷限層。

(4) 利用研磨技術，將整片晶圓磨薄到剩下約 220～250μm的厚度。

(5) p-GaAs 基板上，以電子槍蒸鍍技術或熱阻式蒸鍍技術蒸著 AuBe或AuZn，然後，以微影製程製作出p電極圖案之後，在約 450℃的爐管中合金約 10 分鐘，形成p歐姆接觸電極。

(6) 在晶圓正面的 n-AlGaAs 磊晶層上，以電子槍蒸鍍技術或熱阻式蒸鍍技術蒸著 AuGeNi，然後，以微影製程製作出 n 電極圖案之後，在約 380℃的爐管中合金約 10 分鐘，形成n歐姆接觸電極。

(7) 最後，以切割製程形成晶粒(chips)。

圖 8.6 為其橫截面圖。

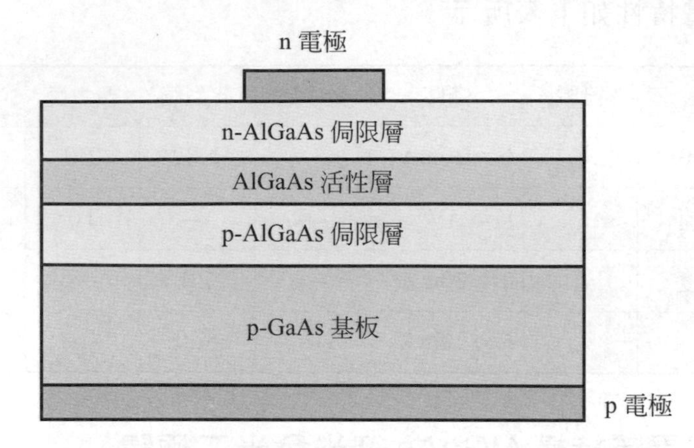

圖 8.6 DH 結構 AlGaAs 發光二極體的橫截面圖

其光電特性如下表所示：

參數	符號	條件	最小值	典型值	最大值	單位
順向電壓	V_f	I_f＝20mA	---	1.82	2.0	V
反向電流	I_r	V_f＝5V	---	---	10	μA
發光亮度	I_v	I_f＝20mA	---	50	---	mcd
主波長	λ_d	I_f＝20mA	---	660	---	nm

注意：其亮度優於 SH 結構的 AlGaAs 發光二極體。

(C) 雙行雙異質結構 AlGaAs 發光二極體

其製作步驟爲：

(1) 在 n-GaAs 基板上，成長 Te 摻雜 n-AlAs 磊晶層，當作蝕刻分離層。

(2) 在 n-AlAs 磊晶層上，成長 Te 摻雜 n-AlGaAs 磊晶層，當作 n 侷限層。

(3) 在 n-AlGaAs 磊晶層上，成長 AlGaAs 活性層。

(4) 在 AlGaAs 活性層上，成長很厚的 Zn 摻雜 p-AlGaAs 磊晶層，當作p侷限層。

(5) 利用濕式蝕刻技術，將正面已用蠟保護之晶圓浸泡在HF(氫氟酸)當中，利用 HF 對 n-AlAs 有較快的蝕刻率蝕刻掉 n-AlAs，使 n-GaAs 基板和 AlGaAs 磊晶層分離，如圖 8.7 圖所示。

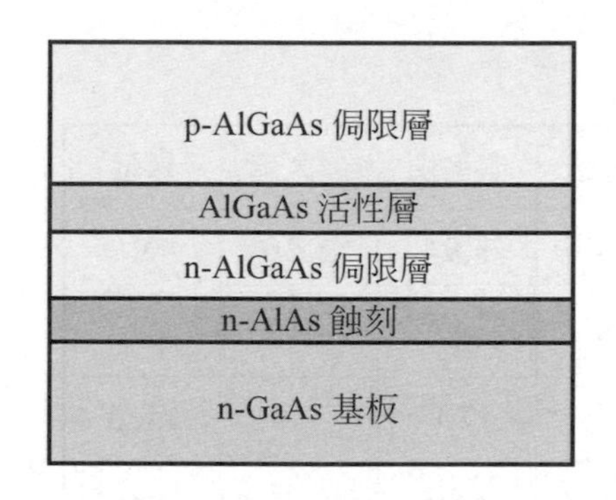

(a) 磊晶成長

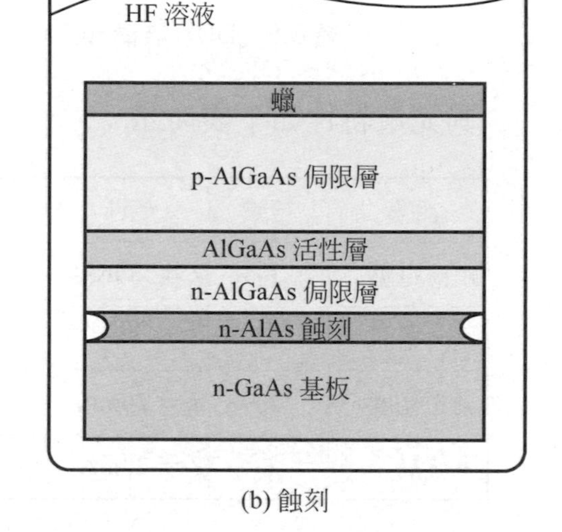

(b) 蝕刻

圖 8.7 DDH 結構 AlGaAs 發光二極體的臨時性基板分離過程

(6) p-AlGaAs 基板上，以電子槍蒸鍍技術或熱阻式蒸鍍技術蒸著 AuBe 或 AuZn，然後，在約 450℃的爐管中合金約 10 分鐘，形成p歐姆接觸電極。

(7) 在晶圓正面的n-AlGaAs 磊晶層上，以電子槍蒸鍍技術或熱阻式蒸鍍技術蒸著 AuGeNi，然後，以微影製程製作出 n 電極圖案之後，在約 380℃的爐管中合金約 10 分鐘，形成n歐姆接觸電極。

(8) 最後，以切割製程形成晶粒(chips)。

圖 8.8 爲其橫截面圖。

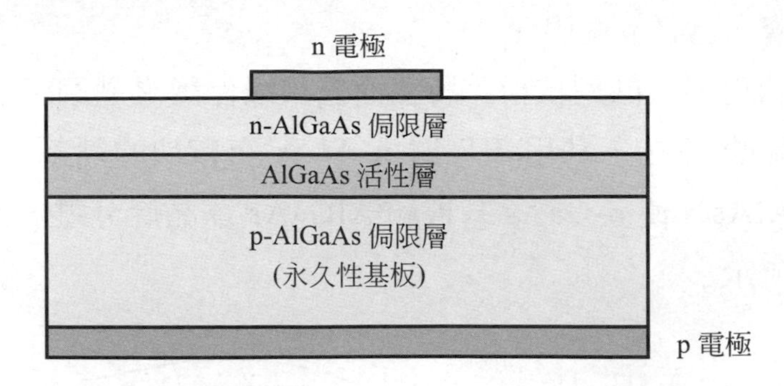

圖 8.8　DDH 結構 AlGaAs 發光二極體的橫截面圖

其光電特性如下表所示：

參數	符號	條件	最小值	典型值	最大值	單位
順向電壓	V_f	I_f= 20mA	---	1.94	2.30	V
反向電流	I_r	V_f= 5V	---	---	10	μA
發光亮度	I_v	I_f= 20mA	---	70	---	mcd
主波長	λ_d	I_f= 20mA	---	660	---	nm

注意：其亮度優於 SH 和 DH 結構的 AlGaAs 發光二極體。

8.1.3　AlInGaP 系發光二極體

此系列之發光二極體包含：560nm綠光、590nm琥珀光和625nm橘紅光發光二極體。其係以有機金屬氣相沉積技術(Metal-Organic Chemical Vapor Deposition, MOCVD)成長。

其製作步驟爲：

(1) 在 n-GaAs 基板上，成長 Si 摻雜 AlGaAs/GaAs 布拉格反射鏡(Distributed Brag Reflector, DBR)。

(2) 在 Si 摻雜 AlGaAs/GaAs 布拉格反射鏡上，成長 Si 摻雜 n-AlInGaP 磊晶層。

(3) 在Si摻雜AlInGaP磊晶層上，成長約45對AlInGaP/InGaP多重量子井 (Multiple - Quantum Well, MQW)結構當作活性層。

(4) 在AlInGaP/InGaP多重量子井 (Multiple - Quantum Well, MQW)結構上，成長Mg摻雜p-AlInGaP磊晶層。

(5) 在 Mg 摻雜 AlInGaP 磊晶層上，成長 Mg 重摻雜 p^+-GaP 窗層(window layer) (電洞載子濃度約 $1\times10^{19}cm^{-3}$)。

(6) 利用研磨技術，將整片晶圓磨薄到剩下約220～250μm的厚度。

(7) p^+-GaP 窗層上，以電子槍蒸鍍技術或熱阻式蒸鍍技術蒸著AuBe或AuZn，然後，以微影製程製作出p電極圖案之後，在約450℃的爐管中合金約10分鐘，形成p歐姆接觸電極。

(8) 在晶圓背面的基板上(即 n-GaAs 基板)，以電子槍蒸鍍技術或熱阻式蒸鍍技術蒸著 AuGeNi，然後，以微影製程製作出n電極圖案之後，在約380℃的爐管中合金約10分鐘，形成n歐姆接觸電極。

(9) 最後，以切割製程形成晶粒(chips)。

圖 8.9 為其橫截面圖。

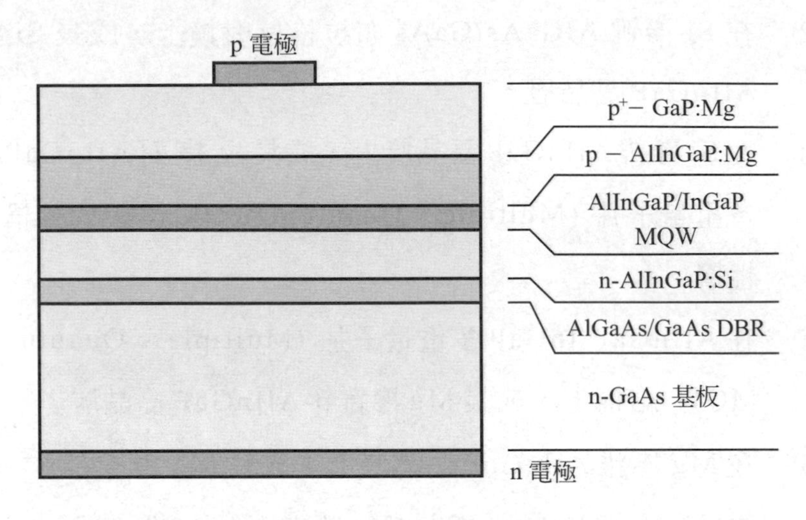

圖 8.9 AlInGaP 發光二極體的橫截面圖

而其光電特性如下表所示：

參數	符號	條件	最小值	典型值	最大值	單位
順向電壓	V_f	I_f = 20mA	1.8	1.9	2.2	V
反向電流	I_r	V_f = 5V	---	---	10	μA
發光亮度	I_v	I_f = 20mA	---	#	---	mcd
主波長	λ_d	I_f = 20mA	---	*	---	nm

#：不同顏色的發光二極體，具有不同典型值的亮度。

*：改變活性層中$(Al_xIn_{1-x})_{0.5}Ga_{0.5}P$的$x$值，就可以改變發光二極體的發光波長，當$x$值愈大時發光波長愈短，其中$0 \leq x \leq 1$，而且當$x$值$\geq 0.65$時，$(Al_xIn_{1-x})_{0.5}Ga_{0.5}P$就會變成間接半導體。

8.1.4 GaN 系發光二極體

此系列之發光二極體包含：400nm 紫光、470nm 藍光和 525nm 綠光發光二極體。其主要係以有機金屬氣相沉積技術(Metal-Organic Chemical Vapor Deposition, MOCVD)成長。

其製作步驟爲：

(1) 在 Al2O3 藍寶石基板上，成長厚約 30nm 的 GaN 成核層(nucleation layer)。

(2) 在 GaN 成核層上，成長 Si 摻雜 n-GaN 磊晶層。

(3) 在 Si 摻雜 GaN 磊晶層上，成長約 5 對 InGaN/GaN 多重量子井(Multiple-Quantum Well, MQW)結構當作活性層。

(4) 在InGaN/GaN多重量子井(Multiple-Quantum Well, MQW)結構上，成長 Mg 摻雜 p-GaN 磊晶層。

(5) 利用微影製程和 ICP-RIE 乾式蝕刻技術，蝕刻出一個從 p-GaN 磊晶層穿過 InGaN/GaN 多重量子井，然後到達 n-GaN 磊晶層之 n 電極形成區。

(6) p-GaN磊晶層上，以電子槍蒸鍍技術或熱阻式蒸鍍技術蒸著Ni/Au雙金屬層，然後，以微影製程製作出p電極圖案之後，在約 550℃的爐管中合金約 10 分鐘，形成p歐姆接觸電極。此時，因爲 Ni/Au 雙金屬層的厚度約只有 100Å，對可見光的透光率約爲 70 %，所以該層又稱爲透明導電層(Transparent Conductive Layer, TCL)，現在大多已改用氧化銦錫(ITO)或其他透明導電氧化物，因其透光率＞90 %，可以增加亮度。

(7) 在 n 電極形成區上(即 n-GaN 磊晶層)和 p 歐姆接觸電極上，以電子槍蒸鍍技術連續蒸著 Ti/Al/Ti/Au，然後，以微影製程製作出 n 電極圖案之後，在約 300℃的爐管中合金約 5 分鐘，形成 n 歐姆接觸電極和焊接墊。

(8)利用研磨技術，將整片晶圓磨薄到剩下約 85～90μm的厚度。

(9) 最後，以切割製程形成晶粒(chips)。

圖 8.10 爲其橫截面圖。

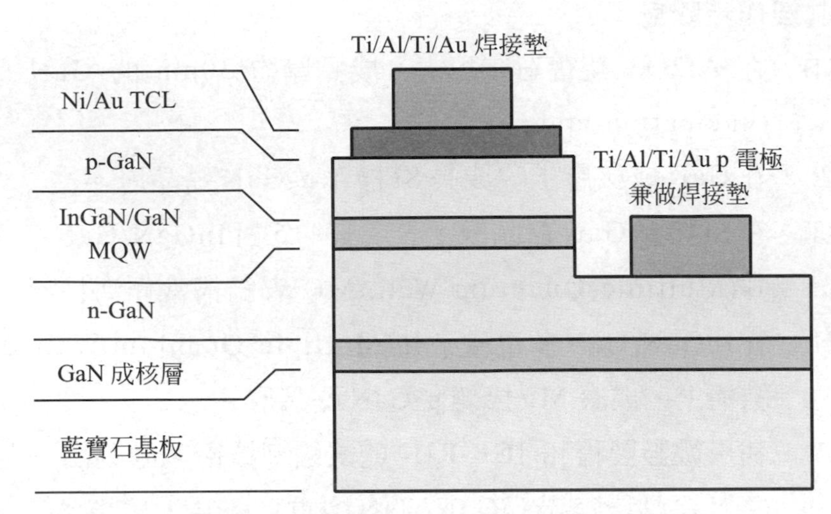

圖 8.10 GaN 發光二極體的橫截面圖

而其光電特性如下表所示：

參數	符號	條件	最小值	典型值	最大值	單位
順向電壓	V_f	I_f= 20mA	2.8	3.2	3.6	V
反向電流	I_r	V_f= 5V	---	---	10	μA
發光亮度	I_v	I_f= 20mA	---	#	---	mcd
主波長	λ_d	I_f= 20mA	---	*	---	nm

#：不同顏色的發光二極體，具有不同典型值的亮度。

*：改變活性層中$In_xGa_{1-x}N$的x值，就可以改變發光二極體的發光波長，當x值愈大時發光波長愈長，其中$0 \leqq x \leqq 1$。

8.2 白光發光二極體

因爲發光二極體是一種半導體元件，故壽命長；由電轉換爲光的效率高，耗電量少；同時發光二極體元件是一種極小的發光源，所以可配合各種應用設備的小型化。和一般燈泡比較起來，發光二極體燈泡的壽命要高出 50～100 倍，二極體本身耗費的電量約是一般燈泡的 1/3～1/5，由於白色發光二極體燈泡具有多項優點，可望在二十一世紀取代鎢絲燈和水銀燈，成為兼具省電和環保概念的新照明光源。

8.2.1 藍光發光二極體／黃色螢光粉

此種白光發光二極體係在封裝時，使用 GaN 藍光發光二極體當作激發光源，然後在 GaN 藍光發光二極體上覆蓋一層黃色螢光粉，最後再用環氧樹脂(epoxy)模塑成型，如圖 8.11 所示。

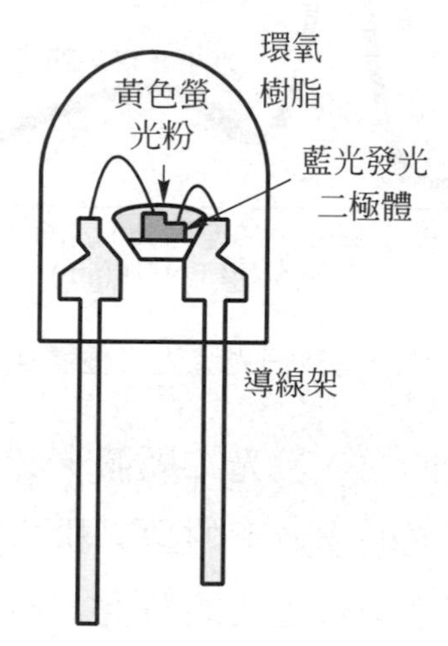

圖 8.11　典型封裝的白光發光二極體

當材料粒子的尺寸縮小到奈米等級時，其物理和化學性質會發生改變，因此，奈米技術(nanotechnology, NT)被認為是二十一世紀最重要的技術之一，世界各國都非常重視。發光二極體則是下一世代照明技術當中，因耗電量低和壽命長等特性，而成為最被看好的照明光源，一般稱之為固態照明(solid state lighting, SSL)。如果將奈米技術應用在發光二極體上，是否可以大幅提升發光二極體的性能呢？傳統的商用白光發光二極體(light-emitting diode, LED)包含：當作激發光源之藍光 LED，和黃色螢光粉，如圖 8.11 所示，其中黃色螢光粉被藍光激發之後發出黃光，加上藍光混光之後形成白光，而光譜如圖 8.12 所示。最常見的黃色螢光粉係由釔鋁石榴石(yttrium aluminum garnet, YAG)所製成的，其化學式爲 $Y_3A_{15}O_{12}$。

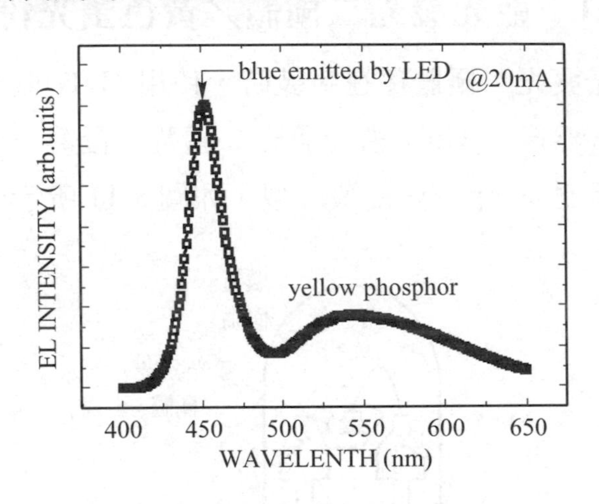

圖 8.12　傳統白光發光二極體的光譜

爲了獲得更高亮度的白光發光二極體，必須發展更高亮度的激發光源，或是具有更高發光轉換效率的螢光粉。本文將介紹奈米級螢光粉的相關發展。目前奈米級螢光粉的研究方向主要有兩種：量子點螢光粉和奈米螢光粉。下面將分別介紹。

(A) 奈米效應

當材料尺寸縮小到奈米等級時，會發生一些有趣的現象：

1. 表面效應

材料粒子縮小到奈米等級時，分佈於奈米粒子表面的原子數比例隨之增加，使得奈米粒子表面有較高的位能，而使奈米粒子具有很高的活性，這個現象就是所謂的奈米效應。例如，當導電的銅粒子縮小到某一奈米尺度時就不再導電；

原本惰性的金，在奈米尺度下可以當作非常好的催化劑等。

當材料粒子變小，比表面積(表面積／體積)相對地增加，而比表面積增加會引發物質化學活性、光學、熱性質等的改變，這就是所謂奈米粒子的表面效應。

2. 量子尺寸效應

發光二極體所發的光色跟其能隙有直接的關係，但是當半導體材料的尺寸縮小到數個奈米時，也是遵守這樣的關係嗎？1986 年，哥倫比亞大學的 Brus 估算出幾種半導體原子團直徑與能隙的關係，如圖 8.13 所示。而矽半導體也有類似的現象。此種當半導體材料的尺寸改變時，其能隙也會改變的現象稱爲量子尺寸效應(quantum size effect, QSE)。

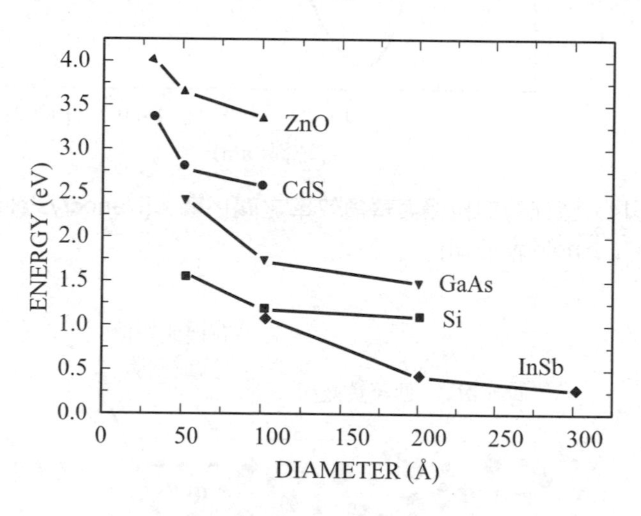

圖 8.13　量子尺寸效應

(B) 奈米螢光粉

美國 Nanocrystals Technology 公司的 Bhargava 博士在 1993 年提出一種假設：當螢光粉的粒徑約小於 7nm 時，隨著粒徑的減小，其發光效率會急遽增加，如圖 8.14 所示。此一假設引起全世界各國相關研究人員的注意而相繼投入奈米螢光粉的研究。另一方面，LumiLeds 的研究人員發現：傳統螢光粉轉換發光二極體之效率的下降，係因螢光粉粉粒對一次光(發光二極體的光)和二次光(螢光粉的光)的散射，於是在 2002 年 6 月 7 日提出應用在發光二極體之奈米螢光粉(粒徑≪1μm)的專利，如圖 8.15 所示。

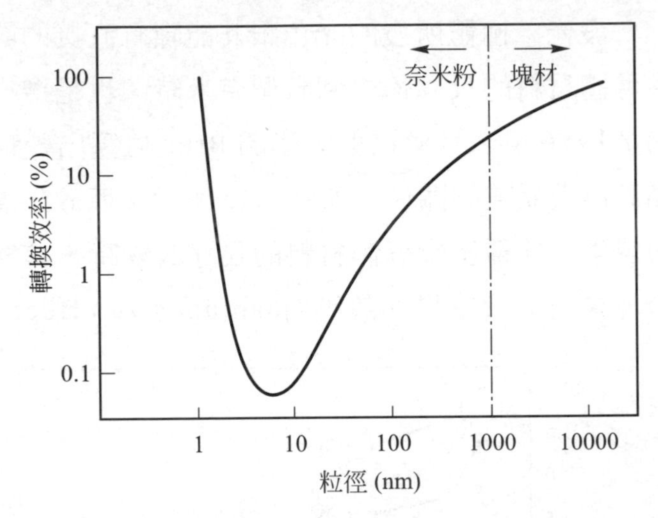

圖 8.14 螢光粉的粒徑與轉換效率之關係圖。[Nanocrystals Technology 公司]

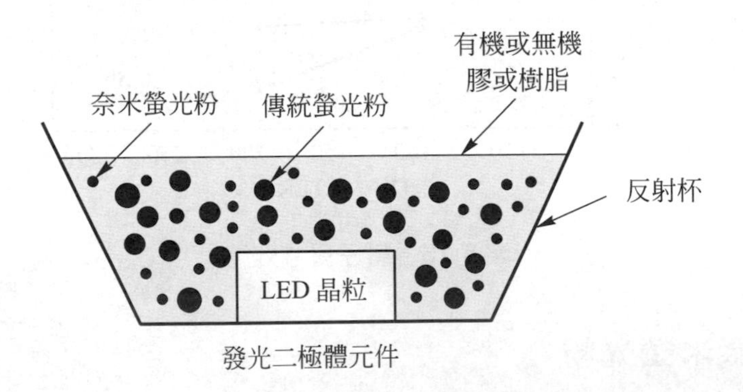

圖 8.15 使用奈米螢光粉的發光二極體。[ref. 2]

(D) 量子點螢光粉

量子點螢光粉的粒徑約為2～10nm，這比奈米螢光粉的粒徑還要細。其具有：無史脫克(Stokes)藍位移效應，光吸收率高，和高溫下穩定等特性。目前有研究成果的大約有三種：量子侷限型原子(quantum confined atom, QCA)螢光粉，ZnS 系之半導體螢光粉和 Si 半導體螢光粉。

Nanocrystals Technology公司所提出的量子侷限型原子(quantum confined atom, QCA)螢光粉，圖 8.16 圖示Y_2O_3：Tb^{3+} QCA螢光粉的結構，其螢光特性如圖 8.17 所示，但是到目前為止似乎並未應用在發光二極體上。根據Nanocrystals Technology公司所發表的資料，目前 QCA 螢光粉的量子轉換效率約為 70％。

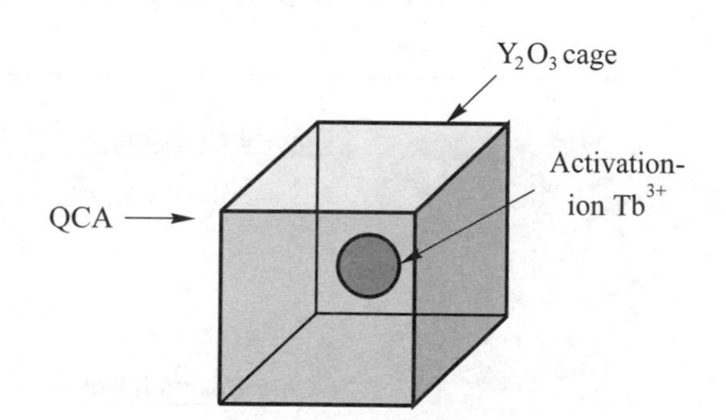

圖 8.16　Y_2O_3：Tb^{3+} QCA 螢光粉的結構。[Nanocrystals Technology 公司]

LumiLeds 公司和美國能源部(U. S. Department of Energy)所屬之Sandia National Laboratories 所共同開發的ZnS系量子點螢光粉，如圖 8.18 所示。LumiLeds 所使用的量子點螢光粉係由 CdSe 核心和 ZnS 外殼所構成的，如圖 8.18 所示。CdSe 核心的尺寸可以決定量子點螢光粉的吸收和發光特性，而ZnS外殼可以將電子和電洞侷限在核心，而且可以電性和化學性鈍化量子點螢光粉的表面。根據美國能源部在 2004 年所發表的資料，量子點螢光粉的量子轉換效率約為 76 %，此結果稍優於 QCA 的量子轉換效率。

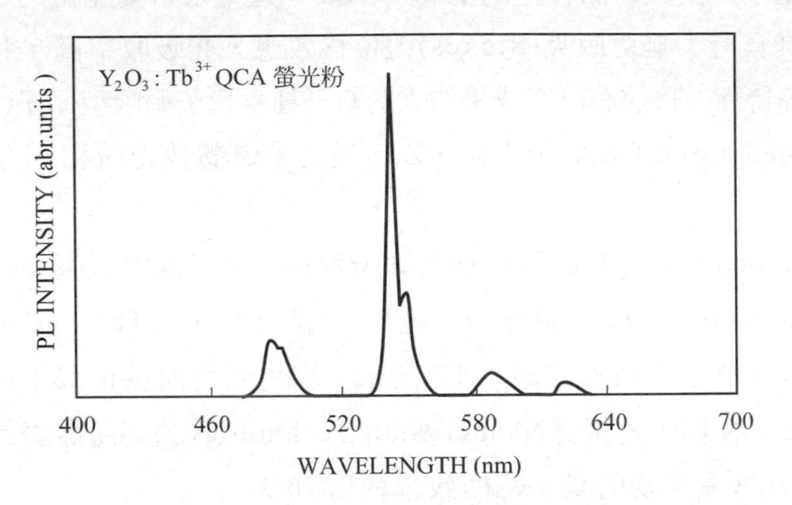

圖 8.17　Y_2O_3：Tb^{3+} QCA 螢光粉的激發光譜。[ref. 8]

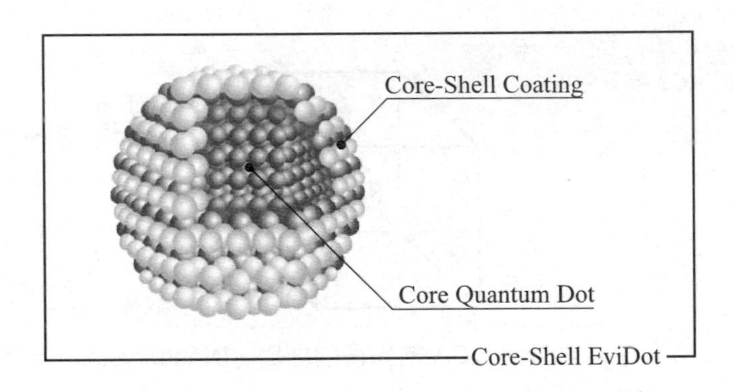

圖 8.18　CdSe 核心-ZnS 外殼量子點螢光粉的示意圖。[Evident Technologies 公司]

除了上述這兩類螢光粉之外，韓國西江大學(Sogang University)和韓國科學技術研究院(KIST)另闢蹊徑，研發出 Si 量子點螢光粉。Si 奈米晶之能隙變化如圖 8.13 所示。如圖所示，當 Si 晶體的尺寸小至奈米級後，電子會受到量子侷限效應的影響，不但能隙會變大，而且原本間接能隙的能帶結構也會變成直接能隙的能帶結構，使得原本不會發光的Si半導體，在變成量子點之後，就可發出單色光或白光。圖 8.19 為以 325nm-UV 光照射兩種不同粒徑(曲線 a：80nm，曲線 b：190nm)之 Si 量子點螢光粉的激發光譜。

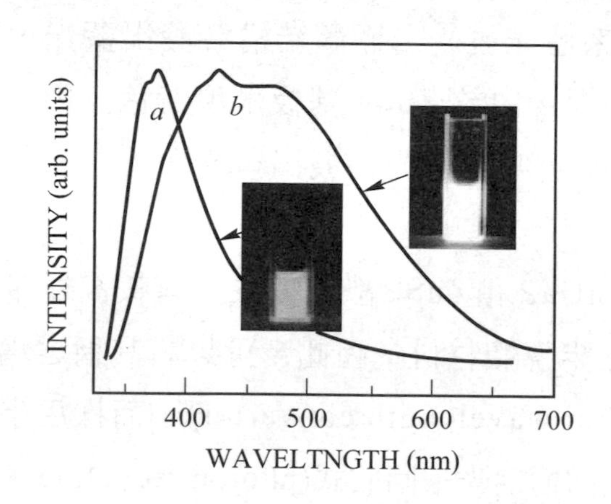

圖 8.19 兩種不同粒徑之 Si 量子點螢光粉的激發光譜。[ref. 7]

對於白光發光二極的發光效率而言，無論是量子點螢光粉或是奈米螢光粉，所有的文獻都只流於文字的敘述，而沒有提出完整的研究數據，專利佈局似乎是目前唯一的考量。因此，用於白光發光二極體之量子點螢光粉或奈米螢光粉的研究應該還有努力的空間。

8.2.2 光子回收式白光發光二極體

波士頓大學光子研究中心的E. Schubert研究團隊在1999年提出一種白光發光二極體組態。其係將GaN系藍光發光二極體磊晶片(採用藍寶石基板)和AlInGaP系黃光發光二極體(採用GaAs基板)，利用晶片貼合技術(wafer bonding)黏貼在一起，然後使用濕式蝕刻法移除 GaAs 基板，最後製作成示於圖 8.20(a)之元件。在元件操作時，AlInGaP活性層會吸收部分的藍光而發出黃光，經由光色混合之後，可以觀察到白光。

另一方面，日本的住友電工也提出一種白光發光二極體組態，其係採用 ZnSe 基板，然後利用 MOCVD 磊晶技術在 ZnSe 基板上成長 GaN 系發光二極體結構，最後製作成示於圖 8.20(b)之元件。在元件操作時，GaN 系藍光發光二極體結構會發出藍光，而有部分的藍光會射入 ZnSe 基板，由於 ZnSe 基板呈現黃色，因此當較高能量的藍光射入時，ZnSe 會吸收藍光而發出黃光，經由光色混合之後，也可以觀察到白光。

上述之 AlInGaP 和 ZnSe 都是吸收具有較高能量的光線而發出較低能量的光線之半導體材料，因此，可以將其稱之為半導體波長轉換體(semiconductor wavelength converter)，而採用半導體波長轉換體之白光發光二極體稱為光子回收式(photon recycling)白光發光二極體。

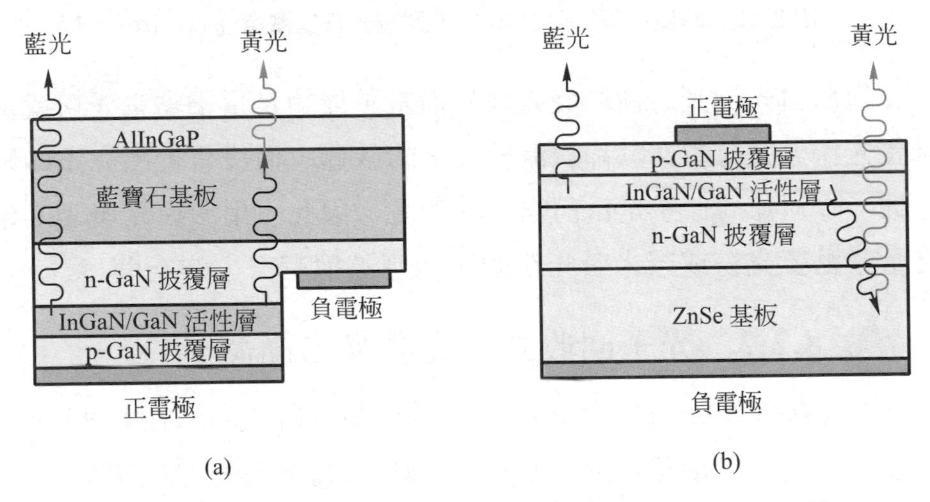

圖 8.20 採用半導體波長轉換體之光子回收式白光發光二極體

8.2.3 多晶片式白光發光二極體

利用紅、綠、藍三種發光二極體，光譜圖如圖 8.21 所示，調整其各別亮度來達到白光，而為了或得白光，紅、綠、藍的亮度比 3：6：1，或只利用紅、綠或藍黃兩顆LED調整其各別亮度來發出白光。

但是，缺點是價格較貴，只能用在高附加價格的產品上，例如：LCD 背光源模組。

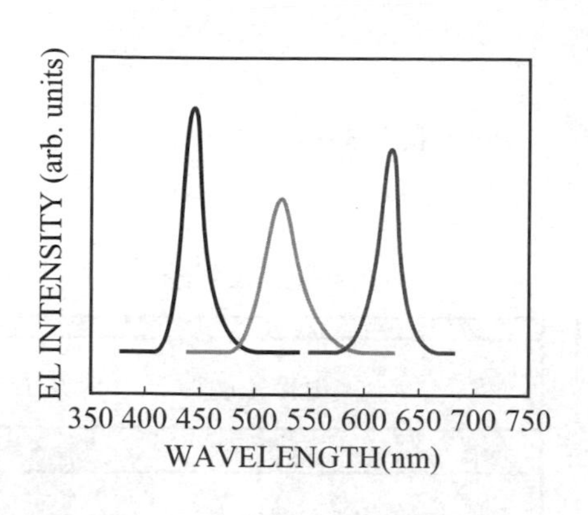

圖 8.21　RGB 三色發光二極體的光譜

8.3 通訊發光二極體

用於通訊之發光二極體可分為兩種：(a)有線傳輸，即用於短距離之光纖通訊的共振腔發光二極體，(b)無線傳輸，即用於遙控或短距離資料傳輸的紅外線發光二極體。

8.3.1 共振腔發光二極體(resonate cavity light-emitting diodes, RCLEDs)

共振腔發光二極體係一種內部具有光學共振腔之發光二極體。其主要用於短距離(＜ 10m)的光纖通訊系統。相較於傳統的發光二極體，其係分別在上下披覆層的上下端形成布拉格反射鏡(Distributed Bragg Reflector, DBR)，以發射光色較純且軸向光較強之光線。因此，其發光遠場圖案(Far-Field Pattern)也具有較佳之指向性。

(A) RCLED 設計規則

RCLED 的基本結構如圖 8.22 所示。其中L_{cav}係共振腔長度，而且必須滿足下式：

$$l_{cav} = m\frac{\lambda}{2}，m = 1,2,3\cdots \tag{8.2}$$

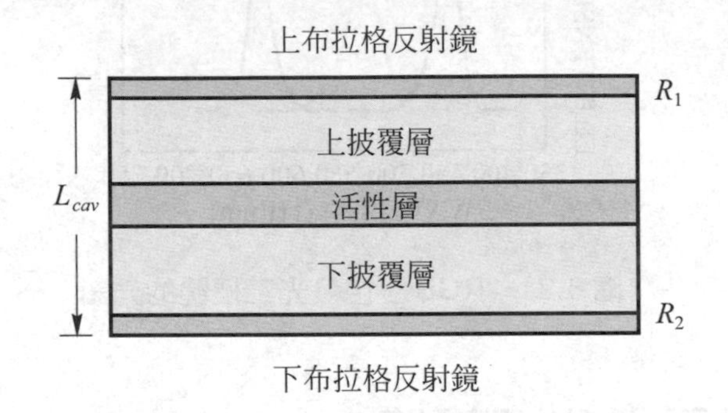

圖 8.22　RCLED 的基本結構

RCLED 的設計規則歸納如下：[ref. 10]

(1) 兩個布拉格反射鏡的反射率應滿足下式：

$$R_1 \ll R_2$$

其中R_1爲正面反射鏡的反射率，而R_2爲背面反射鏡的反射率。此方程式係要確保光線可以自具有反射率R_1之反射鏡射出。

(2) 最短可能共振腔長度L_{cav}：根據費米黃金定律(Fermi's golden rule)

$$G_{int} = \frac{\zeta}{2}\frac{2}{\pi}\frac{1-R_1}{1-\sqrt{R_1R_2}}\sqrt{\pi \ln 2}\,\frac{\lambda}{\Delta\lambda_n}\frac{\lambda_{cav}}{L_{cav}}\frac{\tau_{cav}}{\tau} \tag{8.4}$$

其中ζ爲反節點增強因子(antinode enhancement factor)，λ和λ_{cav}分別爲活性層在真空中和共振腔內部之發光波長。因爲發光波長λ和自然線寬$\Delta\lambda_n$係給定量，所以最短可能共振腔長度L_{cav}係(8.4)式的最大值。

(3) 最小化活性層之自我吸收：自活性層發射而進入共振腔之光子，被再吸收(reabsorption)的機率應遠小於光子穿透其中之一反射鏡而射出的機率。假設$R_2 \cong 1$，則可以表示爲：

$$2\zeta\alpha L_{act} < (1 - R_1) \tag{8.5}$$

其中α和L_{act}分別爲活性層的吸收係數和厚度。

(B) 650nm AlGaInP/GaAs RCLEDs

考慮短距離光纖通訊所使用的光纖，一般係使用成本較低廉的聚甲基丙烯酸甲酯(Polymethyl methacrylate, PMMA)，俗稱有機玻璃之塑膠光纖，其對不同傳輸波長的衰減度如圖 8.23 所示。由圖 8.23 可知，650nm 波長的紅光 RCLED 係較佳的光源。

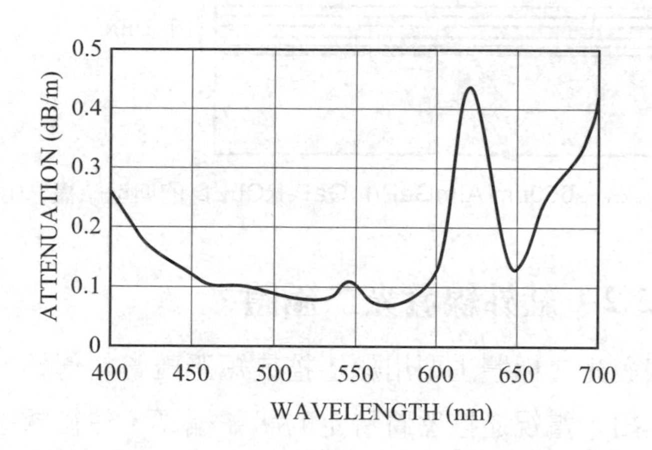

圖 8.23　典型 PMMA 光纖的衰減

使用 AlInGaP 材料系統之 650nm RCLED 已在 1998 年由 K. Streubel研究團隊研製成功，[ref. 9] 其元件的橫截面示意圖如圖 8.24 所示，元件係由AlInGaP/InGaP 多重量子井(Multiple-Quantum-Well,

MQW)活性層和 AlInGaP 披覆層所組成的。DBR 係由 AlAs/AlGaAs 層構成，DBR 之 AlGaAs 層中的 Al 含量可以選擇適當。另一方面，RCLED具有環形的上接觸電極，使具有容易耦合至光纖之圓形光點。由於環形接觸電極的外圍區域使用離子佈植，而產生絕緣區，所以電流會經由環形接觸電極流進元件的中央。注意，離子佈植區係只位在p型區，而且不會延至進入活性層，因此可以避免在活性層中產生缺陷，而使元件退化。

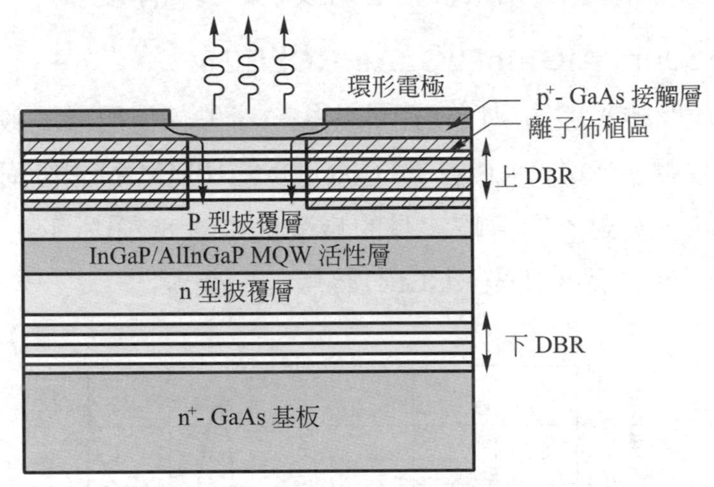

圖 8.24 650nm AlInGaP/InGaP RCLED 的典型結構。[ref. 9]

8.3.2 紅外線發光二極體

紅外線發光二極體主要用於遙控或短距離資料傳輸，其中：在遙控方面，例如，電視遙控器將特定的訊號編碼，然後透過紅外線發光二極體將編碼送出（藉由紅外線發光二極體的暗和亮)，而設置在電視上的光偵測二極體收到編碼之後，將其進行解碼而得到原來的訊號；例如，電視端解得的訊號為加大音量，則解碼後即進行加大音量的動作。低速紅外線是指其傳輸速率在每秒 115.2Kbits 者而言，它適用於傳送簡短的訊息、文字或是檔案。

在短距離資料傳輸方面，指的是 IrDA，IrDA 是 Infrared Data Association 之紅外線資料傳輸協會的英文簡稱，該協會成立於 1993 年，制定國際紅外線資料之交換協定，以便統合短距離之無線傳輸應用。IrDA 成立後，並在次(1994)年發表了 IrDA 1.0 版之標準，採用波長 0.85 到 0.90 微米紅外線爲媒介，傳輸速度 115.2Kbps(即每秒傳送 115.2K 位元的資料)，有效距離在 1 公尺以內，發射接收角度爲 30 度。這個標準定義了一個低成本、高資料傳送速度、點對點的通信介面，因此廣受各方矚目。

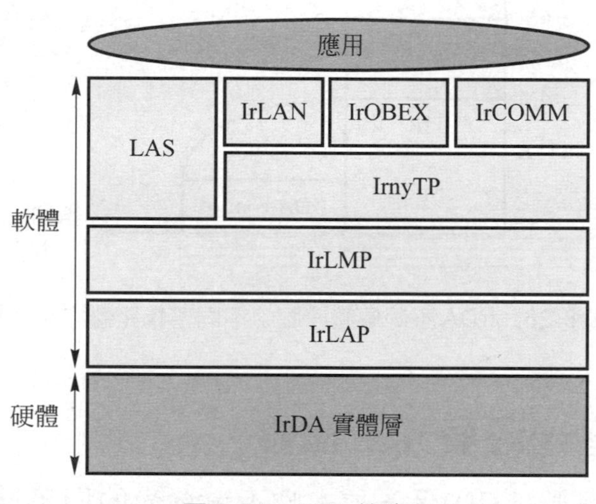

圖 8.25 IrDA 協定

IrDA 架構分爲硬體及軟體兩部分，如圖 8.25 所示。其中，最下面一列代表不同傳輸速度之硬體協定，而其他部分代表軟體協定。第一層的 IrDA 實體層爲光傳輸的特性、資料的編解碼；IrLAP 爲建立可靠的鏈結；IrLMP 提供多種服務的管理；TinyTP 爲資料流的控制，包含 IrLAN、IrOBEX 和 IrCOMM 等網路、資料交換和溝通的功能；各種應用架構在這協定上。各種不同傳輸速度之範圍，如第 8.26 所示，隨著技術發展成熟，傳輸速度越來越快，傳輸距離也越來越遠，傳輸方式更朝向點對多點發展。

在硬體方面，即IrDA 紅外線收發模組，其係由(1)850～900nm 紅外線LED；(2)PIN檢光二極體；(3)特殊應用規格積體電路(ASIC)所組成。

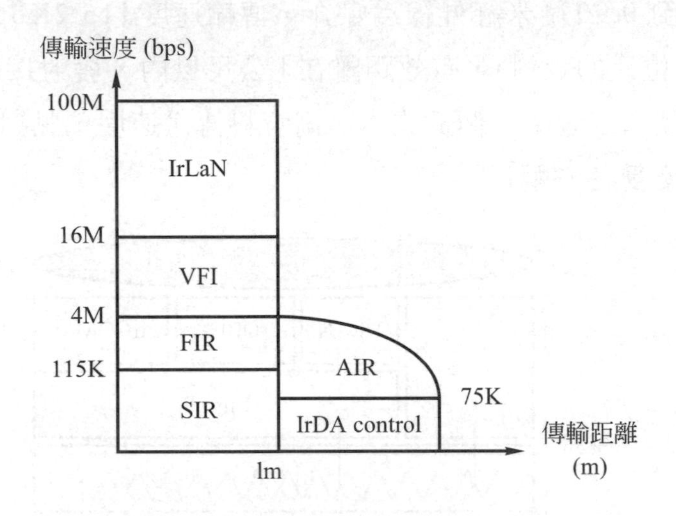

圖 8.26　IrDA 不同傳輸速度、不同傳輸距離之硬體協定

8.4 背光源發光二極體

液晶顯示器(LCD)係一種本身不會發光的顯示器，所以需要光源，如陽光，日光燈和 LED 燈，才能看見其所顯示的內容。在照明用之氮化鎵系發光二極體光源的亮度尚未到達市場的要求之際，2002 年彩色手機的流行使得氮化鎵系 LED 的應用大幅成長，甚至供不應求。也因此LCD面板廠開始考慮中大型尺寸之LCD螢幕，甚至LCD TV(液晶電視)的背光源是否可以採用LED燈。2004 年 11 月，SONY 首度推出使用 LED 燈當作光源的 LCD TV－QUALIA 005。因此，正式宣告雙 D(LED 和 LCD)產業結合。

液晶顯示器的組成可分爲顯示器面板、連接軟板(驅動IC)、背光模組(backlight module)與框架四大部分，其中背光模組中光源將是2006年產業界的發展重心，目前7吋以下的液晶面板大多係以LED取代傳統的冷陰極螢光燈管(CCFL)，而2006年將進行到7-10.4吋的液晶面板。

8.4.1 LCD的背光源

背光模組由光源、導光板、光學膜片、塑膠框等主要組件組成，由於液晶面板不是主動元件，本身不會發光，因此背光模組的主要功能就是提供液晶面板光源，將光投射出使用者的方向，透過液晶面板將色彩及畫面呈現給使用者。第8.27圖示兩種背光模組的配置方式：(1)直下式和(2)側光式。

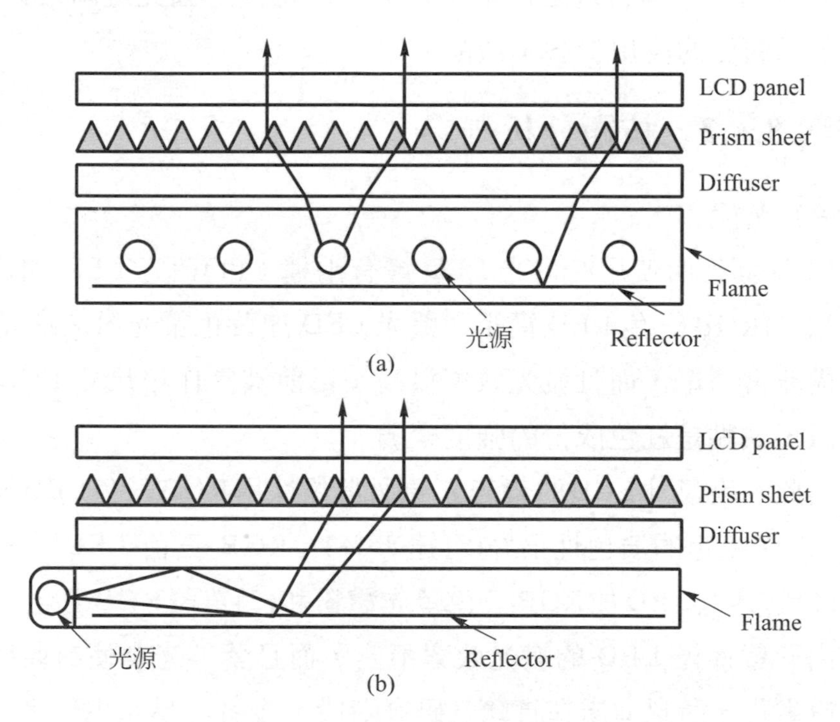

圖8.27 LCD背光模組配置示意圖：(1)直下式和(2)側光式

目前最常見的光源是冷陰極螢光燈管(Cold Cathode Fluorescent Lamp；CCFL)。冷陰極電管是先將螢光燈管管壁塗佈螢光粉，利用二次電子的放射撞擊汞蒸氣後發出紫外光，紫外光發射後撞擊到螢光燈的管壁，將紫外光轉換成為可見光。但是，環保議題將是CCFL的致命傷。根據「歐盟特定有害物質管制指令」的規定，雖然以目前CCFL的含汞量而言仍然可以使用，但是已經引爆無汞替代光源的強烈需求。

其次，另一種常用的光源是發光二極體(Light Emitting Diode)，發光二極體主要是應用在小尺寸的LCD面板光源，如手機、PDA、遊戲機、各類型儀表、車用型數位電視等輕薄短小的電子產品，LED主要是因為具有幾項重點特色：主動式發光源具有質量輕、體積小、製造成本低且兼具省電之低功率光電元件特性，因此現階段以LED背光源已廣泛的應用於各項產品。

8.4.2 技術分析

(A) 光色

LCD面板所使用的白光LED燈有兩種：(1)藍光LED加黃色螢光粉和(2)RGB三色LED模組。藍光LED加黃色螢光粉之白光LED的結構非常簡單，而且發光效率很高，目前被當作小尺寸LCD的背光光源，缺點是紅色成份的強度較弱。

因此，大尺寸LCD的背光光源通常係採用RGB三色LED模組。此種LED模組的演色性很好(可達85%)。RGB三色LED模組有兩種：(1)紫外光LED加RGB三色螢光體粉和(2)單體RGB三色LED。前者由於紫外光LED的發光效率不佳，而且紫外光會使封裝樹脂與螢光粉劣化，所以尚處在實驗室研發階段。後者容易產生顏色不均勻的現象，因此這方面，就必須由增加光的路徑，改善背光結構，以達成充分混光的目標。此外，由於 LED 的光色會隨時間和溫度而有所改變，因此必須以色彩感測器或溫度感測器控制電流大小，以調整各色LED所需的光通量。

(B) 點燈技術

LED 在直流操作和交流操作時亮度不同，在直流操作時亮度較亮，但消耗功率較大且產生的熱也多，而交流操作時亮度較暗，但消耗功率較少且產生的熱也少。另一方面，LED的光色(發光波長)也會因溫度(外在或內在因素)和注入電流的不同而產生非線性變化。因此，點燈電路設計也是 LED 背光模組的另一個關鍵因素，例如設計因 LED 非線性的變化所影響的亮度控制和白平衡調校。如果使用藍光LED加黃色螢光粉的白光LED燈，點燈技術相對簡單。但是，如果使用單體RGB三色LED燈時，三顆LED晶粒的特性不同，所以對外在環境的對應變化也不一樣。例如：2005年5月，三菱電機在2005年顯示資訊學會(SID2005)發表了一款以6色LED搭配雙色彩色濾光片的LCD，其中背光源係利用兩組3色LED搭配而成，其波長分別爲第一組的410nm(藍)、540nm(綠)、615nm(紅)，及第二組的430nm(藍)、510nm(綠)、625nm(紅)，在每一個框架中，LED 係採用子場順序方式點亮。[Ref. 21]

爲了解決上述的缺點，SONY 採用脈衝寬度調變(pulse width modulated, PWM)技術。另外，因爲LED本身特性的關係，縱使點燈電路設計的相當優異，但是由於長時間的發光下，溫度、長時間使用所帶來的白平衡變化，也是很難預期的，例如在低溫點燈時畫面可能會稍偏紅色，經過一段時間後，才會轉回白色等等，都是因爲LED特性所造成的變化。另一方面，爲了對 LED 的光色進行監控，則需要增加光色感測器，以監控亮度及白平衡。

(C) 色域(NTSC)

1953 年，美國國家電視標準委員會(NTSC)根據美國照明協會(CIE)的 1931 年版色度座標圖，訂定彩色電視的色域(或以 NTSC 直接稱之)。如圖 8.28 所示之實線範圍，在CIE的 1931 年版色度座標圖中，由紅色座標(0.67, 0.33)，綠色座標(0.21, 0.71)，和藍色座標(0.14, 0.08)所圍之區域稱為色域，而白色座標為(0.31, 0.316)。

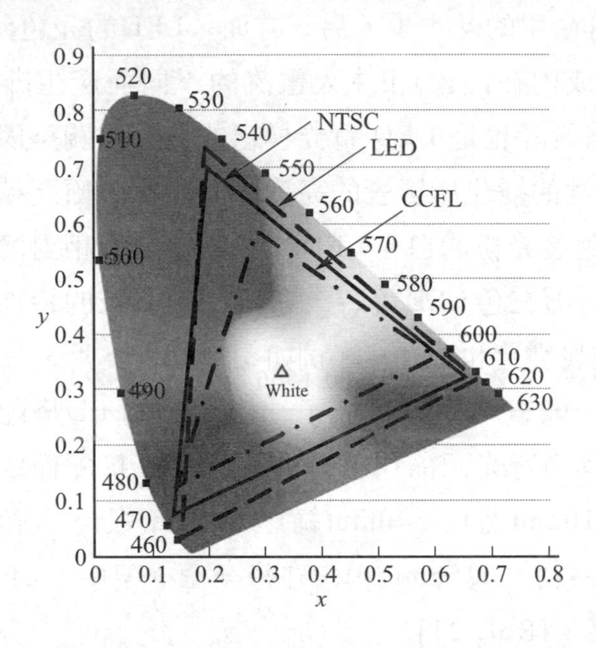

圖 8.28　NTSC 所定義的色域和 LED 模組所產生的色域

因此，使 LCD 面板(或電視)的色域接近 NTSC，也就成了 LCD 廠商努力的目標。由於需要背光源，所以採用何種背光源也就最直接地影響 LCD 的色彩表現能力。

傳統上，幾乎所有大尺寸的LCD都採用冷陰極管(CCFL)作為背光光源，冷陰極管的色溫約為 4800K，由於先天的條件，目前CCFL僅能達到 65～75 % NTSC 所規範的色域表現，如圖 8.28 所示之點虛線範圍。事實上，在2005年已經有相當多公司發表以3色LED作爲LCD的背光源，甚至號稱可以超越NTSC色域。

SONY 的 QUALIA 005 係採用美國 Lumileds Lighting 公司的 Lumileds LuxeonTM LEDs，其色域範圍可達 105 % NTSC，如圖8.28所示之虛線範圍，而其色度座標則表列於表8.1。利用RGB三色LED表現出的色域超過CCFL的150%。但是，因爲LCD面板的亮度最低大多約爲 300 nit，若以 10 %的穿透光計算，約需要使用 80 顆 LED燈，所以需要解決LED燈所演衍生的散熱問題。

表 8.1　Lumileds RGB-LED 的色度座標

色度座標	x	y
R	0.6824	0.3152
G	0.1991	0.7209
B	0.1566	0.0237

(D) 散熱

由於， LED 的熱效應會影響亮度與光色(色度)，所以散熱問題是一個相當重要的課題。 散熱最直接的方法就是使用風扇，目前已有一些解決方案來達到散熱的效果，例如，SONY是利用風扇、導熱管與散熱片(heat sink)，把導熱管做橫向排列，並且將大型散熱片放在模組背面兩側， 利用這樣的設計，可以將導熱管傳送出來的熱，分散到兩側裝有風扇的散熱片進行散熱。但是因爲隨著面板尺寸的擴大，使用的風扇數量也會隨之增加，如此一來，數量龐大風扇會又產生噪音的問題。因此，問題又回到LED。

從最近這兩年所發表的專利來看，解決的方向有二：改變模組機構的設計和晶粒與構裝支架，如此才能達到低溫且亮度高的LED燈。

圖 8.29 係 SONY QUALIA 005 的散熱機構。圖 8.30 係 SONY QUALIA 005 所採用的 Lumileds 高功率 LED 之散熱設計。

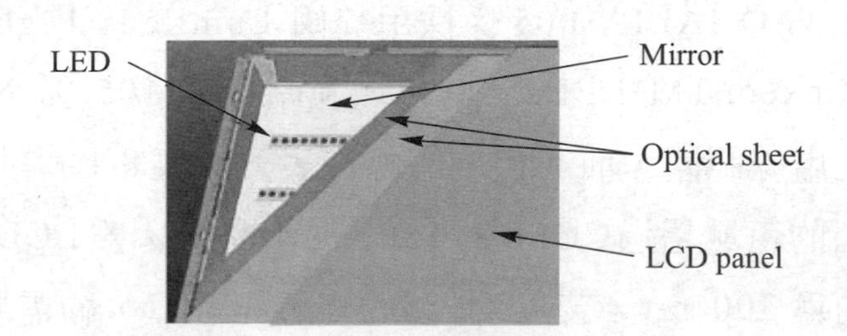

(a) Structural model of QUALIA 005 backlight

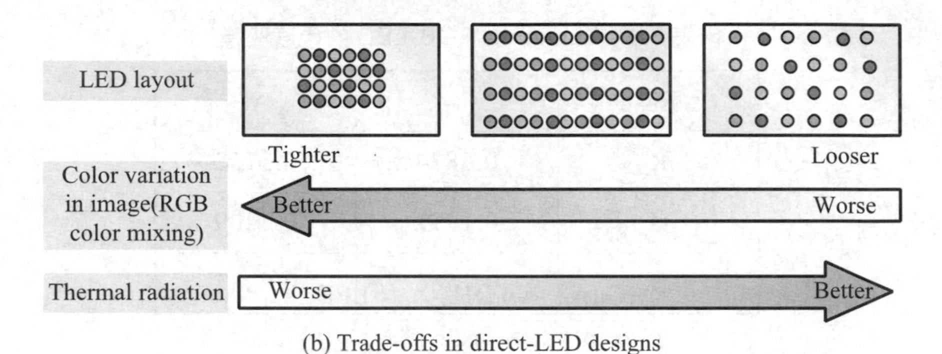

(b) Trade-offs in direct-LED designs

圖 8.29　SONY QUALIA 005 的散熱機構設計。[Nikkei Electronics/ref. 20]

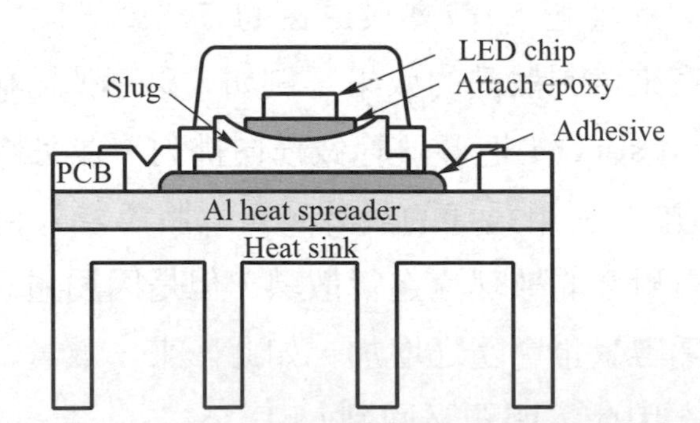

圖 8.30　Lumileds 的 Luxeon 高功率 LED 之散熱設計。[Ref. 16]

由於冷陰極燈管(CCFL)具有較差的色彩飽和度，較易老化或毀損，及含有汞等缺點，因此無法成爲未來液晶顯示器背光模組的主流。從最近這幾年各個光電展或平面顯示器展所展示的 LCD 面板來看，用 LED 燈取代 CCFL 的確是未來的趨勢，再加上環保意識的抬頭，使得這是一條必走的路。因此，LED燈所要發展的方向應該有：提升亮度，使可以減少使用量；降低內阻，使散逸的熱減少；及降低生產成本。

8.5 發光二極體的結構

由上可知，發光二極體的種類繁多，故將上述的各種發光二極體之特徵整理成下表：

光色	基板	發光層	結構	磊晶方式	發光波長 (nm)	裸晶亮度 (mcd)(典型值)
紅外線	GaAs	AlGaAs	DH	LPE	880, 940	---
紅光	GaP	GaP	HS	LPE	700	0.6
紅光	GaP	GaAsP	HS	VPE+擴散	650	15
紅光	GaAs	AlGaAs	SH	LPE	660	20
紅光	GaAs	AlGaAs	DH	LPE	660	50
紅光	AlGaAs	AlGaAs	DDH	LPE	660	70
橘紅光	GaP	GaAsP	HS	VPE+擴散	630	15
橘紅光	GaAs	AlInGaP	MQW	MOCVD	625	150
黃光	GaP	GaAsP	HS	VPE+擴散	590	15
黃光	GaAs	AlInGaP	MQW	MOCVD	590	100
黃綠光	GaP	GaP	HS	LPE	570	14
綠光	sapphire	InGaN	MQW	MOCVD	525	300
藍光	sapphire	InGaN	MQW	MOCVD	470	100
白光	sapphire	InGaN+黃色螢光粉		MOCVD	470+580 雙峰	50 流明／瓦

(A) 基本結構

上面有提到各種發光二極體的結構和名詞，爲了方便，整理如下：

結構名稱	說明	圖解
同質結構 (homostructure, HS)	發光區的兩側爲相同的半導體材料。	p 型 GaP n 型 GaP GaP 基板
單異質結構 (single heterostructure, SH)	發光區的兩側爲不同的半導體材料。	p 型 GaP n 型 GaAs GaAs 基板
雙異質結構 (double heterostructure, DH)	發光結構爲一種三明治結構，其中具有較小能隙的活性層被夾在上下具有較大能隙的披覆層之間。	p 型 AlInGaP 披覆層 InGaP 活性層 n 型 AlInGaP 披覆層 GaAs 基板
雙行雙異質結構 (double line double heterostructure, DDH)	結構和雙異質結構大致相同，除了要將基板移除之外。	p 型 $Al_xGa_{1-x}As$ 披覆層 $Al_yGa_{1-y}As$ 活性層 n 型 $Al_xGa_{1-x}As$ 披覆層 GaAs 基板
多重量子井結構 (multiple-quantum-well, MQW)	雙異質結構中的活性層係由較大能隙的位障層和較小能隙的量子井層所堆疊形成的。	E_C 位障層 量子井層 E_V

(續前表)

結構名稱	說明	圖解
透明導電層(transparent conductive layer)	為了改善注入電流的分散，使擴增發光面積。	注入電流 正電極 透明導電層 p 型半導體層 活性層 n 型半導體層
電流阻擋層(current blocking layer)	因為電極不透光，若使電流不流過其下方的發光區，則可以增加其他發光區的電流密度。	注入電流 正電極 電流阻擋層 側向光 p 型 GaP 窗層 p 型 AlInGaP 披覆層 AlInGaP/InGaP 多重量子井層 n 型 AlInGa 披覆層 AlGaAs/GaAs 布拉格反射鏡 GaAs 基板 負電極
窗層(window layer)	可以分散注入電流及增加側向光。	
布拉格反射鏡(Brag distributed reflector, DBR)	可以將射向基板的光線反射向發光面。	
透明基板型(transparent substrate type, TS type)發光二極體	基板的能隙大於活性層的能隙，即射向基板的光線不會被基板吸收。	p 型 $Al_xGa_{1-x}As$ 披覆層 $Al_yGa_{1-y}As$ 活性層 n 型 $Al_xGa_{1-x}As$ 披覆層 GaAs 基板
吸光基板型(absorption substrate type, AS type)發光二極體	基板的能隙小於活性層的能隙，即射向基板的光線會被基板吸收。	p 型 AlInGaP 披覆層 InGaP 活性層 n 型 AlInGa 披覆層 GaAs 基板

(B) 高等結構

1. 覆晶型發光二極體 (Flip-Chip LEDs, FC LEDs)

傳統的氮化鎵系發光二極體之外觀如圖 8.31(a)所示。其主要的缺點有三：

(1) 陽電極焊接墊之面積約佔整個發光面積的 20 %，因其不透光，所以會有部分的光線無法自發光二極體的正面射出，如光線 A。

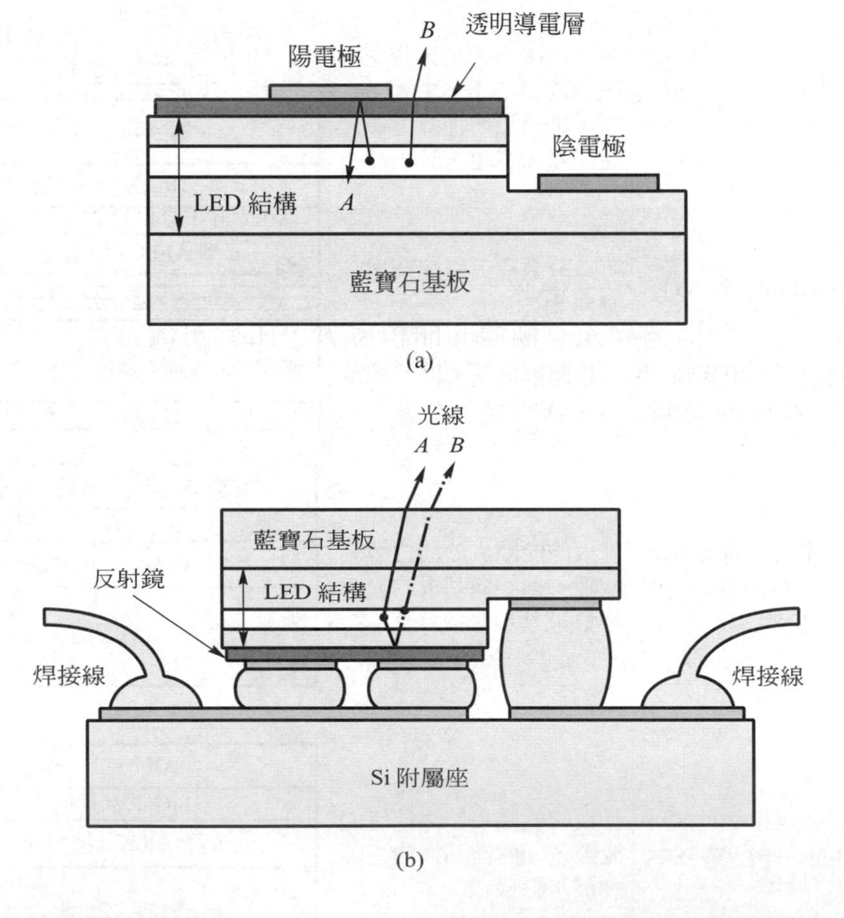

圖 8.31 (a) 傳統的氮化鎵系發光二極體，(b)覆晶型氮化鎵系發光二極體

⑵ 透明導電層的透光率，若其係由薄金屬層構成，則透光率約爲 70 %，若其係由金屬氧化物層構成，則透光率約爲 95 %。由薄金屬層所構成之透明導電層透光性不好，而由金屬氧化物層所構成之透明導電層，其與發光二極體之半導體的接觸電阻較高，而且熱穩定性不好。

⑶ 發光二極體本身所產生的熱，會隨操作電流(或輸入功率)的增加而增加，但是因爲藍寶石基板的熱傳導性不佳(18W/m-K)，所以無法很快地將在發光區所產生的熱排到環境當中。

因此，基於以上三種原因，目前有幾家公司，如美國Lumileds，已開發出可以在 1-5W 功率下工作之高功率發光二極體，如圖 8.31(b)所示。

2. 串聯式發光二極體

因爲發光二極體的面積愈大，由於電流擴散較差和電流密度較小，所以發光效率愈差。因此若將許多個小面積的發光二極體串聯(或並聯)起來，可以得到發光效率較佳的發光二極體。圖 8.32 圖爲 3×3 串聯式發光二極體。

3. 斜截倒金字塔式(truncated inverted pyramid, TIP)發光二極體

TIP AlInGaP 發光二極體之優點，如第七章的 7.2.2 節之說明。2005 年 CREE 公司也推出 TIP 式覆晶型 GaN 發光二極體(名稱爲 XBright)，如圖 8.33(a)所示。其輸出光功率可達 15mW(波長爲 470nm)，發光時的情形如圖 8.33(b)所示(2mA 操作)。

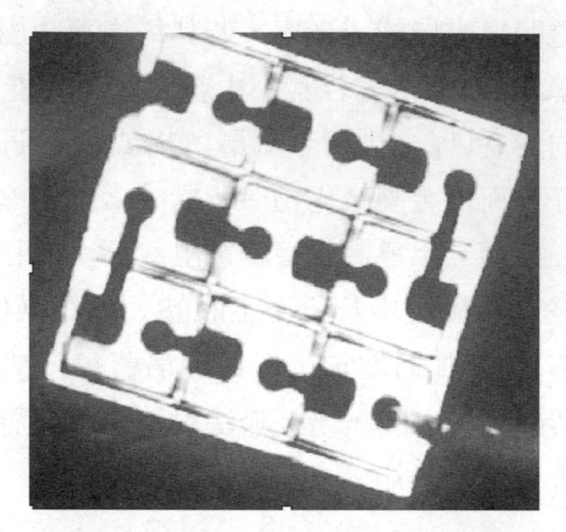

圖 8.32　為 3×3 串聯式發光二極體

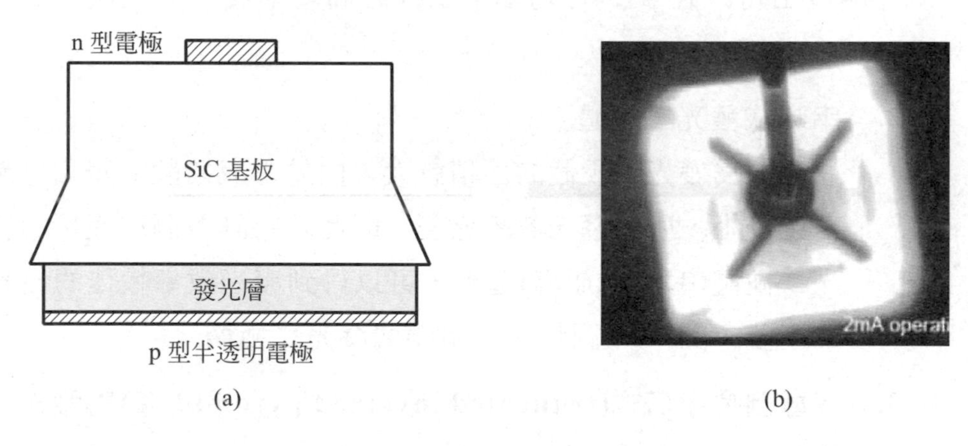

(a)　(b)

圖 8.33　CREE 公司的 XBright LED

4. 光子晶體(photonic crystal, PhC)發光二極體

1987 年，美國 UCLA 的 Yablonovitch [ref. 21] 和普林斯頓大學的 S. John [ref.22] 不約而同地提出電磁波在具有其波長尺度下週期性排列的介電質之中，其行為有如電子在晶體之中一般，由能帶控制，該具有波長尺度之週期性排列

的介電質稱爲光子晶體(photonic crystal)，或光子能隙材料(photonic bandgap materials)。

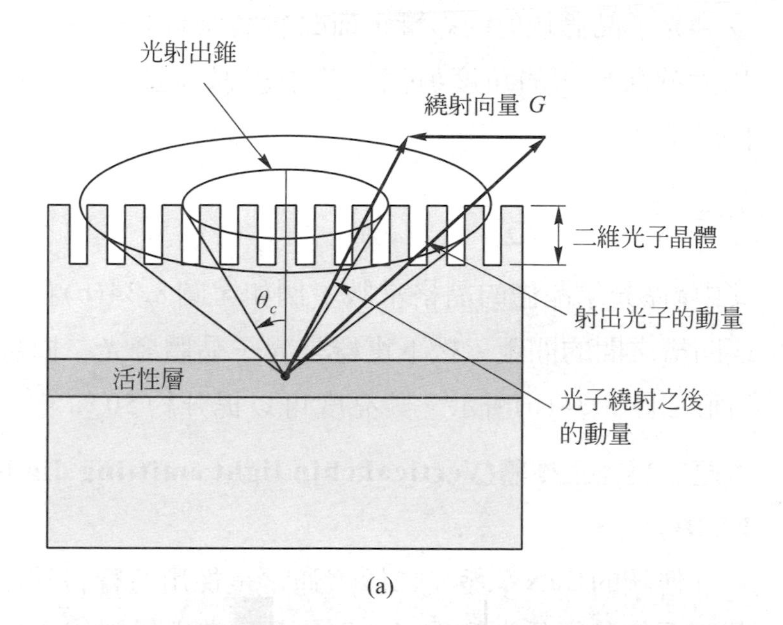

(a)

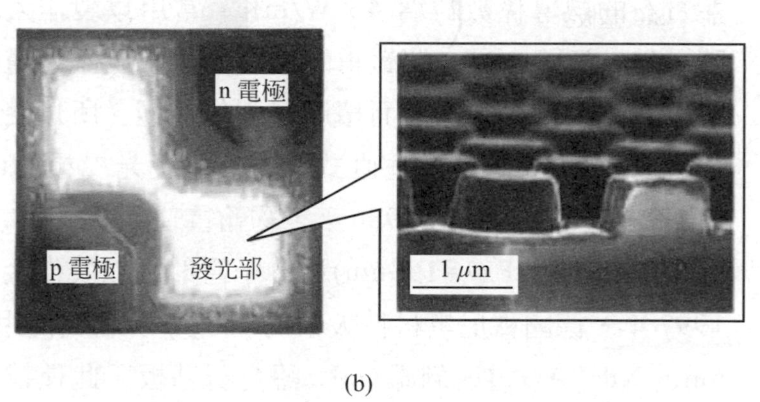

(b)

圖 8.34 (a)射出角度改善的示意圖，(b)松下電器之光子晶體發光二極體

光子從發光二極體射出時，因受限於臨界角的問題而無法具有較佳的外部量子效率，如圖 8.34(a)所示。2004 年，日本松下電器推出具有光子晶體之發光二極體，利用光子晶

體對入射光的繞射，可以增加光子從發光二極體射出時的臨界角。如圖 8.34(a)所示，當光子從發光二極體射出時，因受到光子晶體繞射的影響，而改變其原有的動量，使得可以以大於臨界角的角度射出。其中繞射向量可由下式決定：[ref. 23]

$$G = \frac{2\pi}{a} \tag{8.6}$$

其中a係光子晶體的晶格常數。例如，圖 8.34(b)右側之圓柱或凹槽之間的間距。松下電器之光子晶體發光二極體的發光情形如圖 8.34(b)所示。其亮度可以提升約 50 %。

5. 垂直式發光二極體(Vertical chip light emitting diodes, VC-LEDs)

傳統的GaN系發光二極體通常是採用藍寶石當作基板，藍寶石的熱導係數約為 46 W/mK。當用以製作大功率晶片時，熱散逸將會是一個嚴重的問題，再加上不導電的藍寶石基板會佔用較大的晶片面積用以製作電極。所以使用高導熱或良好導電性基板之垂直式 GaN 系發光二極體(VC-GaN LEDs)結構就被提出。1986 年，約翰霍普金斯大學的Bohandy等人 [24] 將ArF (λ=193nm)準分子雷射用以製作金屬圖案。1997 年，德國穆尼黑科技大學的kelly等人[25]使用波長355 nm的Nd:YAG雷射剝離GaN/藍寶石基板，此種技術稱為雷射剝離技術(Laser life-off, LLO)。現在，為了固態照明的需求，LLO技術已普遍被許多產業界或學術界開發用於GaN系發光二極體製程。由於各單位所採用的基板或製程不同，所以在此僅提供其中一種VC-GaN LEDs製程。如圖 8.35(a)所示，先準備一片鍍有In膜的銅片，和一片已製作P型電極

(Ni/Au)的 GaN 發光二極體磊晶片。然後，如圖 8.35(b)所示，利用晶片鍵合技術，將銅片和磊晶片貼合。接著，將藍寶石基板背面拋光，以免雷射光散射。將紫外光雷射，波長要小於 360 nm，例如：ArF或XeCl準分子雷射，或Nd:YAG三倍頻雷射，藉由雷射光的能量，使 GaN 分解成 Ga 和氮氣，然後在大於約 30°C的低溫下取下藍寶石基板，如圖 8.35(c)和(d)所示。另外，因爲雷射光束的能量係爲高斯分佈，所以取下藍寶石基板之 GaN 層表面並不平坦，此時可以研磨拋光使之平整，如圖 8.35(e)所示。最後在 GaN 層上製作 Ti/Al/Ti/Au n型電極完成VC-GaN LED，如圖 8.35(f)所示。

注意，利用 LLO 技術所取下之藍寶石基板可以重複使用。此外，銅片可以使用電鍍的方式形成在GaN磊晶片上，較方便製作成晶粒。

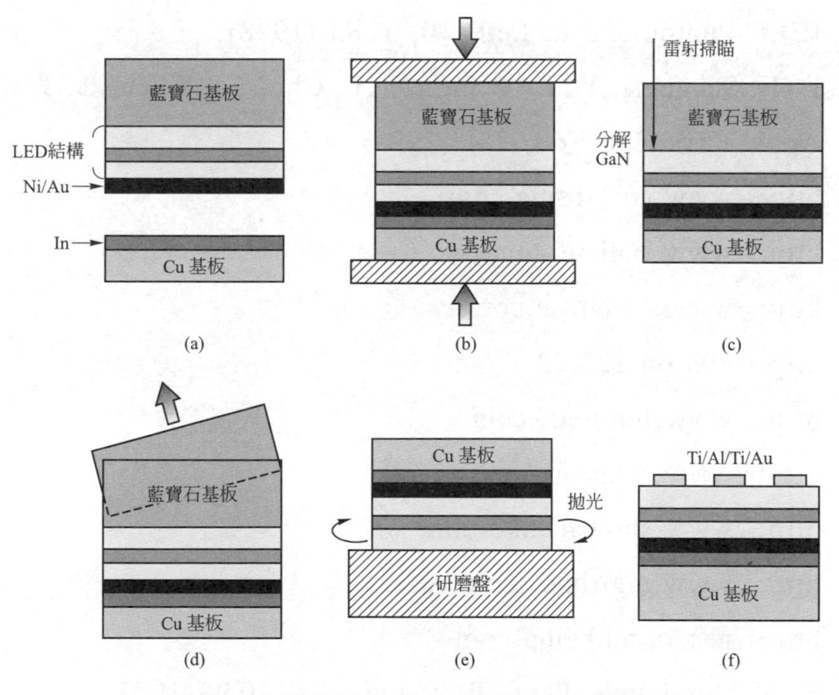

圖 8.35 使用 LLO 技術之 VC-LED 製程。

參考文獻

[1] Bawendi et al., US Patent 6,501,091B1.

[2] Mueller et al., US Patent 2003/0227249A1.

[3] 李季達，光連雙月刊55期(PIDA)，56 (2005).

[4] D. Yoffe, Adv. Phys. 51, 799 (1993).

[5] T. Takagahara and K. Takeda, Phys. Res. B 46, 15578 (1992).

[6] N. M. Park et al., Appl. Phys. Lett. 78, 2575 (2001).

[7] S. J. Lee et al., Jpn. J. Appl. Phys. 43, L784 (2004).

[8] R. N. Bhargava, J. Cryst. Growth 214-215, 926 (2000).

[9] E. Fred Schubert, Light-Emitting Diodes, Cambridge Univ. Express, 2003.

[10] K. Streubel, U. Helin, V. Oskarsson, E. Backlin, A. Johansson, IEEE Photon. Tech. Lett. 10, 1685 (1998).

[11] E. F. Schubert, Y. H. Wang, A. Y. Cho, L. W. Tu, G. J. Zydzik, Appl. Phys. Lett. 60, 921 (1992).

[12] http://www.coretronic.com

[13] http://www.radiant.com.tw

[14] http://www.forhouse.com.tw

[15] http://203.66.123.22

[16] http://www.lumileds.com

[17] http://www.samsung.com

[18] http://www.showadenko.com

[19] http://www.digitimes.com.tw

[20] http://neasia.nikkeibp.com

[21] E. Yablonovitch, Phys. Rev. Lett. 58, 2059 (1987).

[22] S. John, Phys. Rev. Lett. 58, 2486 (1987).

[23] K. Orita, S. Tamura, T. Takizawa, T. Ueda, M. Yuri, S. Takigawa, D. Ueda, Jpn. J. Appl. Phys. 43, 5809 (2004).

[24] J. Bohandy, B.F. kim, F.J.Adrian, J. Appl. Phys. 60, 1538 (1986).

[25] M.K. Kelly, O. Ambacher, R. Dimitrov, R. Handschuh, M. Stutzmann, Phys.stat. Sol. (a) 159, R3. (1997).

CHAPTER 9

度量學與固態照明技術

由於發光二極體是一種電光轉換元件，所以其外加電場的條件和溫度都會影響到光輸出特性，包含亮度和波長。因此，要敘述發光二極體的性能時，必須要先給定發光二極體的外在條件。此外，最近幾年發光二極體技術的增進，使得發光效率從2006年的50 lm/W提高到2009年約160 lm/W，由於具有體積小、發熱量低、耗電量小、壽命長、反應速度快、環保、高亮度等優點，而且沒有白熾燈泡高耗電、易碎及日光燈廢棄物含汞污染的問題等缺點，已儼然成爲新世紀最具發展潛力的新燈源。特別是最近幾年，因過度開發導致全球面臨能源短缺與地球環境劇變的威脅，新型具節能省碳概念的光源就成爲新世紀照明最重要的課題。本章將介紹發光二極體的性能描述方式及其量測技術，以及發光二極體在照明應用之最新的技術發展。

9.1 輻射定義

9.1.1 輻射度量

如圖9.1所示，爲了方便，參考點輻射源p向所有方向的輻射能量爲Q_e。表9.1列出常用的輻射度量的名稱、符號、定義及單位。其中輻射通量ϕ_e爲最常見的度量單位。

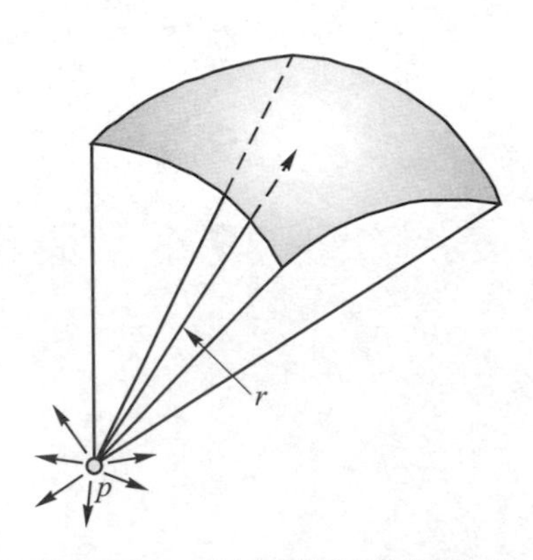

圖9.1　點輻射源p的輻射通量和強度

表 9.1　常用的輻射度量的名稱、符號、定義及單位

度量	符號	定義	單位
輻射能量	Q_e	以輻射形式向所有方向發射之能量	焦耳(J)
輻射通量	$\phi_e = dQ_e/dt$	單位時間(秒)通過之輻射能量	瓦特(W)
輻射強度	$I_e = d\phi_e/d\omega$	點輻射源在給定的方向上，單位立體角所傳播之輻射通量	瓦特每球面度($W\text{-}sr^{-1}$)
輻射照度	$E_e = d\phi_e/dA$	投射在單位面積上之輻射通量	瓦特每平方米($W\text{-}m^{-2}$)
輻射亮度	$L_e = dI_e/dA$	表面單位立體角單位投影面積上的輻通量	瓦特每球面度每平方米($W\text{-}sr^{-1}\text{-}m^{-2}$)

9.1.2　光度量

光度量的量測條件和圖 9.1 相同。但是，光度量與人類的眼睛對光的有效性有關。眼睛的感覺器官有兩種：錐狀體(cones)和柱狀體(rods)。柱狀體細胞負責感光，錐狀體細胞負責感色。單一的椎狀細胞並不包含能辨認每一種可見色彩的受體，而是有 3 種不同受體的混合體，即對紅色（red）、綠色（green）和藍色(blue）敏感。後來，這三色被定名爲光之原色，也就是三原色。在高度刺激的情形下，錐狀體的效率較高(明視感度, photopic vision)。另一方面，當亮度很低時，柱狀體較靈敏(暗視感度, scotopic vision)。眼睛的相對靈敏度會朝向短波長增加。我們在此要討論的係明視感度。表 9.2 列出常用的光度量的名稱、符號、定義及單位。其中，應該注意：

$$1cd = 4\pi lm = 12.57lm \tag{9.1}$$

表 9.2 常用的光度量的名稱、符號、定義及單位

度量	符號	定義	單位
光能量	Q_v	光被感知的能量，有時也叫光量。	流明每秒(lm-s)
光通量	ϕ_v	用光譜靈敏度爲$V(\lambda)$函數所量測之輻射通量。	流明(lm)
光強度	$I_v = d\phi_y/d\omega$	點光源在給定方向上，單位立體角內發射的光通量。1 流明則等於光強度爲 1 燭光之均勻點光源，在單位立體角內所發出之光通量。	燭光(cd=lm-sr-1)
光照度	$E_v = d\phi_y/dA$	投射在單位面積上的光通量	勒克斯 (lux=lm-m^{-2})
光亮度	$L_v = dI_v/dA$	表面單位立體角單位投影面積上的光通量。	尼特(nit=cd-m^{-2})

光度量所採用之光通量(luminous flux)ϕ_v的單位爲流明(lumen, lm)。其定義係 555nm 的單色光發射 1/683 瓦特(W)的光功率時，其具有 1 lm 的光通量。輻射度量和光度量之間的轉換可以藉由示於圖 9.2 之眼睛靈敏度函數(eye sensitivity function, 或稱爲視函數)，$V(\lambda)$，執行：

$$\phi_v = 683\int_{380}^{760} V(\lambda)\phi_e(\lambda)d\lambda \tag{9.2}$$

其中ϕ_e爲輻射通量，單位爲瓦特(W)，而 683 係歸一化因子，單位爲 lm/W，其表示：對於眼睛的最大靈敏度，1 W 的輻射能量等於 683 lm。如圖 9.2 所示，眼睛的最大靈敏度係在波長 555nm，此時的視函數 V(555nm)爲 1。因此，如果有相同功率強度的黃綠光跟藍光分別照在眼睛上，則我們會覺得黃綠光會比較亮。

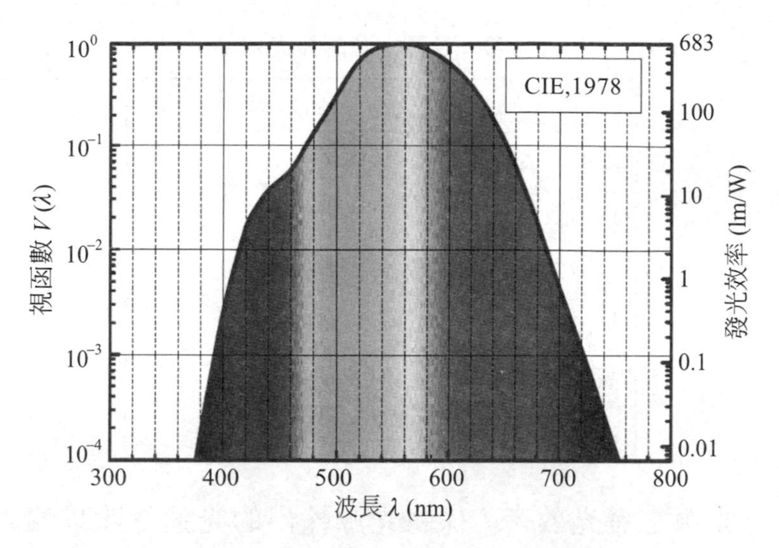

圖 9.2　視函數，$V(\lambda)$，和發光效率

9.1.3　發光效率(luminous efficiency)

在第 7 章中，我們曾經討論過量子效率和功率效率，這是就元件的角度所做的討論。本節就照明的角度討論兩種發光效率：(1)光輻射之發光效率和(2)光源之發光效率。

(1) 光輻射之發光效率：係指光功率轉換成光通量之轉換效率，單位為每瓦光功率的亮度(lm/W)，其定義為：

$$\eta_{lum,o} \equiv \frac{\phi_v}{\phi_e} = \frac{[683\int_{380}^{760} V(\lambda)\phi_e(\lambda)d\lambda]}{\int_{380}^{760}\phi_e(\lambda)d\lambda} \tag{9.3}$$

對於全光譜的光源而言，需要藉由積分所有的波長，才能計算出光輻射之發光效率。表 9.3 列出各種光源的發光效率。

表 9.3 各種光源的發光效率

光源	發光效率(1m/W)
愛迪生發明的燈泡	1.4
鎢絲燈泡	15～20
LED 燈	90～160
日光燈	50～80
高壓汞燈	50～60
高壓鈉燈	100～140

(2) 光源之發光效率：係將光源輸出的光通量除以輸入的電功率，單位也是每瓦光功率的亮度(lm/W)，其定義為：

$$\eta_{lum,e} \equiv \frac{\phi_v}{P_e} = \frac{\phi_v}{IV} \tag{9.4}$$

其中，P_e 為輸入的電功率，I 為順向注入電流，V 為順向電壓。若將(9.4)式除以(9.3)式可以得到(7.18)式之功率效率。發光二極體的輻射圖案(radiation pattern)或遠場圖案(far-field pattern)會因封裝的形式而改變，因此，亮度也會因量測的位置而改變。所以，發光二極體所發射的全部輻射通量為：

$$\phi_e = \int_A \int_\lambda E_e(\lambda)\, d\lambda\, dA \tag{9.5}$$

其中 E_e 為輻射照度，A 為表面積，λ 為波長。

一個 60W 的白燈泡，其光通量為 850lm，而且距離書桌 50 公分，試計算：

(a)發光效率　(b)光強度

(c)桌面的光照度　(d)桌面的光亮度

解 (a)$\eta_{lum} = 850/60 = 14.17\ lm/W$

(b)$I_v = 850/4\pi = 67.64\ cd$

(c)$E_v = 850/4\pi(0.5)^2 = 270.56\ lux$

(d) $L_v = 67.64/4\pi(0.5)^2 = 21.53\ nit$

9.2 量測系統與量測方法

發光二極體的特性有電特性和光特性，而光特性又分亮度和波長兩種。本節將介紹發光二極體的量測系統與量測方法。

9.2.1 電特性

發光二極體的電特性可以藉由電流源、電壓計和電腦，如圖 9.3 (a)所示，繪製出電流-電壓特性曲線，如圖 9.4 所示。表 9.4 列出一些常用之描述電特性的符號和定義。由於氮化鎵系發光二極體(GaN-based light-emitting diodes)之氮化鎵與藍寶石基板之間的晶格差配很大，所以缺陷密度過多，因此有漏電流的問題而影響發光二極體的可靠度。目前產業界爲了管制出貨的品質，將順向偏壓從慣用的 20mA 時的順向偏壓再細分出小電流時的順向偏壓。

表 9.4 一些常用之描述電特性的符號和定義

名稱	符號	定義
第一順向偏壓	V_{F1}	20mA 時的順向偏壓
第二順向偏壓	V_{F2}	1mA 時的順向偏壓
第三順向偏壓	V_{F3}	10μA 時的順向偏壓
逆向偏壓	V_Z	−10μA 時的逆向偏壓
漏電流	I_R	−10V 時的漏電流

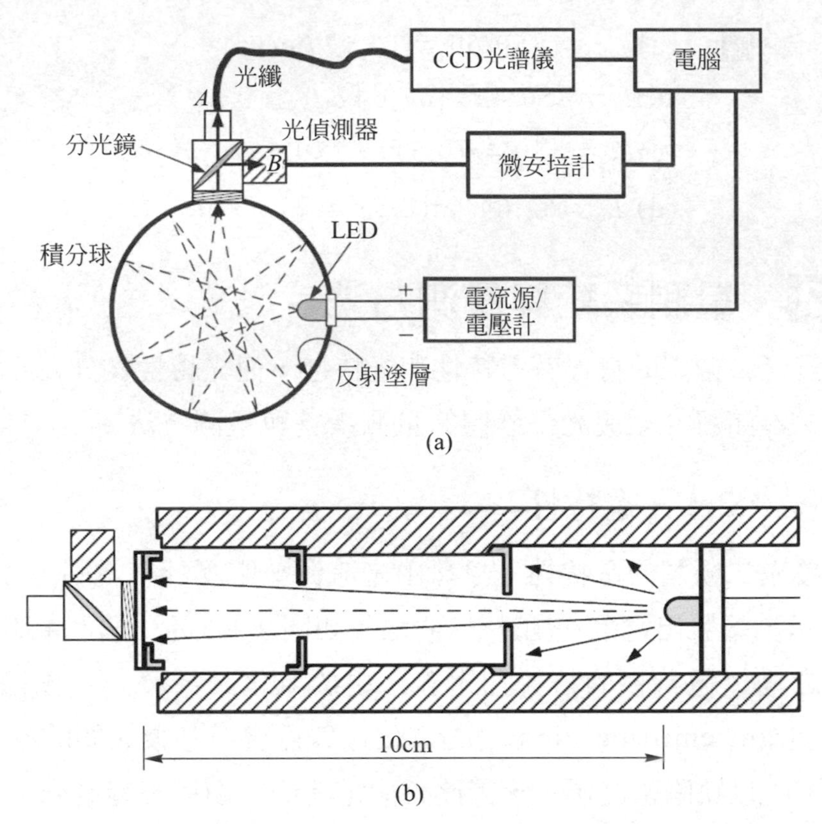

圖 9.3　發光二極體的量測系統：(a)輻射度量，(b)光度量所使用之取光配件

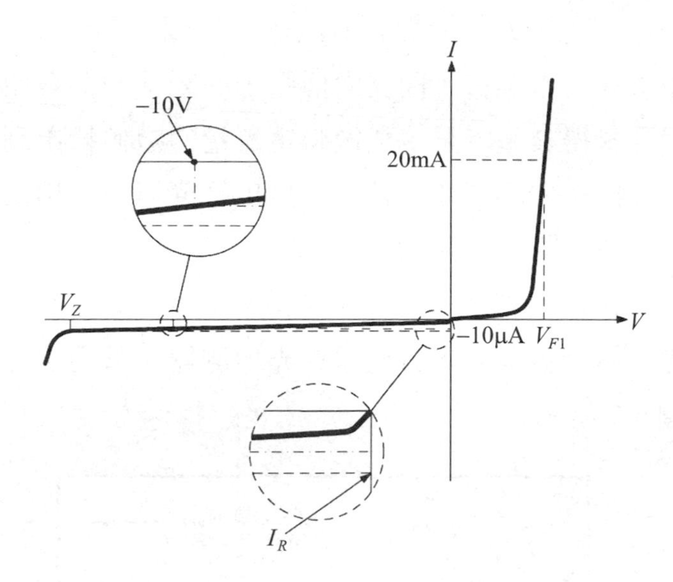

圖 9.4　發光二極體的電流-電壓特性曲線及電特性的定義位置

9.2.2　光特性

當外加電場使發光二極體發光時，發光二極體的亮度若以輻射度量，則系統係採用圖 9.3(a)之架構，利用積分球收集所有的光線。若以光度量，則將圖 9.3(a)之系統中的積分球換成圖 9.3(b)的取光配件，只收取單點的光線。

然後，將收取得的光線利用分光鏡分成光線 A 和光線 B。光線 A 用以量測波長，光線 B 用以量測亮度。波長的量測通常係採用光譜儀，例如 CCD(charge-coupled device, 電荷耦合元件)光譜儀，如圖 9.5 所示。光線 A 藉由光纖和反射鏡 1 入射到光柵，轉動光柵，將入射光分出單一波長的單色光。藉由反射鏡 2 將單色光入射在 CCD 感測器上，CCD 感測器將光訊號轉換成電訊號，然後將電訊號輸出到電腦。電腦依波長和電訊號強弱繪製出光譜，而光譜中的最大值，稱爲峰值波長(peak wavelength)。

另一方面，光線 B 入射到光偵測器。如圖 9.6 所示，光偵測器因入射光而產生電子電洞對，因反向偏壓，使光偵測器會產生光電流，藉由微安培計量得其電流量，然後將電流量的數值輸出到電腦。電腦依電流量的數值與內建值作比較，換算出亮度值。常用之矽光偵測器用以量測可見光發光二極體，可量測的波長範圍爲 350nm 到 1100nm。紅外線發光二極體可使用 InGaAs 光偵測器或 Ge 光偵測器。但是，紫外光發光二極體目前尚未有適當的光偵測器。常用之光偵測器的光響應度如圖 9.7 所示。

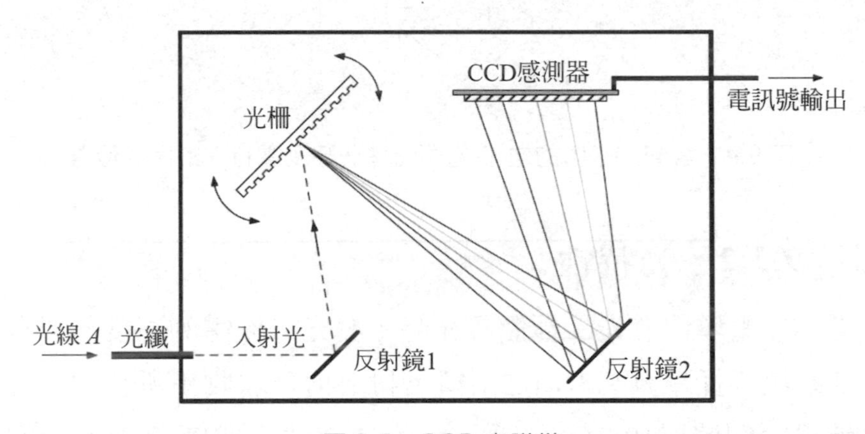

圖 9.5 CCD 光譜儀

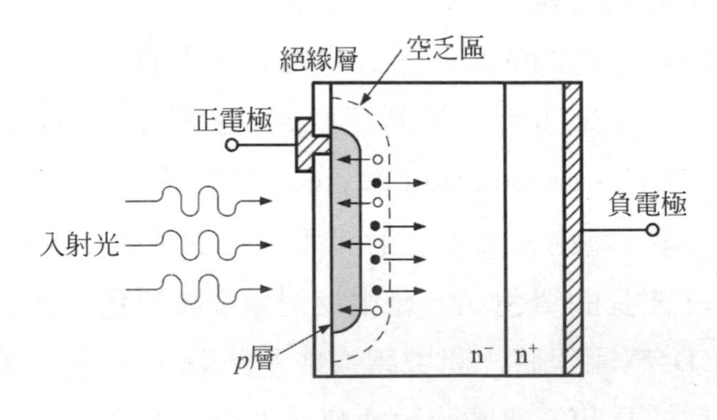

圖 9.6 光偵測器之結構圖

範例 9.2 若光偵測器的面積為 1cm^2，發光二極體到光偵測器的距離為 10cm，試計算立體角。

解 $$\frac{1\text{cm}^2}{4\pi \times 100\text{cm}^2} \times 4\pi = 0.01\text{sr}$$

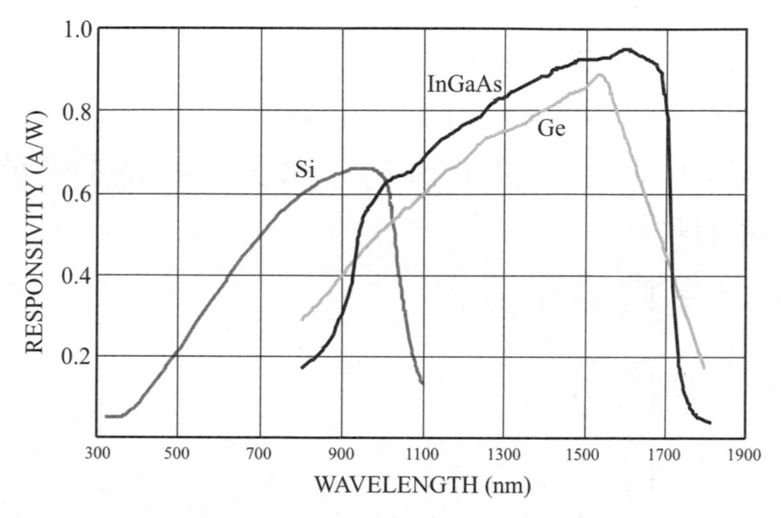

圖 9.7 常用之光偵測器的光響應度

9.3 波長與亮度

9.3.1 波長的計算

波長的計算相當複雜，這是因為人類的眼睛無法精確地描述出發光體的波長，所以需要藉由光譜儀量測出波形，然後再修正為眼睛所看到的波長(稱為主波長，dominate wavelength)。

(A) 色彩匹配函數與色度座標

國際照明委員會(the International Commission for Illumination 或 Commission Internationale de l'Eclairage, CIE)使用色彩匹配函數(color matching functions)和色度座標(chromaticity diagram)，將

色彩的量測標準化。注意，色彩匹配函數和色度座標並不是唯一的，CIE的版本常會修改。目前常用的是1931年的版本，如圖9.8所示。其中，$\bar{x}$表示紅光色彩匹配函數，$\bar{y}$表示綠光色彩匹配函數，而$\bar{z}$表示藍光色彩匹配函數。$\bar{y}$色彩匹配函數即圖 9.2 之視函數$V(\lambda)$。此外，要注意：$\bar{x}$，$\bar{y}$，$\bar{z}$和$V(\lambda)$都是無因次量。1953年改版CIE色度座標則適用 NTSC 電視色彩系統。

色度座標圖又稱爲色像圖。CIE 將所有的光色都給予一個座標值。利用圖9.8之色彩匹配函數可以計算出所有光色的色度座標。三種錐狀體的刺激程度爲：

$$X=\int_{380}^{760}\bar{x}(\lambda)\phi_e(\lambda)d\lambda \tag{9.6}$$

$$Y=\int_{380}^{760}\bar{y}(\lambda)\phi_e(\lambda)d\lambda \tag{9.7}$$

$$Z=\int_{380}^{760}\bar{z}(\lambda)\phi_e(\lambda)d\lambda \tag{9.8}$$

其中X，Y，Z係表示每一個錐狀體相對刺激程度的刺激值。色度座標中的x值可由下式獲得：

$$x=\frac{X}{X+Y+Z} \tag{9.9}$$

色度座標中的y值可由下式獲得：

$$y=\frac{Y}{X+Y+Z} \tag{9.10}$$

色度座標中的z值可由下式獲得：

$$z=\frac{Z}{X+Y+Z}=1-x-y \tag{9.11}$$

注意，所有的色度座標都被歸一化。此外，z 值可由 x 值和 y 值計算出來，所以z座標是多餘的，不需要使用。

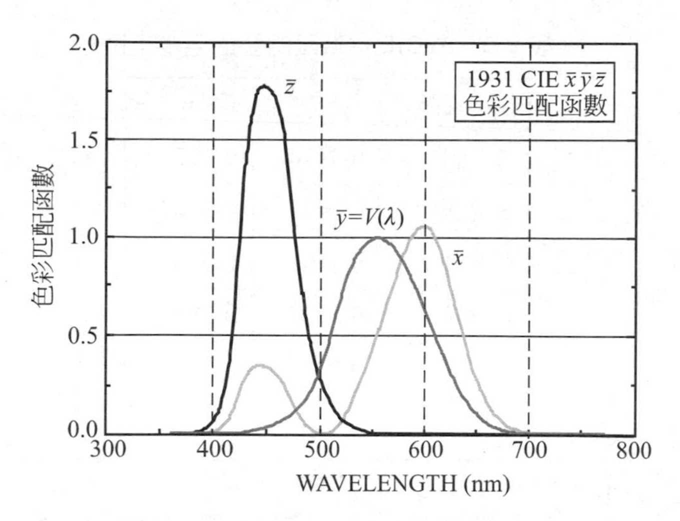

圖 9.8　CIE (1931)$\bar{x}\bar{y}\bar{z}$色彩匹配函數

(B) 主波長的計算

顏色的主波長(dominate peak)相當於人眼觀測到的顏色的色調(hue)。主波長的任何一個顏色都可以看作爲用某一個光譜按一定比例與一個參考光源(如 CIE 標準光源 A、B、C，標準照明體 D65，和等白光光源 E 等)相混合而匹配出來的顏色，這個光譜就是顏色的主波長。表 9.5 爲CIE標準照明體的色度座標。若已獲得待測LED的色度座標，就可以採用等能白光E光源(equal-energy point)的色度座標爲 $x=0.3333$，$y=0.3333$ 當作原點計算主波長。在計算出 x，y 值之後，就可以在色度座標圖上標示出座標位置。例如，利用圖 9.9 之 GaN 系藍光LED的光譜圖和方程式(9.6)～(9.11)計算出 $x=0.1939$，$y=0.1576$。根據色像圖上連接原點(參考光源色度座標)與待測 LED 的色度座標點形成一條延伸至色像圖邊界的直線，此直線與色像圖邊界的交點即爲主波長。如圖 9.10 所示，主波長結果爲 470.5 nm。

表 9.5 為 CIE 標準照明體的色度座標

照明體	x	y
A 光源	0.4476	0.4075
B 光源	0.3485	0.3517
C 光源	0.3101	0.3163
D65 光源	0.3127	0.3291
E 光源	0.3333	0.3333

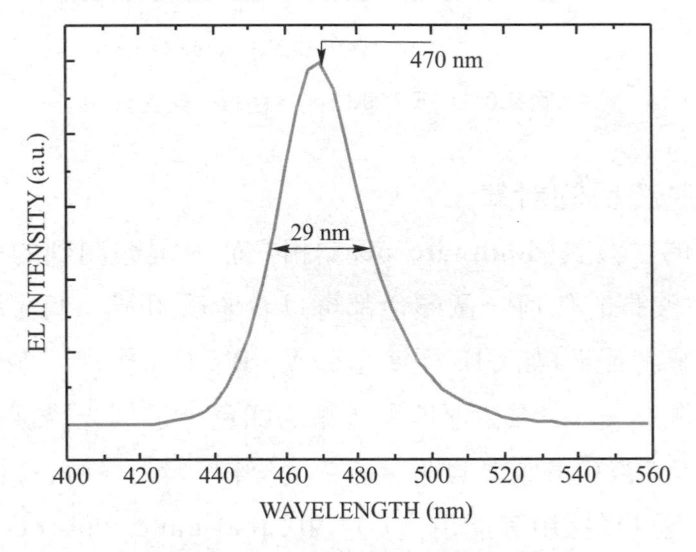

圖 9.9 GaN 系藍光 LED 的光譜圖

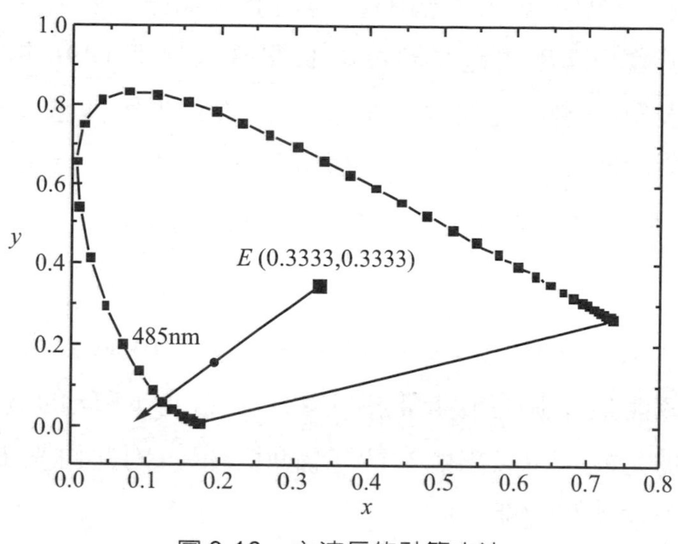

圖 9.10　主波長的計算方法

9.4 固態照明技術

LED 燈是對環境無化學污染的綠色燈具，具有節能、低熱能、少輻射、壽命長又耐衝擊，集各項優點節能光源，因此，繼 2000 年在 LCD 背光源的應用之後，LED 燈已成爲世界各國政府照明光源推廣之指標。其中，LED 燈具效率=LED 晶片效率×熱損×光損×電損，所以 LED 燈的實際效率約只剩下六成。總而言之，目前 LED 燈具所面臨的問題有四：光色、驅動、散熱和亮度。

9.4.1 名詞說明

從西元前 3 世紀起，蠟燭和油燈陪伴人類的夜晚已長達 22 個世紀。西元 1810 年代，煤油燈的出現，正式進入第一代照明光源的時代。從此，每約間隔 60 年就有一個新世代的照明光源出現。西元 1879 年愛迪生發明了第二世代光源一白熾燈，開啓了近代照明光源技術的演進。1938 年，美國 GE 公司發表第三世代照明光源—螢光燈，從此引發一連串放電光源技術的開發。到了 1996 年，日本的日亞化學發表第一顆白光發光二極體，正式宣告第四世代照明光源—LED的固態照明世代來了。第一顆可見光的LED於 1962 年問世，現在 LED 的應用已從原先的指示燈演進到照明光源。下面先說明一些照明的專業術語。

(A) 發光效率(luminous efficiency：lm/W)

發光效能是光源的最重要特性之一，白光 LED 的發光機制是把電能轉換爲光能，所發出的光能以流明表示，因此白光 LED 的效率通常以發光效能來說明。

(B) 色溫 (correlated color temperature, CCT)

色溫的定義是依據黑體(例如鐵)加熱，當溫度升高至某一程度以上時，其發光顏色是深紅色，當溫度升高發光顏色逐漸改變爲淺紅、橙黃、白、藍白、藍等各種光色。倘若以色度座標系統(如CIE 1931)來觀察，其光色的色度座標變化會呈現出曲線的軌跡，而這色溫曲線一般稱爲普朗克軌跡(planckian locus)，如圖 9.11 所示。在實用上，做爲照明光源的色度座標，都要求必須非常接近普朗克軌跡，否則人類眼睛會有不舒服的感覺。一般而言，色溫在 3300K 以下時，光色有偏紅的現象，給人是一種溫暖的感覺，稱爲暖色系。而色溫超過 6000K 時顏色會偏向藍光，給人一種清冷的感覺，稱爲冷色系。在不同的應用場所，使用照明光源會有不同的偏好，例如美國人一般在辦公室多喜歡使用 4200K 的白光照明光源，在家庭則常用低於 3300K 的光源。

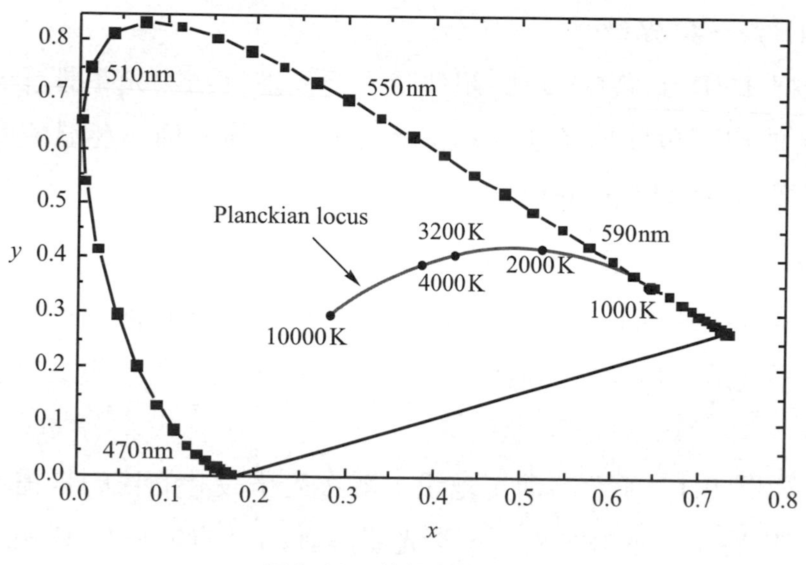

圖 9.11 普朗克軌跡

(C) 演色指數(color rendering index, CRI)

演色性是照明光源能展現物體顏色眞實程度的一種特性，演色性高的光源對物體顏色的表現較爲逼眞，被照物體對人類眼睛所呈現的顏色也比較接近其自然的原色。演色性通常以演色指數做爲指標。測量標準是把標準參考光源照射物體所呈現的顏色定義爲 100，並把由測試光源照射物體所呈現顏色的眞實程度，以百分比表示(如 75 即 75 %眞實色彩)，做爲這測試光源的演色指數。

9.4.2 LED 燈具的光學設計

在 LED 燈具的光學設計方面，有幾個術語：

(A) 零次光學

將 LED 晶片內部的光儘可能地引出的 LED 晶片外部。

(B) 一次光學

把 LED 封裝成 LED 組件時，要先進行一次光學設計，以解決 LED 的出光角度、光強、光通量大小、光強分佈、色溫的範圍與遠場圖案(far-field pattern)。

(C) 二次光學

針對大功率LED照明來說，一般大功率LED都有一次透鏡。二次光學就是將經過一次透鏡後的光再通過一個光學透鏡改變它的光學性能。

如圖 9.12 所示，簡單地說，零次光學設計的目的是盡可能的取出LED晶片中發出的光。一次光學設計的目的是將LED晶片中發出的光引導到 LED 封裝體的正面。二次光學設計的目的則是讓整個燈具系統發出的光亮度和光形能滿足設計者的需求。

LED 燈具可採用光學模擬軟體來做光學設計，這一類的軟體包含ASAP、TracePro、和LightTools等，可進行一系列之幾何光學模擬，其可用應用的領域包含了，LED 模擬、二次光學設計、車燈設計及模擬、LED背光源模擬及設計、等等。其主要內容如下：

(1) LED混光：進行LED混光設計與各項分析功能。
(2) 集光模擬：針對路燈或背光源模組，進行 LED 之二次光學設計，進而設計LED之光型分佈。
(3) 燈具設計應用：設計燈具模型、光學參數設定與各項分析功能。
(4) 車燈設計：設計各種類型之反射罩及搭配車燈專利進行車燈設計及模擬。

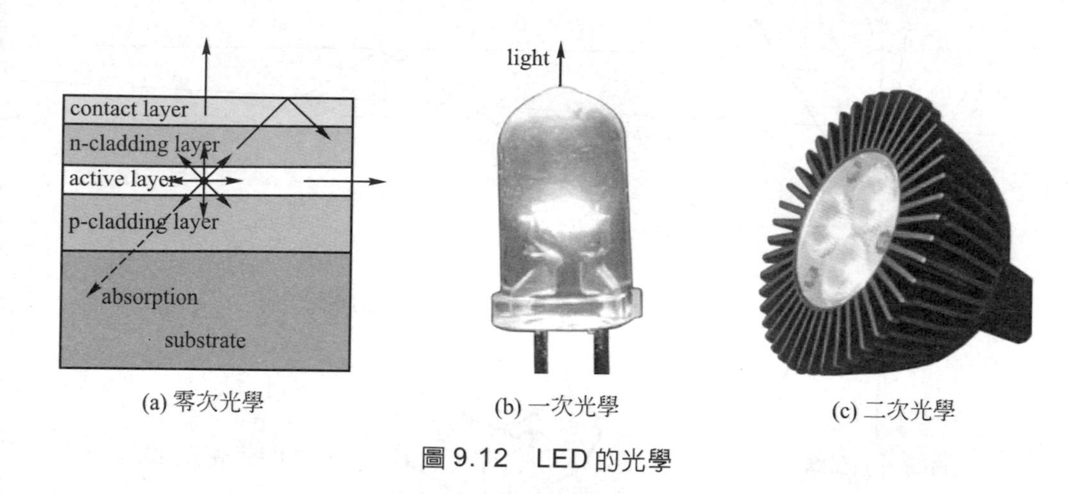

(a) 零次光學　(b) 一次光學　(c) 二次光學

圖 9.12　LED 的光學

2008 年以後，LED燈具已逐漸應用於路燈。97 年 12 月 4 日經濟部標準檢驗局公告 CNS 15233「發光二極體道路照明燈具」標準，LED 路燈之發光效率須大於或等於 50 lm/W。其中包含 LED 模組光學與電性量測標準，LED 熱阻量測標準，和 LED 道路照明燈具標準。在 LED 路燈的基本特性中：LED 路燈的功率因數必須大於或等於 0.95，且其功率因數測試值須在標示值 95%以上，總電路功率需在廠商標示值±10%，LED 光源之色溫不得高於 7000K。LED路燈的配光特性之光度分佈須符合下圖之要求。圖 9.13(c)為LED 路燈配光曲線圖。

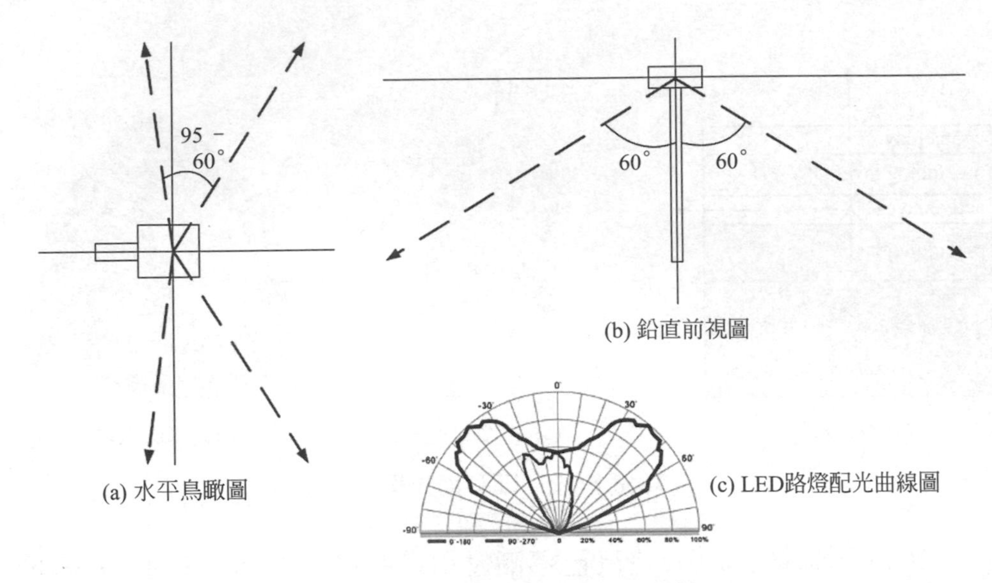

圖 9.13 LED 路燈的配光曲線

9.4.3 LED 燈具的散熱問題

LED 封裝的作用是將外引線連接到 LED 晶片的電極上，不但可以保護晶片防禦輻射，水氣，氧氣，以及外力破壞，而且提高發光效率的作用、提高元件之可靠度、改善/提升晶片性能、提供晶片散熱機構及設計各式封裝形式，提供不同之產品應用，所以 LED 封裝不僅僅只是完成輸出電信號，更重要的是保護管芯正常工作，輸出可見光的功能。可見 LED 封裝既有電參數，又有光參數的設計及技術要求，所以並不是一項簡單的工作。

目前主要的發光二極體依其後段封裝結構與製程的不同分為下列幾類：

(1) 第一種是 LED 燈，其係將發光二極體晶片先行固定於具接腳之支架上，再打線及膠體封裝，其使用係將 LED 燈的接腳插設焊固於預設電路的電路基板上，完成其 LED 燈的光源結構及製程。

(2) 第二種是表面粘貼式的LED (SMD LED)，其係將晶片先行固定到細小基板上，再進行打線的動作，接著進行膠體封裝，最後再將該封裝後的 LED 焊設於印刷電路板上，完成SMD LED的光源結構及製程。

(3) 第三種是覆晶式LED，完成晶片製作後，將晶片覆設於覆晶轉接板上(凸塊制程)，並利用金球、銀球、錫球等焊接製程以高週波方式焊接，然後做成LAMP或SMD進行膠體封裝，最後再將成品焊設於印刷電路板上，而完成其光源結構與製程。

(4) 第四種是 CHIP ON BORD(COB)，係將晶片固設於印刷電路板上，再進行打線的動作，接著進行膠體封裝，而完成其光源結構與製程。隨著白光 LED 發光效率的逐漸提高，將白光LED 已應用在照明，但是很明顯地，單顆白光LED 其驅動電源偏低，因此，以目前的封裝形式不太可能以單顆白光 LED 來達到照明所需要的流明數。針對於這個問題，目前主要的解決方法大致上可分爲兩類，一是較傳統的將多顆LED，利用組成光源模組來使用，而其中每單顆 LED 所需要的驅動電源與一般所使用的相同(約爲 20～30 mA)；另一種方法則爲目前幾個高亮度發光二極體製造商所使用的方法，即是使用所謂的大面積晶粒製程，此時不再使用傳統晶粒的大小，而將晶粒製程爲更大的尺寸，並使用高驅動電流驅動這樣的發光元件(一般爲 150～350 mA，目前更可高至500 mA 以上)。但無論是使用何種方法，都會因爲必須在極小的LED 封裝中處理極高的溫度，若元件無法將高熱散去，除了各種封裝材料會因爲彼此間膨脹係數的不同而有產品可靠度的問題，晶粒的發光效率更會隨著溫度的上升而有明顯地下降，並造成元件壽命明顯縮短。因此如何散去元件中的高熱，成爲目前 LED 封裝技術的重要課題。散熱除了使用良好導熱材料之外，還需考慮到面積、空氣力學及環境。熱傳的方法有傳導、對流和輻射三種方法。圖 9.14 爲 LED 的散熱示意圖。LED 的熱係在 p/n 接面處的發光區產生，然後傳導到散熱塊和金屬板，最後藉由對流和輻射散熱。

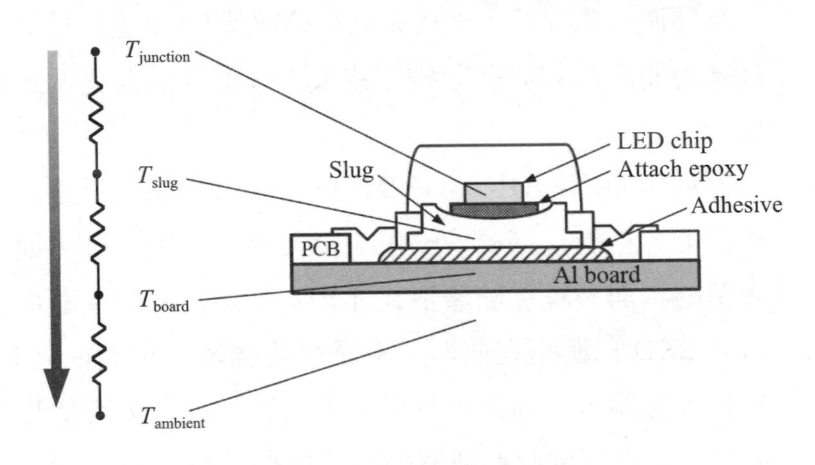

圖 9.14　LED 的散熱示意圖

對於 LED 而言，最重要的便是輸出的光通量及光場分佈，所以 LED 其中一端必定不能遮光，而需使用高透明效果的 Epoxy 材料包覆。但目前的 Epoxy 幾乎都爲不導熱材料，因此對於目前的 LED 封裝技術而言，其主要的散熱均是利用其 LED 晶粒下方的金屬腳座來散去元件所發出的熱能。就目前的趨勢而言，金屬腳座材料的選擇主要是以熱傳導係數高的材料爲組成，如鋁、銅甚至陶瓷材料等，但這些材料與晶粒間的熱膨脹係數差異甚大，若讓其直接接觸，很可能因爲在溫度升高時材料間產生的應力而造成可靠度的問題，所以一般都會在材料間加上兼具傳導係數及膨脹係數的中間材料作爲間隔。採用上述的觀念，松下電器於 2003 年將多顆發光二極體製成在金屬材料與金屬系複合材料所製成的多層基板模組上以形成光源模組，利用光源基板的高導熱效果，使光源的輸出在長時間使用下仍能維持穩定。同樣利用高散熱基板的想法，Lumileds 將其應用在大面積晶粒的產品上。Lumileds 基板所使用的材料爲具有高傳導係數的銅材，再將其連接至特製之金屬電路板，兼顧電路導通及增加熱傳出之效果。表 9.6 爲一些物質的熱傳導係數。

表 9.6 一些物質的熱傳導係數

物質	k(W/mK)	物質	k(W/mK)
黃銅(Brass)	109.0	SiC	490
銅(Copper)	385.0	Si	130
水銀(Mercury)	8.3	空氣(Air)	0.824
鋁(Aluminum)	205.0	氧(Oxygen)	0.023
不銹鋼(Stainless Steel)	50.2	氫(Hydrogen)	0.14
銀(Silver)	406.0	GaN	130
Sapphire	46	AlN	285

目前照明用之 LED 的量子效率約 15%，也就是說其餘的 85%則轉變成爲熱。傳統的 LED 燈泡式的封裝體熱阻約爲 250 ℃/W，但是因爲輸入功率很小(<0.1W)，所以產生的熱也少。照明用之LED的輸入功率較大，通常>0.5 W，所以產生的熱也多。所以當 1996 年第一顆白光LED問世以後，LED燈的熱阻就一直是一個非常熱門的議題，各種不同的封裝方式被提出。圖 9.15 爲各種LED封裝體熱阻的演進。爲了強化LED的散熱，過去的FR4 印刷電路板已無法應付(熱傳導率僅 0.36W/mK)，因此有業者提出使用金屬核心的印刷電路板(Metal Core PCB, MCPCB)，就是將原有的印刷電路板附貼在另外一種熱傳導效果更好的金屬上(如：鋁、銅)，以此來強化散熱效果，而這片金屬位在印刷電路板內，所以才稱爲「Metal Core」，MCPCB 的熱傳

導率就高於傳統 FR4 PCB，達 1～2.2 W/mK。不過，MCPCB 也有些限制，在電路系統運作時不能超過 140℃，這個主要是來自介電層(Dielectric Layer，也稱Insulated Layer，絕緣層)的特性限制，此外在製造過程中也不得超過 250～300℃。所以又有業者提出IMS PCB (Insulated Metal Substrate PCB，絕緣金屬基板)，將高分子絕緣層及銅箔電路以環氧方式直接與鋁、銅板接合，然後再將 LED 配置在絕緣基板上，此絕緣基板的熱傳導率約 1.1～2W/mK。除了MCPCB、IMS PCB之外，也有人提出用陶瓷基板(ceramic Substrate)，或者是直接銅接合基板(Direct Copper Bonded Substrate, DCB 基板)。此種基板的熱傳導率約 24～170 W/mK。其允許製程溫度、運作溫度達 800℃以上。MCPCB、IMS PCB 和 DBC 的結構示意圖如圖 9.16 所示。另外，最近 IRC 公司提出一種名為 Anotherm 的陽極氧化鋁基板，用以當作 LED 燈的散熱基板。鋁基板在陽極處理之後會在其表面形成一層厚度約數微米的絕緣氧化鋁薄膜，此種陽極氧化鋁基板的熱阻約只有 0.02℃/W。

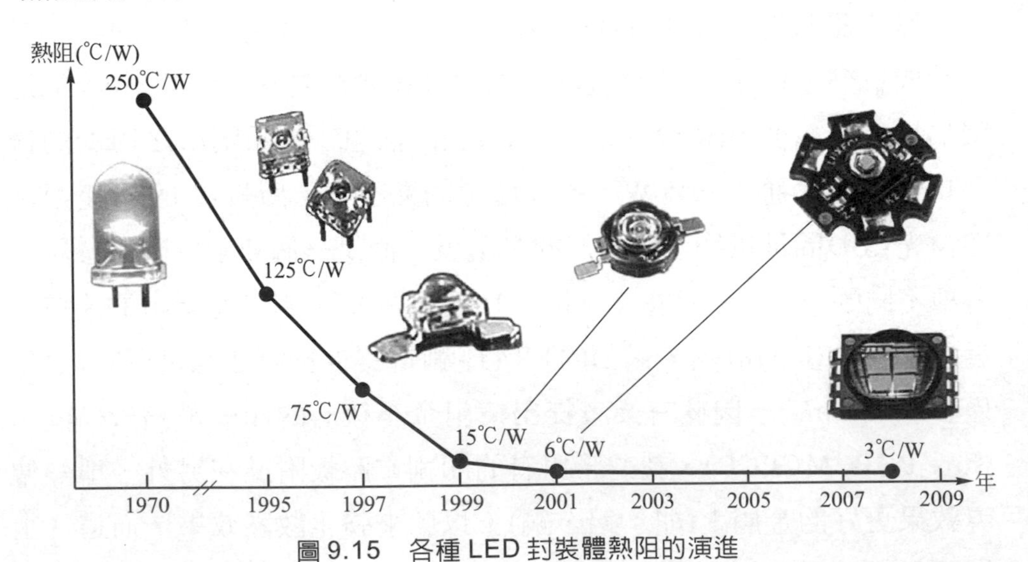

圖 9.15 各種 LED 封裝體熱阻的演進

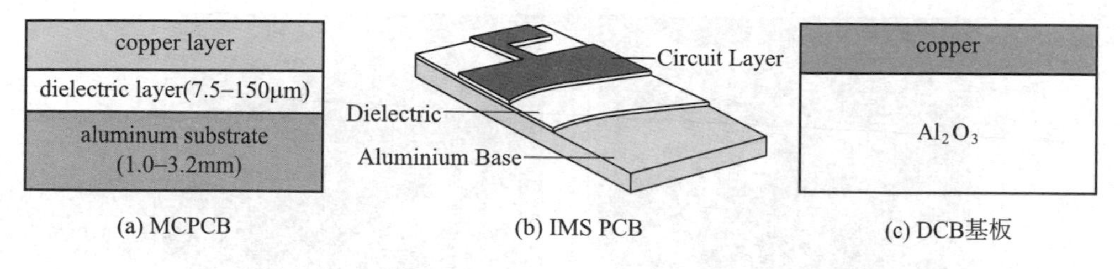

圖 9.16　MCPCB、IMS PCB 和 DBC 的結構圖

最後可以利用LED接面溫度量測儀量測LED燈的接面溫度。例如，圖 9.17(a)爲一般 5050 LED 燈有/無焊接 MCPCB 的外觀照片。圖 9.17(b)爲 5050 LED 燈在不同注入電流下的溫升和熱阻值。在 50 mA 的注入電流下，5050 LED 燈有/無焊接 MCPCB 的溫升和熱阻值分別爲 6 和 12℃，及 40 和 80℃/W。顯示 MCPCB 對 LED 的散熱非常有幫助。圖 9.18 爲 5050 LED燈分別在 50、100、150 和 200mA 注入電流下的熱影像圖。其所測得的結果和接面溫度量測儀的結果相當吻合。

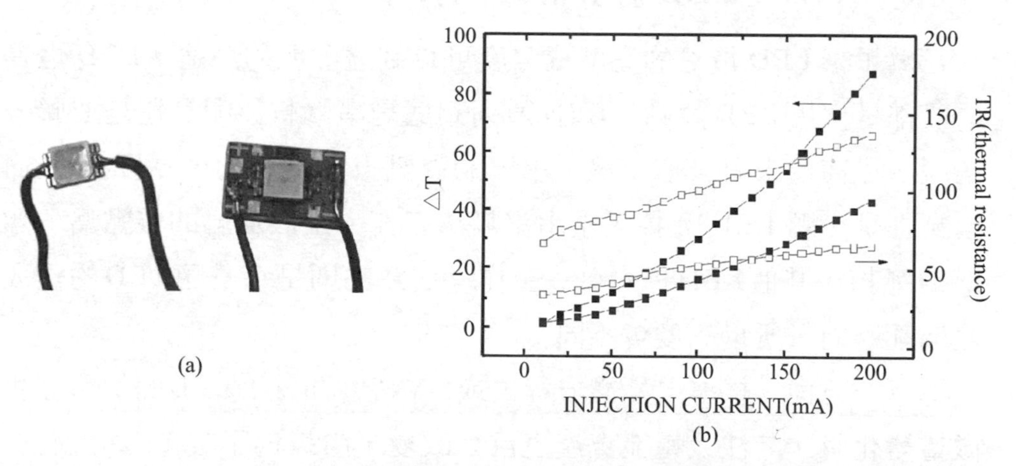

圖 9.17　5050 LED 燈在不同注入電流下的溫升和熱阻值

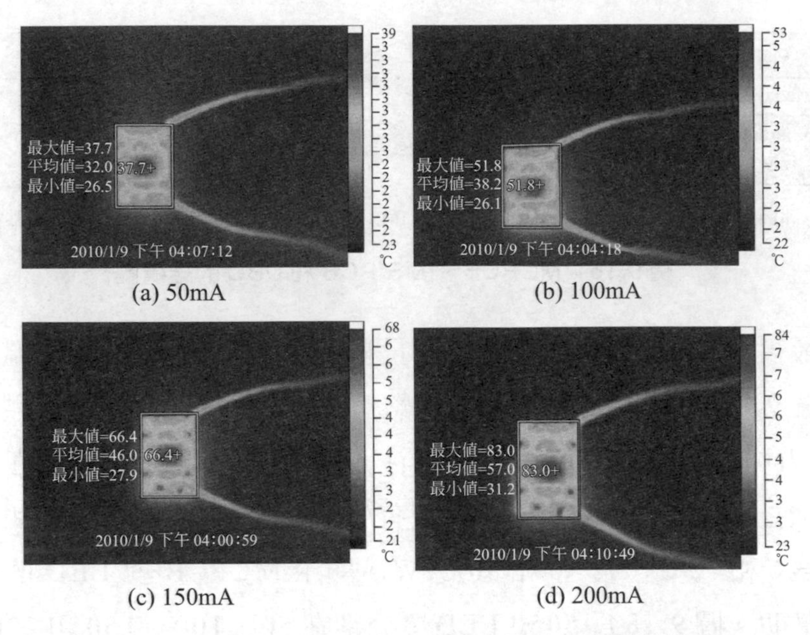

(a) 50mA (b) 100mA

(c) 150mA (d) 200mA

圖 9.18 5050 LED 燈在不同注入電流下的熱影像圖

9.4.4 LED 燈具的驅動技術

爲了讓 LED 燈具的亮度或照度可以到達照明的用途，LED 燈具一般都是使用 LED 陣列。LED 陣列到底是串聯較佳呢？還是並聯較佳呢？目前尚未有一個定論。串聯的優點爲電流相同，亮度接近;而缺點則是一顆 LED 死掉，整串都無法工作。至於並聯的優點爲一顆 LED 死掉，其他 LED 仍然可以工作；而缺點則是每一顆 LED 的注入電流都不同，所以亮度會不同。

另一方面，根據二極體方程式或 I-V 特性曲線，LED 的偏壓發生微量變化時，其注入電流會產生巨大改變，所以爲了讓 LED 燈有一個穩定的操作環境，LED 應以定電流驅動爲佳。例如，對於 LCD 背光源模組的應用，LED 燈係採用直流(DC)驅動的方式。

2008 年 10 月，工研院(IRTI)推出 AC-LED 的概念，並組成應用研發聯盟。以交流(AC)方式驅動 LED 燈主要是針對照明用 LED 燈具之電源的取得。下面將列出一些常見的 LED 燈具之驅動電路。

(A) LED直接以正反向串接組成，外加限流電阻用以降壓達到適合的驅動電流，如圖 9.19 所示。優點爲簡單、直接。缺點爲效率低。

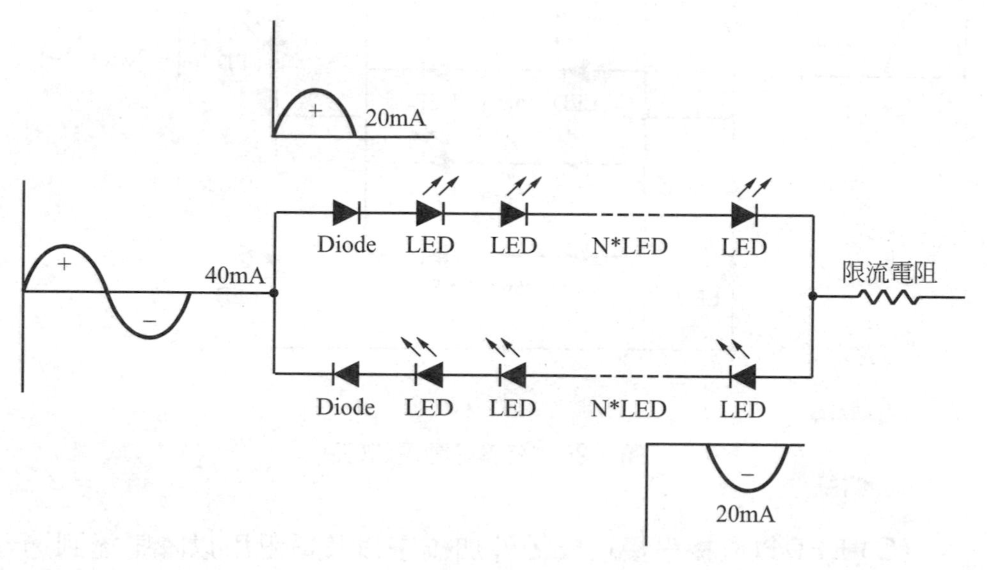

圖 9.19　流驅動電路(一)

(B) LED以複合橋式串接組成，外加限流電阻用以降壓達到適合的驅動電流，如圖 9.20 所示。優點爲效率較高於種類A，恆亮LED晶片數增加以及電流差異亦增加發光效率。缺點爲以發光效率而言，效率仍比 DC 驅動 LED 低 20%～40%。

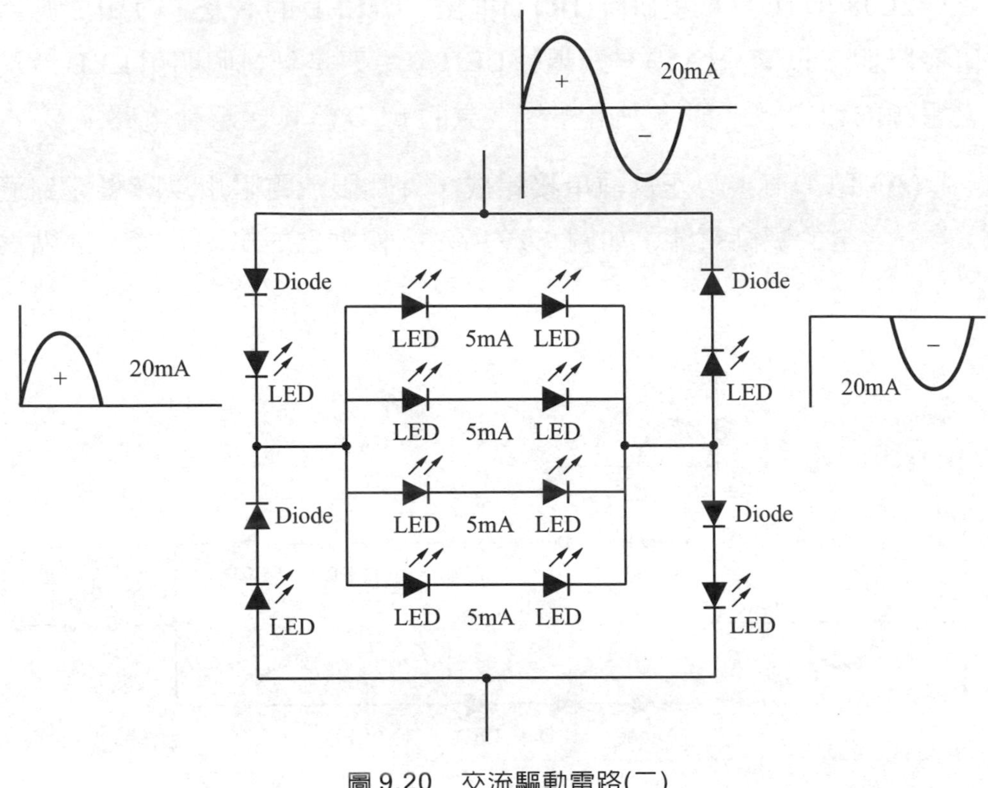

圖 9.20　交流驅動電路(二)

(C) LED以直接串接組成，外加橋整以及電阻用以降壓達到適合的驅動電流，如圖 9.21 所示。優點爲效率較高於種類B，全維恆亮LED晶片和減少閃爍，增加發光效率。缺點爲以發光效率而言，效率仍比DC驅動LED低15%～25%，電路成本開始增加，屬半個DC驅動LED。

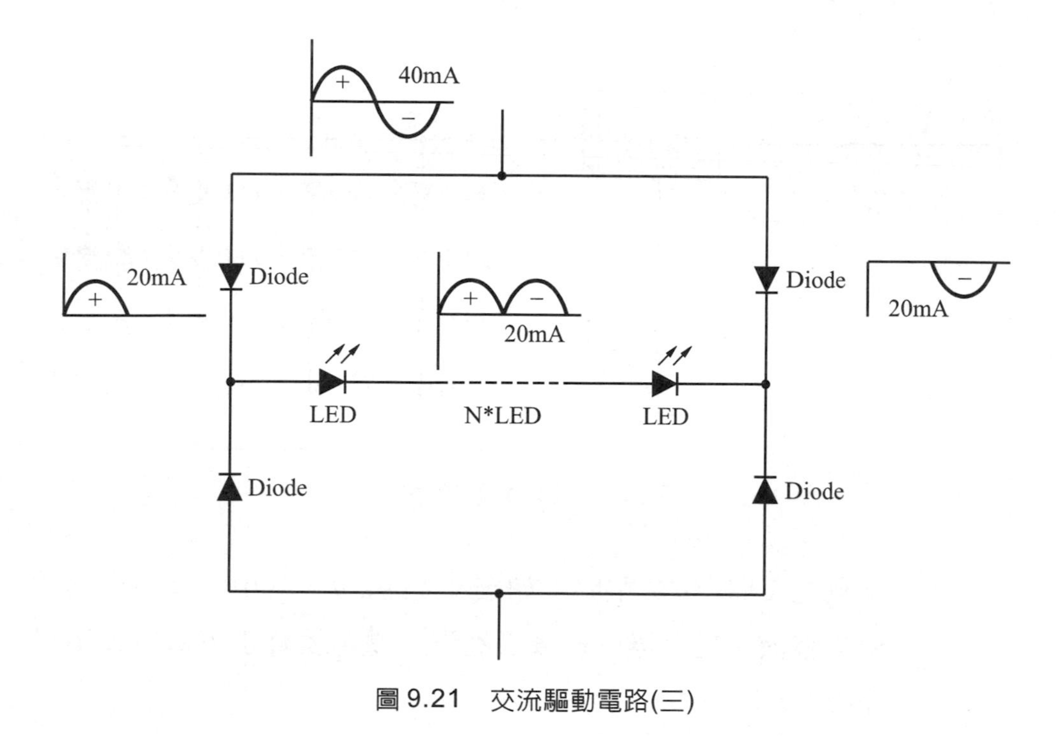

圖 9.21　交流驅動電路(三)

(D) LED以複合串並方式組成，外加主動元件，達到降壓和定電流的輸出，如圖 9.22 所示。優點爲體積小、成本低，LED不會因短路或者正常電壓波動下，或因溫升造成 LED 電流改變、明亮不均。缺點爲仍有一定程度的能量消耗，輸出控制等設計品質需經得起考驗，90%已是接近 DC 驅動 LED。

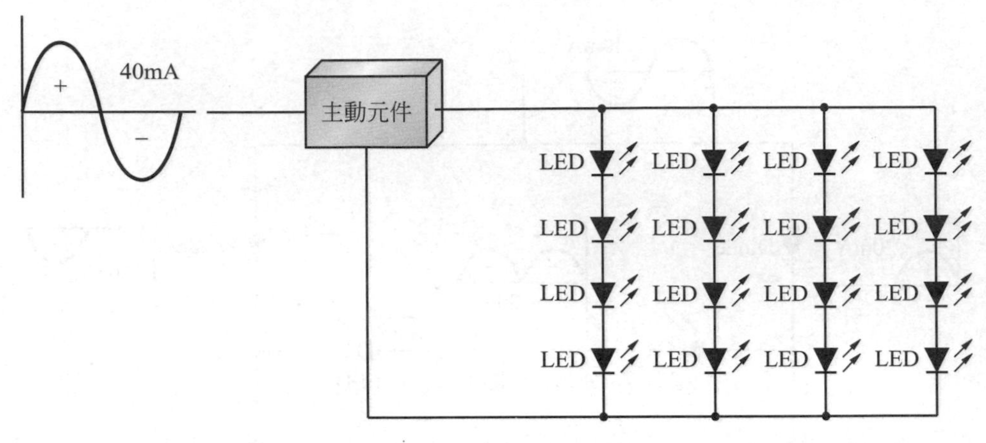

圖 9.22 交流驅動電路(四)

(E) 常見之 LED 燈具電路，如圖 9.23 所示。其中的橋式電路係用以整流，電容器可以減少漣波，電阻器係限流電阻，用以保護 LED。

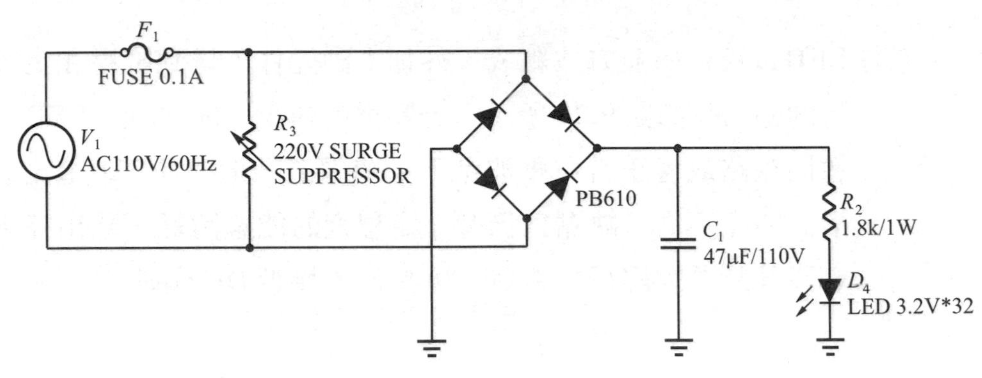

圖 9.23 交流驅動電路(五)

參考文獻

[1] A. A. Bergh, P. J. Dean, Light-emitting diodes, Oxford University Press, London, 1976.

[2] http://www.cie.co.at

[3] E. Fred Schubert, Light-Emitting Diodes, Cambridge University Press, Cambridge, 2003.

[4] http://web1.nsc.gov.tw/ctpda.aspx？xItem＝10345&ctNode＝76&mp＝8

[5] CNS 15233「發光二極體道路照明燈具」標準

[6] http://www.precel.com

附　錄

附錄 A 符號表(一)

符號	敘述	單位
a	晶格常數	Å
B	磁感應	T
c	眞空光速	cm/s
c	晶格常數	Å
C	電容	F
D	擴散常數	cm^2/s
E	能量	eV
E_C	傳導帶底邊	eV
E_F	費米能階	eV
E_g	能隙	eV
E_V	價電帶頂邊	eV
E	電場強度	V/cm
E_C	臨限電場	V/cm
E_m	最大電場	V/cm
$F(E)$	費米狄克分佈函數	
h	普朗克常數	J-s
$h\nu$	光能	eV
I	電流	A
J	電流密度	A/cm^2
k	波茲曼常數	J/K
L	長度	cm or μm
m_o	電子靜止質量	kg
m_n	電子有效質量	kg
m_p	電洞有效質量	kg
n	折射係數	
n	理想因子	
n	自由電子密度	cm^{-3}
n_i	本質電子密度	cm^{-3}
N	態位密度	cm^{-3}
N_A	受體雜質密度	cm^{-3}
N_C	傳導帶電等效態位密度	cm^{-3}
N_D	施體密度	cm^{-3}

附錄 A 符號表(二)

符號	敘述	單位
N_V	價電帶之等效態密度	cm^{-3}
p	自由電洞密度	cm^{-3}
P	壓力	Pa
q	電荷	C
R	電阻	Ω
t	時間	s
T	絕對溫度	K
V_n	載子速度	cm/s
V_s	飽和速度	cm/s
V_{th}	熱速度	cm/s
V	電壓	V
V_{bi}	內建電位	V
V_B	崩潰電壓	V
W	空乏區寬度	cm or μm
ϵ_o	真空中之介電常數	F/cm
ϵ_s	半導體之介電常數	F/cm
ϵ_{ox}	氧化物介電常數	F/cm
ϵ_s/ϵ_o or ϵ_{ox}/ϵ_o	介質常數	
τ	衰減時間	S
θ	角度	Rad
λ	波長	μm or A
v	光頻率	Hz
μ_o	真空中之介磁常數	H/cm
μ_n	電子移動率	$cm^2/V\text{-}s$
μ_p	電洞移動率	$cm^2/V\text{-}s$
ρ	電阻率	Ω-cm
ρ_d	比密度	$atoms/cm^3$
ρ_s	空間電荷密度	cm^{-3}
$q\phi_m$	金屬功函數	eV
ω	角頻率	Hz
Ω	歐姆	Ω

附錄 B 國際單位系統

度量	單位	符號	單位
長度	meter	m	
質量	kilogram	kg	
時間	second	s	
溫度	kelvin	K	
電流	ampere	A	
頻率	hertz	Hz	1/s
力	newton	N	kg-m/s^2
壓力	pascal	Pa	N/m^2
能量	joule	J	N-m
功率	watt	W	J/s
電荷	coulomb	C	A-s
電位	volt	V	J/C
電導	siemens	S	A/V
電阻	ohm	Ω	V/A
電容	farad	F	C/V
磁通量	weber	Wb	V-s
磁感應	tesla	T	Wb/cm^2
	henry	H	Wb/A

附錄 C 單位字首

乘方	字首	符號	乘方	字首	符號
10^{18}	exa	E	10^{-1}	deci	d
10^{15}	peta	P	10^{-2}	centi	c
10^{12}	tera	T	10^{-3}	milli	m
10^{9}	giga	G	10^{-6}	micro	μ
10^{6}	mega	M	10^{-9}	nano	n
10^{3}	kilo	k	10^{-12}	pico	p
10^{2}	hecto	h	10^{-15}	femto	f
10	deka	da	10^{-18}	atto	a

附錄 D 羅馬字母

	小寫字母	大寫字母		小寫字母	大寫字母
Alpha	α	A	Nu	v	N
Beta	β	B	Xi	ξ	Ξ
Gamma	γ	Γ	Omicron	o	O
Delta	δ	Δ	Pi	π	Π
Epsilon	ε	E	Rho	ρ	P
Zeta	ζ	Z	Sigma	σ	Σ
Eta	η	H	Tau	τ	T
Theta	θ	Θ	Upsilon	υ	Y
Iota	ι	I	Phi	ϕ	Φ
Kappa	κ	K	Chi	χ	X
Lambda	λ	Λ	Psi	ψ	Ψ
mu	μ	M	Omega	ω	Ω

附錄 E 物理常數

度量	單位／符號	值
埃	Å	1 = Å = 10^{-1}nm = 10^{-4}μm = 10^{-8}cm = 10^{-10}m
亞佛加厥常數	N_{AVO}	6.02204×10^{23} mole-1
波爾半徑	a_B	0.52917 A
波茲曼常數	k	1.38066×10^{-23} J/K(R/$N_{\Lambda VO}$)
基本電荷	q	1.60218×10^{-19} C
電子靜質量		0.91095×10^{-30} kg
電子伏	eV	1eV = 1.60218×10^{-19} J = 23.053 kcal/mole
氣體常數	R	1.98719 cal/mole-K
眞空介磁系數	μ_o	1.25663×10^{-8} H/cm ($4\pi\times10^{-9}$ C)
眞空介電常數	ε_o	8.85418×10^{-14} F/cm($1/\mu_o c^2$)
普朗克常數	h	6.62617×10^{-34} J-sec
約化普朗克常數		1.05458×10^{-34} J-sec ($h/2\pi$)
質子靜止質量	M_p	1.67264×10^{-27} kg
眞空光速	c	2.99792×10^{-10} cm/s
標準大氣壓		1.01325×10^{-5} Pa
300K 時之熱電壓	kT/q	0.0259 V
波長	λ	1.23977 μm

附錄 F 300K時一些重要半導體的主要特性值

半導體		晶格常數 (Å)	能隙 (eV)	能帶	移動律(cm^2/V-s)		介電常數
					μ_n	μ_p	
元素	Ge	5.64	0.66	I	3900	1900	16.0
	Si	5.43	1.12	I	1450	450	11.9
IV-IV	SiC	3.08	2.99	I	400	50	10.0
III-V	AlSb	6.13	1.58	I	200	420	14.4
	GaAs	5.63	1.42	D	8500	400	13.1
	GaP	5.45	2.26	I	110	75	11.1
	GaSb	6.09	0.72	D	5000	850	15.7
	InAs	6.05	0.36	D	33000	460	14.6
	InP	5.86	1.35	D	4500	150	12.4
	InSb	6.47	0.17	D	80000	1250	17.7
	AlN(W)	a = 3.112 c = 4.982	6.2	D	300		8.5
	AlN(Z)	a = 4.38	5.11	D			
	GaN(W)	a = 3.189 c = 5.185	3.4	D	500	10	9
	GaN(Z)	a = 4.52	3.2	D	760		
	InN(W)	a = 3.548 c = 5.76	.7	D	1100		15
	InN(Z)	a = 4.98	.7	D	220		
II-VI	CdS	5.83	2.42	D	340	50	5.4
	CdTe	6.48	1.56	D	1050	100	10.2
	ZnO	4.58	3.35	D	200	180	9.0
	ZnS	5.42	3.68	D	165	5	5.2
	PbS	5.93	0.41	I	600	700	17.0
IV-VI	PbTe	6.46	0.31	I	6000	4000	30.0

國家圖書館出版品預行編目資料

發光二極體之原理與製程 / 陳建隆編著. -- 三版.
-- 臺北縣土城市 : 全華圖書, 民 99.08
面 ; 公分
ISBN 978-957-21-7752-5(平裝)

1. 二極體 2. 光電工業

469.45 99013266

發光二極體之原理與製程

作者 / 陳建隆
執行編輯 / 曾嘉宏
發行人 / 陳本源
出版者 / 全華圖書股份有限公司
郵政帳號 / 0100836-1 號
印刷者 / 宏懋打字印刷股份有限公司
圖書編號 / 0587702
三版二刷 / 2011 年 11 月
定價 / 新台幣 350 元
ISBN / 978-957-21-7752-5
全華圖書 / www.chwa.com.tw
全華網路書店 Open Tech / www.opentech.com.tw
若您對書籍內容、排版印刷有任何問題，歡迎來信指導 book@chwa.com.tw

臺北總公司(北區營業處)
地址：23671 新北市土城區忠義路 21 號
電話：(02) 2262-5666
傳真：(02) 6637-3695、6637-3696

南區營業處
地址：80769 高雄市三民區應安街 12 號
電話：(07) 862-9123
傳真：(07) 862-5562

中區營業處
地址：40256 臺中市南區樹義一巷 26 號
電話：(04) 2261-8485
傳真：(04) 3600-9806

讀者回函卡

填寫日期：　/　/

姓名：＿＿＿＿ 生日：西元＿＿年＿＿月＿＿日 性別：□男 □女

電話：（　）＿＿＿＿ 傳真：（　）＿＿＿＿ 手機：＿＿＿＿

e-mail：（必填）＿＿＿＿

註：數字零，請用 Φ 表示，數字 1 與英文 L 請另註明並書寫端正，謝謝。

通訊處：□□□□□＿＿＿＿

學歷：□博士 □碩士 □大學 □專科 □高中・職

職業：□工程師 □教師 □學生 □軍・公 □其他

學校／公司：＿＿＿＿ 科系／部門：＿＿＿＿

・需求書類：

□ A. 電子 □ B. 電機 □ C. 計算機工程 □ D. 資訊 □ E. 機械 □ F. 汽車 □ I. 工管 □ J. 土木

□ K. 化工 □ L. 設計 □ M. 商管 □ N. 日文 □ O. 美容 □ P. 休閒 □ Q. 餐飲 □ B. 其他

・本次購買圖書為：＿＿＿＿ 書號：＿＿＿＿

・您對本書的評價：

封面設計：□非常滿意 □滿意 □尚可 □需改善，請說明＿＿＿＿

內容表達：□非常滿意 □滿意 □尚可 □需改善，請說明＿＿＿＿

版面編排：□非常滿意 □滿意 □尚可 □需改善，請說明＿＿＿＿

印刷品質：□非常滿意 □滿意 □尚可 □需改善，請說明＿＿＿＿

書籍定價：□非常滿意 □滿意 □尚可 □需改善，請說明＿＿＿＿

整體評價：請說明＿＿＿＿

・您在何處購買本書？

□書局 □網路書店 □書展 □團購 □其他＿＿＿＿

・您購買本書的原因？（可複選）

□個人需要 □幫公司採購 □親友推薦 □老師指定之課本 □其他＿＿＿＿

・您希望全華以何種方式提供出版訊息及特惠活動？

□電子報 □ DM □廣告（媒體名稱＿＿＿＿）

・您是否上過全華網路書店？（www.opentech.com.tw）

□是 □否 您的建議＿＿＿＿

・您希望全華出版那方面書籍？＿＿＿＿

・您希望全華加強那些服務？＿＿＿＿

～感謝您提供寶貴意見，全華將秉持服務的熱忱，出版更多好書，以饗讀者。

全華網路書店 http://www.opentech.com.tw　客服信箱 service@chwa.com.tw

2011.03 修訂

親愛的讀者：

感謝您對全華圖書的支持與愛護，雖然我們很慎重的處理每一本書，但恐仍有疏漏之處，若您發現本書有任何錯誤，請填寫於勘誤表內寄回，我們將於再版時修正，您的批評與指教是我們進步的原動力，謝謝！

全華圖書　敬上

勘誤表

書號		書名		作者	
頁數	行數	錯誤或不當之詞句		建議修改之詞句	

我有話要說：（其它之批評與建議，如封面、編排、內容、印刷品質等・・・）